纳米材料制备与表征
——理论与技术

主　编　杨玉平

副主编　施洪龙　张晓明　王丽娟

科学出版社

北京

内 容 简 介

纳米材料是指在三维空间中至少有一维处于纳米尺度(1～100 nm)的物质或由它们作为基本单元构成的材料，其展现出了一系列优异的性能，在能源、环境、生命、材料等领域显示出广阔的应用前景。本书介绍了纳米材料的基本理论、制备与表征方法、实验技术与创新设计等内容，包括纳米材料及其性能、纳米材料合成与制备、纳米材料表征方法、纳米材料制备实验、纳米材料表征实验、综合设计类实验等。

本书可以作为纳米材料与技术专业本科生的专业理论课与实验课教材，也可供材料、生物医学、能源动力类相关研究生、技术人员与研究人员参考。

图书在版编目（CIP）数据

纳米材料制备与表征：理论与技术 / 杨玉平主编. — 北京：科学出版社，2021.12

ISBN 978-7-03-071265-3

Ⅰ．①纳⋯　Ⅱ．①杨⋯　Ⅲ．①纳米材料－材料制备－研究　Ⅳ．①TB383

中国版本图书馆 CIP 数据核字(2021)第 274272 号

责任编辑：窦京涛　郭学雯 / 责任校对：杨聪敏
责任印制：张　伟 / 封面设计：无极书装

科 学 出 版 社 出版
北京东黄城根北街 16 号
邮政编码：100717
http://www.sciencep.com
北京中石油彩色印刷有限责任公司 印刷
科学出版社发行　各地新华书店经销
*
2021 年 12 月第 一 版　开本：720×1000　1/16
2023 年 11 月第五次印刷　印张：22 1/4
字数：449 000
定价：**79.00 元**
（如有印装质量问题，我社负责调换）

编　委　会

前　　言

　　纳米材料是指在三维空间中至少有一维处于纳米尺寸(1～100 nm)的物质或由它们作为基本单元构成的材料，这相当于10～1000个原子紧密排列在一起的尺度。由于具有特有的表面效应、小尺寸效应和量子隧穿效应等，纳米材料表现出不同于体材料的显著特性，如电学、磁学、力学、光学、热学性质等，在电子、生物医药、环保、光学等领域都有着巨大的开发潜能。进入21世纪以来，新能源、信息、环境、先进制造、国防等领域的高速发展对纳米材料提出了新的需求，如高密度存储、小型化、智能化、高集成度、超快传输等，使得纳米材料研究成为现今最为活跃的研究领域之一。

　　以纳米材料为代表的新材料产业作为国家七大战略性新兴产业之一，对我国高端装备制造和国家重大工程建设起到了至关重要的支持作用。为了满足国家发展战略性新兴产业对高素质人才的迫切需求，自2010年起，国家先后批准十余所高校开设纳米材料与技术本科专业。由于纳米材料与技术是一个新兴的专业，目前国内还很少见到针对本科生的相关教材，特别是将基本理论与实验相结合、适合工科专业的配套教材；虽然市面上针对不同研究领域的纳米材料与技术相关学术著作已有不少，但是由于纳米材料与技术专业涉及的范围非常广、内涵十分丰富，涉及多学科交叉，而每个著作所列内容和相关技术都是结合作者科研方向，仅包含部分领域的理论和实验内容，很不全面，不适合作为教材使用。因此，急需一本适合新工科特色的本科教材，既要与专业理论课有机结合，还需要配备相关的实验，充分体现纳米材料与技术的实用性和科学性、交叉性与融合性。

　　为此，中央民族大学理学院联合多所高校，结合国家重大需求，在国家重点研发计划专项项目(2017YFB0405400、2018YFB2200500和 2020YFB2009300)的支持下，融合了纳米材料的基本理论、制备与表征方法、示范应用案例等内容，编写了这本《纳米材料制备与表征——理论与技术》教材，既综合了纳米材料制备与表征过程中涉及的物理、化学、材料、工程等相关理论，又整合了纳米技术领域的专业技能，突出了实践环节，包括9个制备实验、9个表征实验和10个综合创新类实验，充分体现纳米科学与技术的数理化特征、行业特征以及国内外纳米科学技术与产业发展的最新成果和动态，增强了学科发展与社会需求的协同性，希望对培养适应产业技术进步和科技前沿的高素质人才起到积极的推动作用。

　　本书由中央民族大学纳米材料与技术系全体教师参与编写。内容包括纳米材料及其性能(如力学、电学、光学、磁学、热学性能等)、纳米材料制备方法(如液相、气相、固相、微纳加工等)和纳米材料表征方法(如显微法、光谱法、电化学方法等),同时系统地介绍它们的基本原理、实验方法和典型案例。全书共6章,前3章为理论部分,后3章为实验部分,其中第1、第6章由杨玉平执笔,第2、第3章由施洪龙执笔,第4章由王丽娟执笔,第5章由张晓明执笔,附录部分由梁玉洁编写,全书由杨玉平统稿。此外,参与本书编写的还有张谷令、李传波、王文忠、彭洪尚、杨笛、韩琳(山东大学)、邹斌、贾莹、付军丽、渠朕、刘蓓、崔彬、孟蕾等多位教师;我们的本科毕业生在学期间的优秀科研成果也被收录到本书中作为典型案例,在此谨对参与编写的所有人员表示感谢。

　　本书没有只停留在理论的讲解上,而是更多地结合实践与应用,告诉读者如何制备与表征不同性能的纳米材料。

　　由于编者水平有限,疏漏及不当之处在所难免,恳请读者批评指正。

编　者
2020 年 8 月

目　　录

第 1 章　纳米材料及其性能

　　纳米材料是指在三维空间中至少有一维处于纳米尺度(1～100 nm)的物质或由它们作为基本单元构成的材料，这相当于 10～1000 个原子紧密排列在一起的尺度。由于纳米材料的尺寸已经接近电子的相干长度，所以电子的强相干性使其性质发生很大变化。并且，其尺度已接近光的波长，加上纳米材料具有较大的比表面积，因此其所表现出的磁学、光学、热学、电学等特性，往往不同于该物质在块体状态时所表现的性质。纳米材料根据其空间维度可以分为三类：零维(纳米颗粒、原子团簇)、一维(纳米线、纳米棒)和二维(薄膜)；这些特殊的形状也会导致其具有一些特殊效应，如小尺寸效应、量子尺寸效应以及表面效应等，在信息技术、医学、环境、自动化技术及新能源等方面有着极其广泛的应用价值和前景。本章将从纳米材料的维度、效应、性能和应用等四个方面做简单介绍。

1.1　纳米材料的维度

　　人类对微观领域的不断探索，特别是 20 世纪 80 年代的两大突破引发了现代纳米技术的发展。首先是 1982 年，世界上第一台扫描隧道显微镜(scanning tunneling microscope，STM)首次实现了原子级分辨率的空间成像技术；其次是 1985 年富勒烯的发现。纳米已成为微观领域常用的一个重要度量单位。例如，氢原子的直径是 0.106 nm，血红蛋白的直径约为 5 nm，脱氧核糖核酸(DNA)双螺旋分子的直径约为 10 nm，常见单个病毒的直径约为 100 nm。纳米也通常用于描述可见光谱的波长，其为电磁波谱中 390～780 nm 的范围。除此之外，纳米还用于其他领域，如小型化半导体产业的典型特征尺寸，目前最新的中央处理器(central processing unit，CPU)的工艺节点是 7 nm。图 1-1-1 为纳米尺寸的比较。

　　一般尺寸材料(块材，bulk)的结构是在三维空间中的 x 轴、y 轴和 z 轴都可以无限延伸，如图 1-1-2(a)所示；而纳米材料按照几何结构的维度可以分为二维、一维和零维材料，分别如图 1-1-2(b)～(d)所示。由于电子在零维、一维和二维结构中相互作用的方式不同，其表现出的电子和光学性质有显著的差异。调节材料的维度、尺寸和形貌，对材料的性能会产生重要的影响。本节将根据国家标准 GB/T 32269—2015《纳米科技　纳米物体的术语和定义　纳米颗粒、纳米纤维和纳米片》，对纳米材料的维度进行介绍。

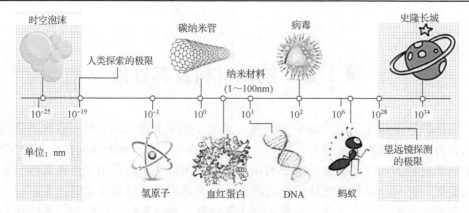

图 1-1-1　纳米尺寸的比较

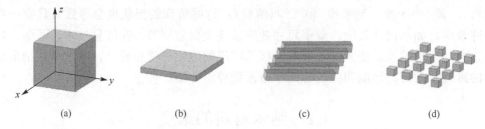

图 1-1-2　纳米材料的几何维度：(a)三维；(b)二维；(c)一维；(d)零维

1.1.1　零维纳米材料

零维纳米材料是三个空间维度上均处于 1～100 nm 的材料或由它们作为基本单位构成的材料，如富勒烯 C_{60} 和纳米晶。C_{60} 分子的直径约为 7.1 Å (1 Å=10^{-10}m，即一百亿分之一米)，如图 1-1-3 所示。零维纳米材料具有更加明显的量子尺寸效应、表面效应和量子限域效应，其粒径小，光生载流子易于从颗粒内部扩散。量子尺寸效应导致其能隙相比于块材增大，从而光生电子-空穴氧化还原能力增强，光电催化活性提高，而且催化效率在很大程度上取决于纳米颗粒的大小和形状。

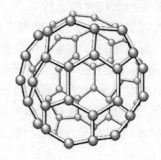

图 1-1-3　零维纳米材料：富勒烯 C_{60}

准零维纳米材料——量子点(因电子态量子限域效应而表现出尺寸依赖性质的纳米颗粒)的三个维度尺寸都小于 100 nm,其内部电子在各个方向上的运动都受到局限,所以量子尺寸效应特别显著。量子点一般为球形或类球形,其直径常在 2~20 nm。常见的量子点由 IV、II-VI、IV-VI 或 III-V 元素组成,如硅、锗、硫化镉、硒化镉、碲化镉、硒化锌、硫化铅、硒化铅、磷化铟和砷化铟量子点等。通过对这种纳米半导体材料施加一定的电场或光压,它们便会发出特定频率的光,且发光频率随量子点尺寸的改变而变化,因而通过调节这种纳米半导体的尺寸就可以控制其发出的光的颜色,如图 1-1-4 所示。

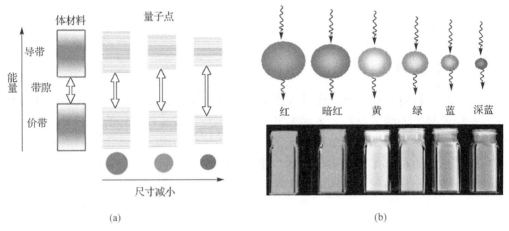

图 1-1-4 (a)不同直径的量子点能带和(b)发光颜色

1.1.2 一维纳米材料[1-4]

一维纳米材料通常又称为量子线,是指两个维度在纳米尺度(0.1~100 nm)的材料,即长度有几百纳米甚至几毫米,横截面却是纳米级别的材料。一维纳米材料可以根据内部是否中空,以及其形貌上的特点分为纳米管、纳米棒、纳米线和纳米带(图 1-1-5)。其中最具代表性的是纳米管,为中空管状结构,其余为实心结构。长径比可用于区分纳米棒和纳米线,长径比小的,且长度小于 1 μm 的为纳米棒;长径比大的,且长度大于 1μm 的则为纳米线;纳米带的截面呈四边形,宽厚比一般为几到几十。一维纳米材料具有高的比表面积和长径比,光生载流子沿着轴向迁移,能有效降低电子-空穴的复合概率,促进光电催化效果。

碳纳米管是一种具有特殊结构(径向尺寸为纳米量级,轴向尺寸为微米量级)的一维纳米材料,如图 1-1-5(a)所示。碳纳米管主要由呈六边形排列的碳原子构成数层到数十层的同轴圆管,层与层之间保持固定的距离,约 0.34 nm,直径一般为 2~20 nm。并且,根据碳六边形沿轴向的不同取向可以将其分成锯齿型、扶手椅型和螺旋型三种，其中螺旋型的碳纳米管具有手性，而锯齿型和扶手椅型碳纳米管没有手性。碳纳米管具有许多异常的力学、电学和化学性能。

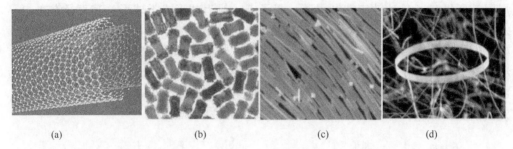

(a)   (b)   (c)   (d)

图 1-1-5   一维纳米材料：(a)纳米管；(b)纳米棒；(c)纳米线；(d)纳米带

1.1.3   二维纳米材料[5-11]

二维纳米材料是指一个维度尺寸在纳米尺度(0.1～100 nm)，其他两个维度的尺寸不在纳米尺度的纳米材料，如纳米薄膜、纳米片，最具代表性的是石墨烯和二硫化钼。石墨烯纳米片是指由单层碳原子平面结构堆垛而成的纳米物体，电子可在二维平面上自由运动，如图 1-1-6 所示。超薄二维纳米层通常伴随着结构变形，有助于降低表面能，从而保证结构的稳定性。

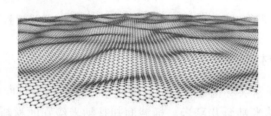

图 1-1-6   石墨烯

石墨烯能引起国内外研究人员广泛关注的原因在于其拥有许多超凡的物理特性：①在电学领域，石墨烯具有金属特性，电子在其内部传输时不易受到干扰，迁移率高达 2×10^5 cm^2/(V·s)，是硅中电子迁移率的 100 多倍；②在力学领域，石墨烯强度高，其抗拉强度和弹性模量分别达到了 125 GPa 和 1.1 TPa；③石墨烯还表现出良好的延展性，能够广泛地应用在可弯曲器件的加工与设计之中；④光学性能方面，石墨烯只吸收约 2.3%的可见光和红外线，具有高度透明的特性，是透明导电薄膜的理想材料。石墨的这些特性为其在许多领域的应用和研究提供了更多的可能性。

随着石墨烯的发展和应用，具有典型层状结构的二维过渡金属硫属化物

(2D-TMD)，因其独特的晶体结构和电子结构，具有类似于石墨烯的独特物理、化学性质，且不含碳原子，而被誉为"无机石墨烯"。近年来，关于该二维材料的研究已有广泛报道，并已证实其在克服零带隙石墨烯不足的同时依然具备类石墨烯性质，在催化、固体润滑、光学器件、生物系统等方面都展现出了巨大的应用前景，引起了学术界的极大关注。二维过渡金属硫属化物的分子式可写为 MX_2，其中 X 则代表一种硫属元素(S、Se 或 Te)；而 M 则为过渡金属元素，主要包括第五副族元素(V、Nb 或 Ta)和第六副族元素(Mo、W 等)。

二维层状过渡金属硫属化物由原子平面堆叠而成，每一个单元层由上下两层硫属原子 X 夹着中间一层过渡金属原子 M 组成，相邻层之间依靠范德瓦耳斯力相结合。这类三明治单元层状晶体结构内部的 M 原子相对于 X 原子的位置有所不同。根据其内部不同的对称性以及不同的层间堆叠方式，可将该二维过渡金属硫属化物分为 3 种结构型，分别为：2H 相(六角对称、三角棱柱结构，每个重复单元中有两层原子)、3R 相(斜方六面体对称、三角棱柱结构，每个重复单元中有一层原子)和 IT 相(正方对称、八面体结构，每个重复单元中有三层原子)，其层间距约为 0.7 nm。在图 1-1-7 中，展示了过渡金属硫属化物的分子结构。

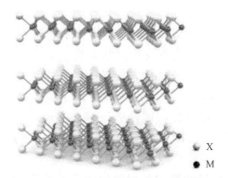

图 1-1-7　过渡金属硫属化物的三维分子结构示意图，其中黑色球体代表过渡金属原子，灰色球体代表硫属原子

对二维过渡金属硫属化物材料而言，库仑相互作用相对较强，光激发下的激子甚至是带电激子的产生、转移、分离以及复合主导着材料的光电特性，进而影响其器件的光电效率等性能。其中二硫化钼(MoS_2)更是具有一些独特性质，可从多层的间接带隙变成单层的直接带隙材料，能带结构的改变，给单层二硫化钼带来了带穴效应(bandnesting effect)、谷选择性等很多新奇的光电特性。这些奇特性质与能带结构、载流子的输运过程，以及自旋-轨道耦合密切相关，是研究自旋物理和自旋动力学的理想材料，也给新型光电器件的发展提供了更多的可能性。另一种二维材料——黑磷，其带隙与层数有很大的关系，从单层黑磷的 2 eV 到多层的 0.3 eV，带隙填补了石墨烯和过渡金属硫属化物之间的空白，但其结构和形状基本保持一致。

黑磷最为吸引人的地方在于具有面内各向异性的特点，有研究表明，通过调节入射光的偏振方向就可调节等离子体激元的共振频率。这类具有明显各向异性的材料有望用于等离激元器件、各向异性热电器件等。由于二维材料的电导率等光学参数可通过化学掺杂，外加光场、电场等手段进行调控，基于这一优势，在不改变器件物理尺寸的前提下，可以很方便地设计出不同性能参数的等离子体器件，并对其进行动态调控，进而实现可重构器件的设计。另外，二维材料还具有柔性、可弯曲、可伸缩、可共形等优点。

1.2　纳米材料的基本效应

纳米材料是介于宏观物质与微观原子或分子间的介观物质，它们有着传统固体材料所不具有的特性，如量子尺寸效应、表面效应、量子隧道效应、量子限域效应等，并且在力学、电学、磁学、光学、热学和化学性质上表现出奇异的特性。

1.2.1　量子尺寸效应[12]

量子尺寸效应(quantum size effect)是低维体系最引人注目的特性。量子尺寸效应是指，当纳米粒子的尺寸与光波波长、德布罗意波长以及超导态的相干长度或透射深度等物理特征尺寸相当或更小时，晶体周期性的边界条件将被破坏，并且体系能量或离散费米能级随着材料尺寸的减少而变宽(或增大)的现象。以图 1-2-1 中的量子阱材料为例，根据薛定谔方程波函数的解，在量子尺度(L)下，因为物理尺度的不同，材料中电子(或空穴)的能级也会相应地变化，能级跃迁所对应的 ΔE 也会不同；此时发光的能量或频率就不再是材料本身的能带隙性质 E_g，而是带隙较宽的 $E_g + \Delta E_c + \Delta E_v$，所呈现的材料特性与体材料的能隙差异极大。同时，量子尺度(L)越小，ΔE_c 或 ΔE_v 越大，发光波长因此会变短。

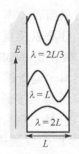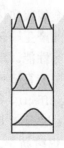

图 1-2-1　量子尺寸效应示意图

量子尺寸效应最明显的特征是，纳米材料的尺寸越小，ΔE_c 或 ΔE_v 越大，发光波长因此会变短，这个现象称为蓝移(blue shift)；反之，发生红移现象；如图 1-2-2 所示。当能级的变化程度大于热能、光能、电磁能的变化时，会导致纳米微粒磁、光、声、热、电及超导特性与常规材料有显著的不同。比如，半导体纳米粒子的电子态由体相材料的连续能带随着尺寸的减小过渡到具有分立结构的能级，表现在吸收光谱上就是从没有结构的宽带吸收过渡到具有结构的特征吸收；金属为导体，在低温时纳米金属微粒由于量子尺寸效应会呈现电绝缘性；诸如 $PbTiO_3$、$BaTiO_3$ 和 $SrTiO_3$ 等铁磁性物质进入纳米尺度(约 5 nm)时，由多畴变成单畴，于是显示极强的顺磁效应。另外，量子尺寸效应还会带来纳米粒子的一系列特性，如高的光学非线性、特异的光催化和光降解性质等。化学惰性极高的金属铂制成纳米粒子(铂黑)后，成为活性极好的催化剂；金属纳米粒子由于具有不同尺寸导致光反射现象，呈现出各种美丽的颜色。

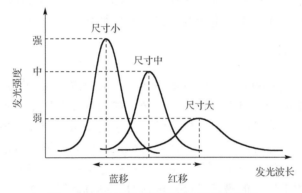

图 1-2-2　量子尺寸效应引起的频移效应

1.2.2　表面效应[12]

表面效应是指纳米粒子表面原子与总原子数之比随着粒径的变小而急剧增大所引起的性质上的变化。以球形纳米颗粒为例，其表面积与直径的平方成正比，其体积与直径的立方成正比，故其比表面积(表面积/体积)与直径成反比。因此，随着纳米材料尺寸的减小，表面原子数占总原子数比例增加。表 1-2-1 给出了纳米粒子尺寸与表面原子数的关系。从表中可以看出，随着粒径减小，表面原子数迅速增加。另外，随着粒径的减小，纳米粒子的表面积、表面能都迅速增加。这主要是由于，粒径越小，处于表面的原子数比例越大，表面原子的晶体场环境和结合能与内部原子不同。

表 1-2-1　纳米粒子尺寸与表面原子数的关系

粒径/nm	包含的原子/个	表面原子所占比例/%
20	2.5×10^5	10
10	3.0×10^4	20
5	4.0×10^3	40
2	2.5×10^2	80
1	30	99

表面原子的增加对材料的性质影响显著。表面原子周围缺少相邻的原子，有许多悬空键，具有不饱和性质；表面原子数的增多，原子配位不足，致使这些表面原子活性增高，很容易与其他原子结合发生反应。表面原子的活性增强，不但引起纳米粒子表面原子输运和构型的变化，还引起表面电子自旋构象和电子能谱的变化，对纳米材料的光学、光化学、电学及非线性光学性质等具有重要影响。

1.2.3　量子隧道效应[12]

量子隧道效应(quantum tunnelling effect)是指当微观粒子的总能量小于势垒高度时，该粒子仍能以一定概率穿越这一势垒，如图 1-2-3 所示。考虑粒子运动遇到一个高于粒子能量的势垒，按照经典力学，粒子是不可能越过势垒的；按照量子力学，可以根据薛定谔方程解出，除了在势垒处的反射外，还有透过势垒的波函数，这表明在势垒的另一边，粒子具有一定的概率贯穿势垒。一些宏观量，如微颗粒的磁化强度、量子相干器件的磁通量以及电荷等，亦具有隧道效应，它们可以穿越宏观系统的势垒发生透射，故称为量子隧道效应。

量子隧道效应有很多用途，最具代表性的是扫描隧道显微镜。其工作原理为：当具有原子尺度粗细的针尖在不到一个纳米的高度上扫描样品时，此处电子云重叠，外加一电压(2 mV～2 V)，针尖与样品之间产生隧道效应而有电子逸出，形成隧道电流。电流强度和针尖与样品间的距离有函数关系，当探针沿物质表面按给定高度扫描时，因样品表面原子凹凸不平，使探针与物质表面间的距离不断发生改变，从而引起电流不断发生改变。将电流的这种改变图像化即可显示出原子水平的凹凸形态，如图 1-2-4 所示，其详细原理请参考 3.1.2 节。扫描隧道显微镜在纳米科技领域既是重要的测量工具又是加工工具。

在扫描隧道显微镜的启发下，1986 年开发了原子力显微镜(atomic force microscope，AFM)。利用金刚石针尖制成基于 SiO_2 膜或 Si_3N_4 膜的悬臂梁(其横向截面尺寸为 100 μm×1 μm，弹性系数为 0.1～1 N/m)，梁上有激光镜面反射镜。当金刚石针尖的原子与样品的表面原子间距离足够小时，原子间的相互作用力使悬

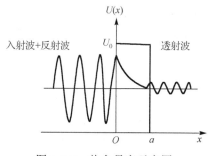

图 1-2-3　势垒贯穿示意图

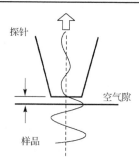

图 1-2-4　扫描隧道显微镜示意图

臂梁在垂直表面方向上产生位移偏转，使入射激光的反射光束发生偏转，被光电位移传感器灵敏地探测出来，其详细原理请参考 3.1.4 节。原子力显微镜对导体和绝缘体样品都适用，且其分辨率达到 0.01 nm(0.1 Å)，可以测出原子间的微作用力，实现原子级表面观测。

1.2.4　量子限域效应[13]

20 世纪 80 年代，Brus 等发现纳米尺度的半导体晶体可以吸收和发射出比体相材料波长更短的光，并且发现这种材料的光学特性与尺寸有关。为了解释这一现象，Brus 等提出了"量子限域效应"，该理论认为，当半导体晶体材料的几何半径逐渐减小到小于其体相材料的玻尔激子半径时，其价带和导带的能级会从连续能级变成分散能级。当半导体吸收光子后，原本处于价带上的电子会被激发跃迁到导带，在价带生成与被激发电子相对应的空穴,这样的光生电子-空穴对在量子点中受较强的库仑相互作用彼此吸引，表现为激子。Brus 给出了量子点第一激发态能级对应的能量与其尺寸的关系，将基态能级设为零点，第一激发态能级可以表达为

$$E = E_{\mathrm{g}} + \frac{h^2\pi^2}{2R^2}\left(\frac{1}{m_{\mathrm{e}}} + \frac{1}{m_{\mathrm{h}}}\right) - \frac{1.8e^2}{\varepsilon R} \tag{1-2-1}$$

其中，R 为量子点半径；m_{e}、m_{h} 分别为电子和空穴的有效质量；ε 为材料的介电常量。公式中第一项 E_{g} 为半导体体相材料的带隙，第二项和第三项分别为量子限域效应带来的能量变化和电子空穴的库仑相互作用能。由表达式可知，量子点尺寸越小，其光生电子和空穴受量子限域效应的影响越大，从而增加半导体的带隙。具体表现为量子点吸收和发射的能量随量子点尺寸的减小而增大，相应地，发射光谱和吸收光谱谱峰位置逐渐蓝移。量子限域效应使得量子吸收带分别对应不同能级，对带边能级而言，其带隙宽度是确定的，在吸收光谱上表现出明显的吸收峰(第一激子吸收峰)。随着量子点尺寸的增加，第一激子吸收峰逐渐红移。对于更高的激子能级，由于态密度较高，所以在吸收光谱的短波范围表现出激子吸收峰出现连续分布的情况。与传统的有机染料分子相比，量子点的吸收谱范围更宽，

吸收能力更强。同时，量子限域效应也使得量子点的发光光谱可调。量子点的荧光发射谱通常只能由第一激发态的荧光发射，因此，与有机染料分子的荧光相比，量子点的荧光发射峰更窄。

纳米粒子的量子限域效应较少被注意到。实际样品中，粒子被空气、聚合物、玻璃和溶剂等介质所包围，而这些介质的折射率通常比无机半导体低。光照射时，由于折射率不同产生了界面，所以邻近纳米半导体表面的区域、纳米半导体表面甚至纳米粒子内部的场强比辐射光的光强大。这种局部的场强效应，对半导体纳米粒子的光物理及非线性光学特性有直接的影响。对于无机-有机杂化材料以及用于多相反应体系中光催化的材料，量子限域效应对其反应过程和动力学有重要影响。

1.3　纳米材料的基本性能

上述的量子尺寸效应、表面效应、量子隧道效应和量子限域效应都是纳米材料的基本特征，这一系列效应导致纳米材料在力学、光学、热学、磁学、化学反应等许多物理和化学方面都显示出特殊的性能，使纳米微粒和纳米结构呈现许多奇异的物理、化学性质。

1.3.1　电学性质

1) 导电性能

当材料被减小到纳米尺寸时，电子之间的相互作用会得到加强。由于电子被严格地限制在一个很小的区域内，电子波函数受材料内表面的散射，而散射波和入射波的相互叠加，使所有的电子波函数都相互关联在一起，成为强关联的电子系统，从而改变了这些纳米尺寸材料的物性。比如，银是良导体，10～15 nm 的银微粒电阻突然升高，失去了金属的特征，变成了绝缘体；纳米金属微粒在低温下也会呈现电绝缘性；反之，纳米硅薄膜中的微晶粒尺寸更小，排列更紧密，具有更好的电导率和更好的温度稳定性；等等。石墨烯是目前已知导电性能最出色的材料。电子在石墨烯片层内的传输过程中，受到的阻力和干扰很小，迁移率可达 $2 \times 10^5 \ \text{cm}^2/(\text{V} \cdot \text{s})$，约为硅中电子迁移率的 100 倍。

低维纳米结构的 Bi_2Te_3 热电材料是一类强拓扑绝缘体材料。该类拓扑绝缘体材料的独特优点是材料的内部是绝缘体，而表面呈现出导体的性质，具有线性色散关系的狄拉克锥(图 1-3-1(a))，其类似于石墨烯，具有极强的导电特性，这就意味着它是一类在室温环境下具有巨大热电效应的热电材料，有望实现制作高性能热电转换器件。实验发现，Bi_2Te_3 纳米薄片(样品 C)由于横向尺寸急剧减小导致反位缺陷，使其晶体结构有所变化，导致 119 cm^{-1} 处 A_{1u} 模的拉曼散射峰强度急剧增加，如

图 1-3-1(b)所示；与尺寸较大的纳米颗粒(样品 A 和 B)相比，由于纳米薄片(样品 C)的表面原子所占比例急剧增大，表面效应导致的拓扑绝缘体使得其表面显金属特性，即载流子传输速度急剧加快，电导率急剧增加，如图 1-3-1(c)所示。

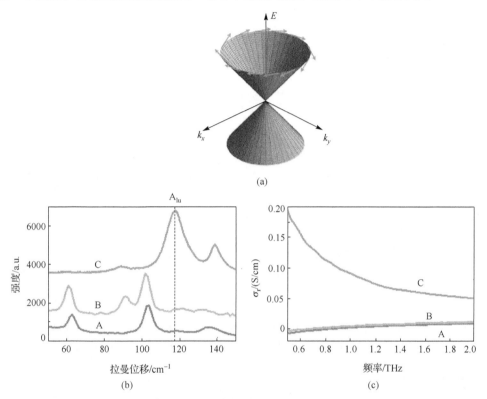

图 1-3-1　(a) 三维拓扑绝缘体中的狄拉克锥；(b)三种 Bi_2Te_3 纳米结构的拉曼光谱(A、B 为纳米颗粒，C 为纳米薄片，虚线为 A_{1u} 模)；(c)三种 Bi_2Te_3 纳米结构在太赫兹波段的电导率

2)介电性能[14]

纳米半导体材料的介电常量、电导率等介电参数呈现尺寸效应。比如，CuS 是一种重要的光电导材料，由于 CuS 纳米粒子中的载流子被局域在很小的范围内，所以电子与空穴间的库仑作用和边界的反向散射效应增强，从而导致纳米材料的导电行为由典型的德鲁德(Drude)模型转换为德鲁德-史密斯(Drude-Smith)模型；钛酸锶($SrTiO_3$，STO)是一种钙钛矿型氧化物，具有独特的铁电和介电性能；$Ba_xSr_{1-x}TiO_3$（BST)纳米薄膜在室温下具有相对较高的介电常量($\varepsilon_r \sim 300$)，并且随着薄膜厚度的增加而增大，还可以通过改变温度、磁场和电场进行可控调节，如图 1-3-2 所示。

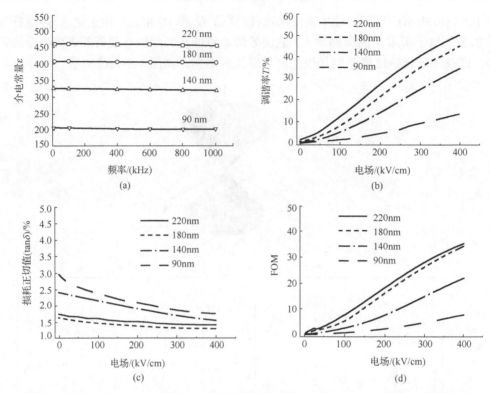

图 1-3-2　　(a)不同厚度 BST 薄膜随频率变化的介电常量；(b) 1 MHz 处介电常量的调谐率 T；(c) 1 MHz 处损耗正切 $\tan\delta$ 随电场依赖性；(d)品质因子(FOM：$T/\tan\delta$)值随电场依赖性

3)压电性能

对某些纳米半导体材料而言，其界面存在大量的悬键，导致其界面电荷分布发生变化，形成局域电偶极矩。若受外加压力使偶极矩取向等发生变化，则在宏观上产生电荷积累，从而产生强的压电效应，也就是说纳米块体的压电性是由界面产生的，而不是颗粒本身。颗粒越小，界面越多，缺陷偶极矩浓度越高，对压电性贡献越大。而相应的粗晶半导体材料粒径可达微米数量级，因此其界面急剧减小，从而导致压电效应消失。

1.3.2　光学性质

纳米粒子一个最重要的标志是尺寸与物理的特征量相差较大。例如，当纳米粒子的粒径与玻尔半径以及电子的德布罗意波长相当时，处于表面态的原子、电子，与处于纳米粒子内部的原子、电子的行为有很大差别，这种表面效应和量子效应对纳米微粒的光学特性有很大的影响，甚至使纳米微粒具有同样材质的宏观大块物体所不具备的新的光学特性。

1) 宽频带的强吸收

大块金属具有不同的金属光泽，表明它们对可见光中的各种波长的光的反射和吸收能力不同。当尺寸减小到纳米级时，各种金属纳米粒子几乎都呈黑色，它们对可见光的反射率极低，而吸收率相当高。例如，Pt 纳米粒子的反射率为 1%，Au 纳米粒子的反射率小于 10%，纳米 SiN、SiC 以及 Al_2O_3 粉末对红外有一个宽频强吸收谱。黑硅是一种表面有特殊结构的硅片，表面结构呈现圆锥形的尖峰状，如图 1-3-3(a) 所示，一般由超短超快激光脉冲刻蚀形成。单晶硅片与表面具有微纳结构黑硅的吸收光谱测试结果如图 1-3-3(b) 所示，可以看到，在 625～1025 nm 黑硅样品的吸收率非常高，大约为参考硅片吸收光谱的 2 倍，表明硅表面锥形结构对该波段的光有明显的捕获作用，当光照射在黑硅表面时，光在锥形结构间多次反射，相当于光与硅多次接触，导致光被多次吸收，因而总吸收增加，反射减少。由于纳米结构半导体和金属粒子在可见光和红外体系中的强吸收，所以其具有广阔的光电应用前景，如太阳能电池中的光收集和发光器件等。

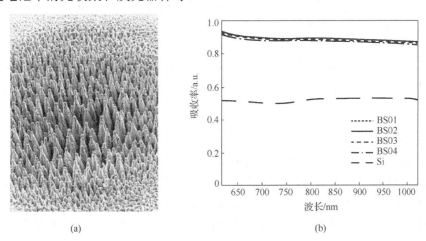

(a)　　　　　　　　　　　　(b)

图 1-3-3　黑硅样品的(a)表面结构图和(b)吸收光谱图

2) 吸收光谱的蓝移现象

与体材料相比，纳米粒子的吸收带普遍存在"蓝移"现象，即吸收带移向短波方向。例如，SiC 纳米颗粒的红外吸收峰为 814 cm^{-1}，而块体 SiC 固体为 794 cm^{-1}。图 1-3-4 为实验制备的棕银胶(BSC sol)、银胶掺杂的聚乙烯醇复合溶胶(BSC+PVA sol)以及银胶掺杂的聚乙烯醇复合膜(BSC+PVA film)的吸收光谱。其中，曲线 a 和 b 的峰形狭长，左右对称，最大吸收波长相同(397 nm)，这是纳米银等离子体共振吸收的特征峰。相比较而言，曲线 c 扁平，谱线半高宽增大，吸收度减小，最大吸收峰(411 nm)红移约 14 nm，这应归因于复合膜中银纳米粒子平均尺寸增大，分布变宽，形状以及聚集状态发生明显变化。

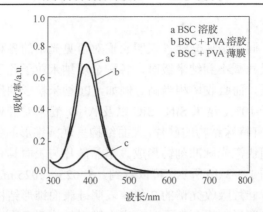

图 1-3-4　(a) BSC 溶胶，(b) BSC+PVA 溶胶与 (c) BSC+PVA 薄膜的吸收光谱

吸收光谱蓝移的原因如下所述。

(1) 量子尺寸效应。即颗粒尺寸下降导致能隙变宽，从而导致光吸收带移向短波方向。Ball 等给出的普适性解释是：已被电子占据的分子轨道能级与未被电子占据的分子轨道能级之间的宽度(能隙)随颗粒直径的减小而增大，从而导致蓝移现象。这种解释对半导体和绝缘体均适用。

(2) 表面效应。纳米颗粒具有较大的表面张力，使晶格畸变，晶格常数变小。对纳米氧化物和氮化物的研究表明，键长的缩短导致纳米颗粒的键本征振动频率增大，结果使红外吸收带移向短波方向。

3) 吸收光谱的红移现象

有时候，当粒径减小至纳米级时，会观察到光吸收带相对粗晶材料的"红移"现象。引起红移的因素很多，也很复杂，归纳起来有：①电子限域在小体积中运动；②粒径较小，内应力增加，导致电子波函数重叠；③存在附加能级，如缺陷能级，使电子跃迁能级间距减小；④外加压力使能隙减小；⑤空穴、杂质的存在使平均原子间距增大，导致能级间距变小。

通常认为，红移和蓝移两种因素共同发挥作用，结果视孰强而定。随着粒径的减小，量子尺寸效应导致蓝移；而颗粒内部的内应力的增加会导致能带结构变化。电子波函数重叠增大，结果带隙、能级间距变窄，从而引起红移。例如，在 200～1400 nm 范围，块体 NiO 单晶有八个吸收带，而在粒径为 54～84 nm 的 NiO 材料中，有 4 个吸收带发生蓝移，有 3 个吸收带发生红移，有 1 个峰未出现移动。

4) 激子吸收带

当半导体纳米粒子的粒径小于激子玻尔半径时，电子的平均自由程受小粒径的限制，局域在很小的范围。因此空穴约束电子形成激子的概率比常规材料高得多，结果导致纳米材料中激子浓度较高。颗粒尺寸越小，形成激子的概率越大，激子浓度越高。这是由量子限域效应导致的，使得纳米半导体材料的能带结构中，靠近导带底形成一些激子能级，从而容易产生激子吸收带。图 1-3-5 给出的是 Cu_2O 吸收带边低能方向出现一系列激子吸收峰，由于带边背景吸收的影响，吸收峰呈现不对称性。另外，激子带的吸收系数随粒径的减小而增加，即出现激子的增强吸收并蓝移。

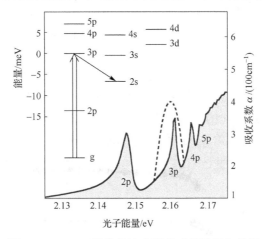

图 1-3-5　Cu_2O 吸收带边出现的"黄激子"能级

5)纳米颗粒发光现象

所谓光致发光，是指在一定波长光照射下被激发到高能级激发态的电子重新跃迁回到低能级被空穴俘获而发射光子的现象。电子跃迁可分为：非辐射跃迁和辐射跃迁。通常当能级间距很小时，电子跃迁通过非辐射性级联过程发射声子，此时不发光；而只有当能级间距较大时，才有可能实现辐射跃迁，发射光子。

纳米材料的以下特点导致其发光不同于常规材料。

(1)由于颗粒很小，出现量子限域效应，界面结构的无序性使激子，特别是表面激子很容易形成，因此容易产生激子发光带；

(2)界面原子比例大，存在大量的缺陷，从而使能隙中产生许多附加能级；

(3)平移周期被破坏，在 K 空间常规材料中电子跃迁的选择定则可能不适用。

例如，1990 年日本佳能公司的 Tabagi 发现，当用紫外光激发纳米硅样品时，粒径小于 6 nm 的硅在室温下可以发射可见光，而且随着粒径的减小，发射带强度增强并移向短波方向；当粒径大于 6 nm 时，发光现象消失。

1.3.3　热学性质

纳米材料的高浓度界面及原子能级的特殊结构使其具有不同于常规块体材料和单个分子的性质，导致纳米材料的各种热力学性质，如结合能、熔点、熔解焓、熔解熵、热容等，均显示出与块体材料的差异性。

1)熔点及内能

材料热性能与材料中分子、原子运动行为有着不可分割的联系。当热载流子(电子、声子及光子)的各种特征尺寸与材料的特征尺寸(晶粒尺寸、颗粒尺寸或薄膜厚度)相当时,反应物质热性能的物性参数,如熔点、热容等,会体现出明显的尺寸依赖性。特别是,低温下热载流子的平均自由程将变长,使材料热学性质的尺寸效应更为明显。图 1-3-6 为几种纳米金属粒子的熔点降低现象。随粒子尺寸的减小,熔点降低。当金属粒子尺寸小于 10 nm 后熔点急剧下降,其中 3 nm 左右的纳米金粒子的熔点只有块体材料熔点的一半,用高分辨电子显微镜观察尺寸 2 nm 的纳米金粒子结构可以发现,纳米金粒子形态可以在单晶、多晶与孪晶连续转变。这种行为与传统材料在固定熔点熔化的行为完全不同,伴随着纳米材料的熔点降低,单位质量粒子熔化时的潜热吸收(焓变)也随尺寸的减小而减少。

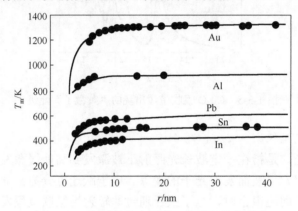

图 1-3-6　几种纳米金属粒子的熔点降低现象

2)晶格参数与结合能

纳米微粒的晶格畸变具有尺寸效应,人们利用惰性气体蒸发的方法在高分子基体上制备出 1.45 nm 的钯(Pd)纳米微粒,通过电子微衍射方法测试其晶格参数,发现钯纳米微粒的晶格参数随着微粒尺寸的减小而降低。结合能比相应块体材料的结合能低。通过分子动力学方法,人们模拟钯纳米微粒在热力学平衡时的稳定结构,并计算微粒尺寸和形状对晶格参数和结合能的影响,定量给出形状对晶格参数和结合能变化量的贡献。研究表明:在一定的形状下,纳米微粒的晶格参数和结合能随微粒尺寸的减小而降低;在一定尺寸时,球形纳米微粒的晶格参数和结合能要高于立方体形纳米微粒的相应量。

3)热容

热容是指材料分子或原子热运动的能量 Q 随温度 T 的变化率,在温度 T 时材料的热容 C 的表达式为

$$C = \left(\frac{\partial Q}{\partial T} \right)_T \tag{1-3-1}$$

若加热过程中材料的体积不变，则测得的热容为定容热容（C_V）；若加热过程中材料的压强不变，则测得的热容为定压热容（C_p）。即

$$C_V = \left(\frac{\partial Q}{\partial T} \right)_V = \left(\frac{\partial U}{\partial T} \right)_V \tag{1-3-2}$$

$$C_p = \left(\frac{\partial Q}{\partial T} \right)_p = \left(\frac{\partial U}{\partial T} \right)_p \tag{1-3-3}$$

图 1-3-7 为几种纳米薄膜材料的定容热容 C_{nano} 与相应块体的热容 C_{bulk} 的比值同原子层数 N 的关系。可见，纳米薄膜热容小于块体热容，而对厚一些的薄膜，二者等价。值得注意的是，上述计算是假定纳米晶体尺寸极小时仍然保持完整的晶格结构，忽略了表面声子软化效应，计算得到的热容值会较实际值小。

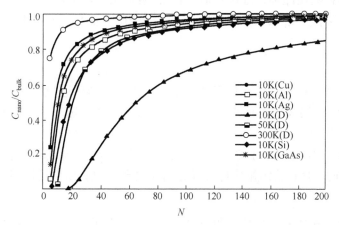

图 1-3-7　C_{nano} 与 C_{bulk} 的比值同原子层数 N 的关系

1.3.4　力学性质

纳米晶体材料的力学性能可以概括为以下内容。

1）弹性模量

纳米晶体材料的弹性模量与其孔隙率密切相关，随着孔隙率减小，弹性模量增加。银纳米晶的弹性模量随温度的变化规律呈现三个明显的阶段：①当相对密度约小于 92% 时，弹性模量随密度增加而增加；②当相对密度为 92%～94% 时，弹性模量对密度变化不敏感；③而当相对密度大于 94% 时，弹性模量又随密度增加而迅速增加。可见，纳米晶材料中的孔隙、缺陷或裂纹使其弹性模量降低。当晶粒尺寸非

常小(如<5 nm)时,材料几乎没有弹性了。单壁碳纳米管(SWNT)的刚度比钢高,也不能被轻易破坏。例如,如果在两端施加压力,纳米管会弯曲而其内部不产生塑性变形。当外力撤去时,碳纳米管会恢复初始状态。Treacy 等利用透射电子显微镜在一定温度范围内(300~1100 K)观测得出,多壁碳纳米管(MWNT)具有高弹性模量,高达 1.87 TPa。

2) 硬度

在大多数的情况下,晶体尺寸降低,硬度升高。纯纳米晶体金属材料(晶粒尺寸约为 10 nm)的硬度是用普通细化方法得到的金属材料硬度(晶粒尺寸>1 mm)的 2~7 倍。硬度测量值随晶粒尺寸变化,两者之间关系被描述成 Hall-Petch 曲线。但是,当晶粒尺寸非常小(如<20 nm)时,不同材料的曲线有不同的走向:一些遵循 Hall-Petch 关系(正斜率);一些斜率为 0(晶粒尺寸无明显关系);还有一些与 Hall-Petch 关系相反(斜率为负),铜和钯纳米晶体材料的 Hall-Petch 曲线的斜率就是负的。由于铜和钯在晶体尺寸减小时,出现负的 Hall-Petch 曲线,所以,当晶粒尺寸从普通大小降低至纳米晶体区域时,存在一个临界晶粒尺寸,此处这些材料具有强度极值。

3) 韧性

在普通金属材料中,当晶粒尺寸减小时,不仅材料的强度会提高,而且塑性也会提高。但实验结果表明,不同纳米金属和合金的伸长率随着晶粒减小而明显下降。当晶粒尺寸小于 30 nm 时,大多数材料的伸长率均小于 3%。对于塑性金属(普通晶粒),当晶粒尺寸降低到小于 25 nm 的范围内时,韧性明显降低。在温度明显低于 $0.5\,T_m$(熔点)时,纳米晶体脆性材料或金属间化合物的高韧性还没得到进一步证实。

4) 超塑性

在特殊温度和特殊应变速率下做拉伸试验时,一些合金晶体材料在颈缩和断裂前可被极大地拉伸,这种现象被称为超塑性。其延伸率可以达到100%~1000%。通常,超塑性发生在稳定的细晶显微组织和温度高于 $0.5\,T_m$ 时。超塑性特性是工业所需要的,可以用来生产形状复杂的元件。这些元件是由机械加工难度大的材料制成的,诸如金属基复合物和金属间化合物。

1.3.5　磁学性质

1) 超顺磁性

纳米材料的尺寸达到某一临界值时进入超顺磁状态,例如,Fe_3O_4 和 $\alpha\text{-}Fe_2O$ 的临界值分别为 16 nm 和 20 nm,此时磁化率不再服从居里定律

$$X = C/(T - T_c) \tag{1-3-4}$$

式中，C 为常数；T_c 是居里温度。

造成这种超顺磁性的原因为：在小尺寸条件下，当各项性能减小到与热运动可以比拟时，磁化方向就不再固定在一个易磁化方向上，易磁化方向无规律地变化，结果导致超顺磁性的出现。

2) 矫顽力

纳米微粒的尺寸高于超顺磁临界尺度时，通常出现高的矫顽力 H_c。例如，尺寸为 16 nm 的铁微粒，在 5 K 时矫顽力达到 127000 A/m，即使在室温下也能够达到 79600 A/m。而常规铁块的矫顽力仅为 79.62 A/m。

对于纳米微粒的高矫顽力，目前有两种较为合理的解释：一致转动模式和球链发转模式。一致转动模式认为，当纳米微粒小到一定尺寸时可认为是一个单磁畴，每个单磁畴实际上是一个永久磁铁，要使这个磁铁去掉磁性，必须使整个磁矩反转，这需要很大的磁场，因此具有很高的矫顽力。

3) 居里温度

居里温度是磁性材料的重要参数，实验表明，随着磁性薄膜厚度的减小，居里温度在不断下降。对纳米微粒而言，小尺寸效应和表面效应导致纳米粒子的本征和内禀的磁性变化，因此具有较低的居里温度。

4) 磁化率特性

纳米微粒的磁性和所含的总电子数有密切关系。电子数的奇偶对磁化率影响各不相同。在电子数为奇数时粒子集合体的磁化率服从居里定律，而偶数情况下服从如下式子：

$$\chi \propto kB_T \tag{1-3-5}$$

并遵从 d^2 的规律，此外，纳米材料的磁性比普通材料要大 1～2 个数量级。例如，纳米金属在高场下为泡利顺磁性，磁化率是常规金属的 20 倍。

1.4　纳米材料的主要应用

基于纳米材料具有诸多特异理化性能以及纳米科技的迅猛发展，纳米材料被认为将在催化、环保、新能源、光学、传感、电子材料、磁性材料以及生物仿生等领域有广泛的应用前景。

1.4.1　光催化领域

光催化反应是利用光能进行物质转化的一种方式，是光和物质之间相互作用的多种方式之一，是物质在光和催化剂同时作用下所进行的化学反应。纳米材料在光催化领域的应用主要为纳米半导体金属氧化物。纳米半导体金属氧化物具有大的比表面积,对反应物吸附能力强,有效地促进了界面电荷的转移过程,还可使光生载流子优先吸附反应物并与之进行反应,从而提高了光催化效率。此外,由于纳米半导体金属氧化物材料具有较高的表面能和低的熔点,低温下即可与反应物进行反应,从而有效地避免了其他物质的干扰,提高了光催化反应的选择性。因此,纳米半导体金属氧化物作为一种新型的光催化剂,已经成为科学工作者的研究热点。常用的纳米半导体金属氧化物催化剂有 TiO_2、ZnO、CdS、WO_3、SnO_2 等。

　　下面以锐钛矿型 TiO_2 为例介绍光催化反应原理。锐钛矿型 TiO_2 的禁带宽度为 3.2 eV,当它吸收了波长小于或等于 387.5 nm 的光子后,价带中的电子就会被激发到导带,形成带负电的光生电子 e^-,同时在价带上产生带正电的空穴 h^+。由于半导体能带的不连续性,电子和空穴的寿命较长,在电场的作用下,电子与空穴发生分离,迁移到粒子表面的不同位置。它们能够在电场作用下或通过扩散的方式运动,与吸附在半导体催化剂粒子表面上的物质发生氧化或还原反应,或者被表面晶格缺陷捕获,也可能直接复合,空穴和电子在半导体 TiO_2 催化剂粒子内部或表面的光催化反应机理如图 1-4-1 所示。

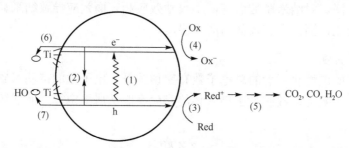

图 1-4-1　TiO_2 光催化反应基本原理及主要激元反应步骤

主要步骤如下:

(1) TiO_2 受光子激发后产生载流子,即光生电子和空穴;

(2) 载流子之间发生复合反应,并以热或光能的形式将能量释放;

(3) 由价带空穴诱发氧化反应;

(4) 由导带电子诱发还原反应;

(5) 发生进一步的热反应或催化反应(如水解或活性含氧物种反应);

(6) 捕获导电电子生成 Ti^{3+};

(7) 捕获价带空穴生成钛醇基团。

　　纳米材料光催化自发现以来,在环保、水质处理、有机物降解、失效农药降解等方面有着重要的应用。这种方法的优点在于能够彻底分解污染物,与传统技术如激活碳和气体剥离等方法只是将污染物从一种形态转变为另一种形态相比,通过纳米微粒的光催化可以将有机和无机化合物甚至微生物降解或转化成有害性非常小的物质，净度高且无二次污染。详细的工作原理、制备工艺和测试技术可以参考第 6 章实验 3～5 的内容。

1.4.2 光学领域[12]

材料的发光性质，大体包括光致发光、电致发光以及阴极射线发光。光致发光是指材料依赖光源进行照射，从而获得能量，产生激发导致发光的现象。光致发光大致经过吸收、能量传递及光发射三个主要阶段，光的吸收及发射都发生于能级之间的跃迁，都经过激发态。而能量传递则是由于激发态的运动。紫外辐射、可见光及红外辐射均可引起光致发光。电致发光是通过加在两电极的电压产生电场，被电场激发的电子碰击发光中心，而引致电子的跃迁、变化、复合并导致发光的一种物理现象。阴极射线发光是通过电子枪发射的一束电子和发光材料结合而使材料发光的一种光电现象，这是一种表征纳米结构光学性质的有效手段。

另外，纳米材料的荧光性能、纳米微粒强烈的反射红外线的功能、纳米微粒对紫外线很强的吸收能力等光学性质，使得纳米材料可以制作高效光热、光电转换材料，可高效地将太阳能转化为热能、电能；此外，又可作为红外敏感元件、红外隐身材料等；对纳米材料进行表面修饰后，纳米材料具有较大的非线性光学吸收，等等。利用纳米微粒的这些光学特性制成的各种光学材料与器件在日常生活和高技术领域得到广泛的应用。下面以光吸收材料为例，简要介绍纳米材料的一些光学应用。

1) 紫外吸收

量子尺寸效应使纳米光学材料对某种波长的光吸收具有蓝移现象，纳米微粒粉体对各种波长光的吸收带有宽化现象，纳米微粒的紫外吸收材料就是利用了这两个特性。通常的纳米微粒紫外吸收材料是将纳米微粒分散到树脂中制成膜，这种膜对紫外的吸收能力与纳米粒子的尺寸和树脂中纳米粒子的掺加量及组分有关。比如，Fe_2O_3 纳米微粒的聚固醇树脂膜对 600 nm 以下的光有良好的吸收特性，可用作半导体器件的紫外线过滤器；300～400 nm 的 TiO_2 纳米粒子的树脂膜对 400 nm 波长以下的紫外线有极强的吸收特性，吸收率达到 90%以上；纳米 Al_2O_3 粉体对 250 nm 以下的紫外线有很强的吸收特性。在防晒油、化妆品中加入纳米 TiO_2、ZnO 和 Al_2O_3 等颗粒，对大气中的紫外线进行强吸收，可减少进入人体的紫外线；在塑料表面上涂一层含有纳米微粒的透明涂层可以防止塑料老化；在汽车、舰船表面上涂一层含有纳米微粒的油漆，可以防止油漆脱落等。

2) 光吸收过滤器和调制器

过滤器主要包括窄带过滤器、截止过滤器等，是指在一定波长范围之内对光进行控制的元件，在光通信等领域有广泛的应用前景。纳米材料的诞生为设计高效光过滤器提供了新的机遇，除了纳米材料尺寸小，可以把光过滤器尺寸缩小外，更重要的是可以利用纳米材料的尺寸效应，在同一种类材料上实现波段可调的光过滤器。用于光过滤器的材料有 TiO_2/SiO_2 和 TiO_2/Ta_2O_3 等多层膜，主要特点是可以通过模板孔洞内金属纳米粒子的含量，以及柱形孔洞内纳米颗粒形成的纳米棒的纵横比来控制组装体系吸收边或吸收带的位置，实现光过滤的人工调制。比如，Ag/SiO_2 介孔材料中随着银纳米粒子的含量从 0.35%增加到 3.5%，体系吸收边由紫外红移到红光范围，颜色从黑色向黄红色变化。

3) 红外吸收和微波隐身

纳米粒子对红外线和电磁波的吸收率比常规材料大得多，使得红外探测器以及雷达得到的反射信号强度大大降低，很难发现被探测目标，起到隐身作用，在日常生活和高科技领域都有重要的应用背景。人体释放的红外线在 $4\sim16$ μm 的中红外波段，在战争中如果不对这个波段的红外线进行屏蔽，很容易被非常灵敏的中红外探测器所发现，尤其是在夜间，人身安全将受到威胁。因此，研制对红外线具有吸收功能的纤维并制成衣服，对人体释放的红外线进行屏蔽，在军事领域的应用尤为重要。纳米 Al_2O_3、TiO_2、SiO_2 和 Fe_2O_3 的复合材料对中红外具有很强的吸收特性，将此类纳米微粒填充到纤维中，不但有对人体红外线的强吸收作用，还可以增加保暖作用，减轻衣服的质量。

隐身材料在航空航天与军事领域具有广阔的应用前景。比如，在 1991 年的海湾战争中，美国 F-117A 型战斗机机身表面包覆了多种超微粒子的红外与微波隐身材料，它们对不同波段的电磁波有强烈而优异的吸收能力，可以逃避雷达的监视；而伊拉克的军事目标和坦克等武器表面没有防御红外线探测的隐身材料，很容易被美国战斗机上的灵敏红外线探测器所发现，进而被先进的激光制导武器击中。因此，世界各国为了适应现代化战争的需要，提高在军事对抗中竞争的实力，都将隐身技术作为一个重要的研究对象，其中隐身材料在隐身技术中占有重要的地位。

1.4.3　新能源领域

由于尺度小、比表面大等特点，将纳米材料作为新能源电极材料不仅可以增强材料的活性，还能提高材料的倍率性能，提高其功率密度。由于纳米材料尺度小，离子所需扩散路径短，大大降低了离子在固态粒子中的平均扩散时间。传输路径更短，存储时间降低，在大电流下充放电成为可能；更大的比表面降低了实际电流密度，减少了对电极材料的破坏，有利于循环性能的保持，因此纳米材料可以表现出很好的倍率性能。同时，纳米材料还可以提高电极材料结构的稳定性，并形成新的储能机理。

1) 锂离子电池[15,16]

锂离子电池是一种二次电池(充电电池)，主要依靠锂离子在正极和负极之间移动来工作。在充放电过程中，Li^+ 在两个电极之间往返嵌入和脱嵌：充电时，Li^+ 从正极脱嵌，经过电解质嵌入负极，负极处于富锂状态；放电时则相反。详细的工作原理和细节可以参考第 6 章实验 9 的内容。锂离子电池因具有高电压、大容量、长循环寿命和安全性好等特点，使之在便携式电子设备乃至电动汽车等多领域展示出潜在的应用前景。开发锂离子电池的关键之一是寻找合适的电极材料，使电池具有足够高的锂嵌入量和很好的锂脱嵌可逆性，以保证电池的高电压、大容量和长循环寿命的要求。

近年来，锂离子电池广泛应用于水力、火力、风力和太阳能电站等储能电源系统，以及电动工具、电动自行车、电动摩托车、电动汽车、军事装备、航空航天等多个领域。随着新材料和新工艺的发现，锂离子电池无疑将在未来几年对我们的生活产生越来越大的影响。

但是，锂离子电池也具有一定的缺点。

(1) 锂离子电池的内部阻抗高。由于锂离子电池电解液为有机溶剂，其电导率比镍镉电池的电解质溶液、金属氢化物镍电池要低得多，所以锂离子电池的内部阻抗比镍氢电池和镍镉电池的高 11 倍左右。

(2) 工作电压变化较大。对电池放电到额定容量的 80%，镍镉电池的电压变化很小(约 20%)，锂离子电池电压变化较大(约 40%)，这是电池供电的严重缺陷。然而，由于锂离子电池的放电电压高，所以很容易检测到电池的剩余电量。

(3) 电极材料的成本比较高。

(4) 对锂离子电池的装配要求也更加严格，需要在低湿度的条件下完成，电池的结构比较复杂，需要特殊的保护电路。

(5) 锂离子电池使用有机电解液，电池有一定的安全隐患。

2) 光伏电池[17,18]

太阳能电池技术可以划分为三代，即第一代的硅基电池技术、第二代的薄膜电池技术和第三代的光伏电池技术。其中，以硅片为基础的第一代太阳能电池，其技术发展已经成熟，但单晶硅纯度要求在 99.999%，生产成本太高。第二代薄膜电池技术制备工艺简单，所需材料较少，且易于实现大面积电池的生产，可有效降低成本。第三代光伏电池技术具有薄膜化、转换效率高、原料丰富且无毒等优点，但是目前还处在简单的试验研究阶段，尚未实用化。下面详细介绍这三代电池。

硅基电池　硅本身是地球表面的第二丰富的材料，且价格比较便宜，因此成为光伏行业里应用最多的一种材料，第一个半导体太阳能电池采用的是单晶硅材料，第一个商业化的光伏应用采用的也是硅材料。大多数硅基电池都是依靠晶体的 PN 结工作的，典型的商业化硅基电池模块的效率为 14%～17%。对硅材料来说，影响效率的主要复合机制是背面复合、耗尽层复合、前后表面接触复合、接触电阻损耗、串联电阻损失和反射损失等。另外，由于硅本身是间接带隙材料，吸收效率比较低；

通常单晶硅的厚度至少为 125 μm 才会吸收 90% 以上的高于禁带宽度的太阳光；而厚度为 0.9 μm 的直接带隙砷化镓就可以达到相同的效果。除此之外，生产单晶硅需要单晶生长、晶元切片等工艺，成本相对较高，因此使用多晶硅材料可以降低其成本。但多晶硅存在高密度的复合中心和一些杂质缺陷，因此效率要比单晶硅低。

薄膜电池　与硅基电池相比，薄膜电池由于采用在低成本支撑物上沉积非常薄的直接带隙材料，在降低成本的同时，极大地提高了电池效率。与无机薄膜太阳能电池(包括非晶硅薄膜电池、多晶硅薄膜电池、碲化镉以及铜铟硒薄膜电池等)相比，利用聚合物或染料等有机材料制作的薄膜电池成本更低，具有非常大的商业吸引力。其中，基于染料敏化介孔 TiO_2 薄膜电池由于在低成本条件下表现出高于 10% 的能量转化效率而一直备受关注，这是一种混合有机-非有机的设计，其中的多孔纳米晶体 TiO_2 用作电子导体，与界面附近含有有机光吸收染料的电解质相连。电荷转移出现在界面上，同样，空穴在电极中运输，详细的工作原理和细节可以参考第 6 章实验 10 的内容。目前聚合物薄膜电池的主要问题是电池的寿命和封装问题。

光伏电池　第三代光伏电池综合考虑了多重能量阈值、低成本的制备方法、丰富无毒的原材料等，使降低每瓦成本变得较容易。结构方面，主要有叠层太阳能电池、多带隙太阳能电池和热载流子太阳能电池等。其中，叠层太阳能电池是目前发展最好的，其可通过聚光系统、降低成本、优化薄膜设计、增加效率等方面的改进从而降低每瓦成本，然而该技术的稳定性较差。材料方面，钙钛矿太阳能电池作为光伏器件领域中的后起之秀，自 2009 年被发现以来，凭借成本低、柔性好及可大面积印刷等优点，受到了人们的广泛关注。钙钛矿太阳能电池正是基于 PN 结的光生电势现象，当太阳光照射在半导体 PN 结上时，会激发形成空穴-电子对(激子)。由光照产生的激子首先被分离成为电子和空穴，然后分别向阴极和阳极输运。带负电的自由电子经过电子传输层进入玻璃基底，接着经外电路到达金属电极。带正电的空穴则扩散到空穴传输层，最终也到达金属电极。在此处，空穴与电子复合，电流形成一个回路，完成电能的运输，如图 1-4-2 所示。整体来说，第三代光伏电池技术还处于实验室研究阶段，由于技术不成熟、工作稳定性欠佳等，还未达到实用要求。

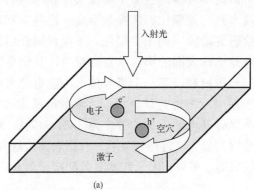

(a)

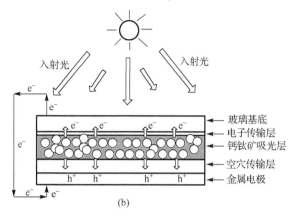

图 1-4-2 (a)激子形成过程示意图;(b)钙钛矿太阳能电池的构造与运行机理示意图

1.4.4 纳米磁性材料[19-22]

纳米磁性材料不同于常规的磁性材料,其原因是与磁相关的特征物理长度恰好处于纳米量级,例如,磁单畴尺寸、超顺磁性临界尺寸、交换作用长度,以及电子平均自由路程等处于 1~100 nm 量级,当磁性体的尺寸与这些特征物理长度相当时,就会呈现反常的磁学性质。纳米磁性材料目前已经在新材料、能源、信息、生物医学等各个领域发挥了举足轻重的作用,下面简单介绍纳米磁性材料的几个典型应用。

1)磁性随机存储器

磁性随机存储器(MRAM)是巨磁电阻(GMR)效应与隧道磁电阻(TMR)效应应用的一个实例,它是一种具有非易失性、低功耗、响应速度快、灵敏度高的新型存储器,简单来说,就是当自旋极化电流通过磁性薄膜时,电流中的自旋电子会对费米面附近的电子产生影响,使薄膜的磁化状态发生变化,从而可以改变自旋阀或隧道结的高低阻态而实现信息的写入。在磁存储器件中,为了提高存储密度,存储单元尺寸必须减小。例如,要实现 700 Gbit/in^2(1in=0.0254m),单元尺寸不能超过 7 nm,在这一过程中每比特所含的单元个数也从 100 下降到 10。目前的研究方向主要有两个,一是通过各种工艺提高现有的 MRAM 的性能,二是发展出性能不同的新型 MRAM。图 1-4-3 给出了多种 MRAM。

2)药物投递

纳米磁性颗粒体积小,具有很好的磁性取向和生物降解性。其中,超顺磁性氧化铁纳米粒子具有高磁化率、大比表面积、良好的生物相容性且适于表面改性,成为生物学和医学应用中最卓越的一类纳米磁性粒子。众所周知,绝大多数化疗相对来说是非特异性的,药物被分配到各个部位,包括正常组织,造成被"浪费"和不

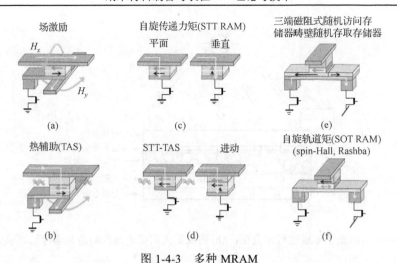

图 1-4-3　多种 MRAM

(a)第一代磁场写入的 MRAM；(b)热辅助磁场写入 MRAM；(c)自旋传递力矩(STT RAM)；
(d)热辅助和步差 STT-TAS；(e)三终端 MRAM；(f)自旋轨道耦矩(SOT RAM)

被期望的毒副作用。在这种情况下，磁性颗粒作为药物的载体，或附着在其外表面上，抑或是溶于外涂层中。一旦将载有药物的纳米颗粒引入患者的血液中，就使用由强永磁体产生的磁场梯度将颗粒"锁定"在目标区域，然后通过活性酶或特定的触发(控制释放)释放药物，从而更好地发挥效用，减轻毒副作用。

3) 肿瘤靶向治疗

纳米磁性生物材料因其独特的磁学性质在临床诊断和生物医学研究中获得了广泛应用，如肿瘤影像诊断和磁热疗、磁分离和实时检验、干细胞和再生医学、脑部神经刺激和可控药物递释等(图 1-4-4)。利用纳米材料小尺寸特点将其递送到特定的生物靶点，通过施加安全且无组织穿透深度限制的外磁场刺激，促使磁性纳米材料产生磁、热、力等物理效应并作用于生物靶点，继而引发多种生物学效应实现诊断或治疗功能。

以肿瘤磁热疗为例，基于纳米磁性材料的磁感应热疗是利用磁介质进入肿瘤组织后，在外加交变磁场作用下，磁介质由于尼尔弛豫和布朗弛豫效应而感应发热，使肿瘤组织达到一定温度(一般 42 ℃以上) 而诱导肿瘤细胞凋亡。此外高温能增加休克蛋白合成，激发主动免疫的形成，从而达到治疗恶性肿瘤的效果，且具有靶向、微创、无毒副作用、疗效明显等优点。在纳米磁性材料介导的肿瘤靶向磁感应热疗临床应用中，除了需要纳米磁性材料高的磁感应热效应外，另一重要需求是如何进一步提高纳米磁性材料在瘤区的富集。研究表明，通过肿瘤 EPR(enhanced permeability and retention，增强的渗透与滞留作用) 效应实现被动靶向的同时结合主动靶向累积，在一定程度上可提高热疗效果。另外，如果将多靶点靶向同时引入肿瘤磁感应热疗中，也将大幅度提升热疗疗效。

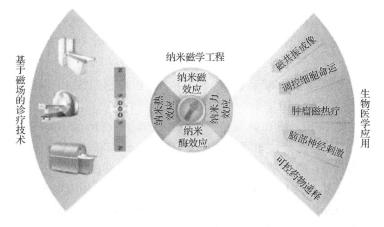

图 1-4-4　纳米磁性材料的生物医学应用

1.4.5　超大规模集成电路[23,24]

超大规模集成电路(very large scale integration circuit，VLSI)是一种将大量晶体管组合到单一芯片的集成电路。利用超大规模集成电路技术可以将一个电子分系统乃至整个电子系统"集成"在一块芯片上，完成信息采集、处理、存储等多种功能，具备体积小、质量轻、功耗低、可靠性高等优点。超大规模集成电路研制成功，是微电子技术的一次飞跃，大大推动了电子技术的进步，从而带动了军事技术和民用技术的发展。目前，超大规模集成电路已成为衡量一个国家科学技术和工业发展水平的重要标志，也是世界主要工业国家，特别是美国和日本竞争最激烈的一个领域。

当前我国在集成电路制造技术方面的水平与国际先进工艺技术还有一定的差距，这与我国作为集成电路消费大国的地位严重不匹配。下面针对国外的技术封锁、专利垄断和市场围剿，简单介绍当前集成电路芯片这一"卡脖子"问题涉及的微纳米加工工艺。

1)图形化方案

集成电路复杂度的提高和不断的更新换代源于微纳米加工技术的不断进步。当前集成电路量产工艺技术节点已经从 14 nm 发展到 7 nm。国际上众多集成电路和半导体厂商已经着手 5～3 nm 及以下的工艺技术开发。随着集成电路设计和制造进入纳米阶段，特征尺寸已经大大低于光刻工艺中所使用的光波波长。因此光刻过程中，由于光的衍射和干涉现象，实际硅片上得到的光刻图形与掩模版图形之间存在一定的变形和偏差，光刻中的这种误差直接影响电路性能和生产成品率。在此情况下，硅片表面成像相对于原始版图出现边角钝化、线端缩短、线宽偏差等严重的不一致。这种掩模版图形和硅基表面实际印刷图形之间的图形转移失真现象，一般称为光学邻近效应（OPE）。为了减轻以及抵消亚波长光刻工艺产生的日益严重的光学邻近效应，业界提出并广泛采用了在不改变光刻波长的前提下通过控制光刻系统的其他各项参数，主要包括光学邻近校正（OPC）、光源掩模版联合优化（SMO）、移相掩模（PSM）、偏轴照明（OAI）、次分辨率辅助图形（SRAF）等。

　　具体来说，16/14 nm 鳍式场效晶体管（fin field-effect transistor，FinFET）工艺除节距持续缩小之外，关键尺寸如鳍的宽度降低到 8 nm 左右，已经超过了 193 nm ArF 浸没式光刻技术（193i）的分辨率极限。因此 16/14 nm FinFET 的图形化采用了自对准侧墙转移图形技术（SADP），而将中后段互连图形拆分，采用双曝光技术实现 64 nm 节距。相比 16/14 nm，10 nm 和 7 nm 图形化方案仍采用 193i，但是关键尺寸和最小抛将进一步缩小，关键层掩模版数量和覆盖套刻对准次数激增，这将会是一个复杂的工程，采用极紫外（extreme ultra-violet，EUV）光刻方案则可大大缓解该问题。5 nm 及以后节点的图形化可能会延续 EUV 与 193i 相结合的方案，针对鳍和阀门等一维图形，采用 193i 完成轴心图形制备，自对准多次侧墙转移形成环形线条，结合 193i 多次 cut 或 euvcut 完成图形制备。如图 1-4-5 所示。

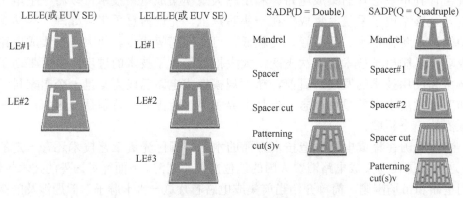

图 1-4-5　图形技术：关键层图形化方案

　　新型图形化技术，如纳米压印（nano-imprint lithography，NIL）、自组装（directed self-assembly，DSA）技术、电子束曝光光刻（electron-beam projection lithography，EPL）等方案目前仍处于研究阶段，距集成电路产业应用仍有较大距离。

　　2）自对准接触孔技术

　　随着集成电路技术微缩到 14 nm 或 7 nm 节点以下，光刻工艺达到极限。光刻定义的图形尺寸难以满足最小关键尺寸的要求，必须借助于干法刻蚀来精确控制最后硅片上接触孔图形尺寸的大小。曝光显影过程中的光罩对准（overlay）异常艰难，稍有偏差就会使得电路发生短路或断路，从而使晶圆报废。在此背景下，自对准接触孔(self-aligned contact，SAC)技术变为首选解决方案。如图 1-4-6 所示，自对准接触孔刻蚀技术是在光刻定义的较大的图形范围内，通过刻蚀程序对不同材质间的刻蚀选择比不同而形成接触孔。在满足侧墙被刻蚀量足够小的情况下，要保证接触孔与有源区及栅极的顺利连接。

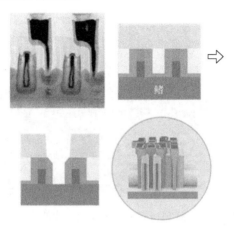

图 1-4-6　自对准接触孔刻蚀技术

在 FinFET 技术开发过程中，由于鳍的三维立体结构，极大地增加了接触孔刻蚀的工艺难度。鳍的三维立体结构使得接触孔的底部会高低起伏。而鳍间的氧化硅很难被去除掉。接触孔刻蚀需要通过增加刻蚀来保证源极与漏极上没有氧化硅残留，同时还需要严格控制刻蚀工艺对源极与漏极材料的破坏，这需要精确控制氧化物对氮化硅的刻蚀选择比。

3)硅基光电集成

在集成电路中，电子之间的强相互作用虽然使晶体管进行开关和信号处理，但同时也带来噪声，并增加信号传输中的衰减(尤其是在高频的情形下)，从而影响信息处理能力。此外，在电互连导体表面会产生电磁场，从而导致信号的串扰、干扰及衰减，这会增加能耗，且其随着频率的增加而增加。因此，在电互连的框架下微处理器将越来越难以满足高性能计算机在大规模并行处理和低能耗方面日益提高的要求。

为了突破这一局面，将电子技术与光子技术结合起来势在必行。光子之间相互作用很弱，这虽然限制了光计算方面的应用，但可以减少光通道之间的噪声、衰减和串扰。显然，微纳电子技术和光子技术的集成将充分发挥两者的优势，有望增强芯片的并行处理能力并降低其能耗。未来的高性能计算机运算速度如果要达到每秒百亿亿次量级，那么处理器之间的通信带宽必须达到 Tbit/s 量级。如此大的带宽只能通过光互连的方式实现。图 1-4-7 展示了 IBM 公司所构想的未来高性能计算机中，如何利用光互连来实现芯片内部和芯片之间高速低功耗数据通信；包含了多个核的处理器层、存储层以及光网络层将通过三维封装的方式进行集成；每个处理器核上的光接收模块将信号从光域转换到电域进行处理。该光互连芯片中需要的核心光子器件包括调制器、探测器和激光器。

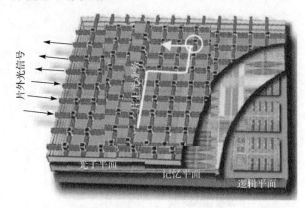

图 1-4-7　IBM 公司提出的光互连芯片的架构示意图

当今，集成电路科学与技术的发展已经进入后摩尔时代，其主要发展方向如下。

(1)沿着继续缩小加工尺寸(scaling down)的方向迈进(more Moore，延续摩尔)。目前量产产品的最小加工尺寸已达到 7 nm，产品表现为系统芯片(system on chip, SoC)，非量产产品加工尺寸的研究成果已达到 3 nm。

(2)将模拟电路、射频电路、传感器、高压器件、功率器件等与逻辑电路通过封装形式完成集成，使集成电路具备更多、更广的功能(more than Moore，拓展摩尔)。产品形式为系统封装(system in package，SiP)。

(3)以全新材料、全新工艺制作的量子器件、自旋器件、单电子器件、磁通量器件、石墨烯器件、碳纳米管、纳米线来构建和演绎全新的集成电路(beyond Moore，超越摩尔)。

(4)未来，随着物理、数学、化学、生物学等领域有新的发现和技术突破，有可能建立全新形态的信息科学技术及其产业(much Moore，丰富摩尔)。未来集成电路产业和科学技术发展的驱动力是降低功耗，而不仅仅是以提高集成度(减小特征尺寸)为节点，即以提高性能/功耗/成本比为标尺。

但是，目前，针对国外的技术封锁、专利垄断和市场围剿，当前必须解决以下"卡脖子"问题，包括硬件(中央处理器、图形处理器、存储器、模拟电路)；软件(桌面操作系统、移动操作系统，电子设计自动化(EDA)工具)；制造技术；关键专用设备及专用材料。

【思考题】

(1)什么是纳米材料？怎样对纳米材料进行分类？

(2)纳米材料有哪些基本的效应？试举例说明。

(3)纳米材料有哪些物理和化学特性？

(4)什么是蓝移现象?并解释其原因。

(5)为什么纳米微粒粉体对各种波长光的吸收带有宽化现象？

(6)红外吸收特性是什么？在军事领域有哪些重要应用？

(7)纳米隐身涂料的吸波机理是什么？

(8)纳米材料在处理水污染方面涉及的催化、过滤、吸附原理是什么？

(9)说明受激发的 TiO_2 微粒光催化过程。

(10)简述纳米磁性材料的基本特征。

(11)介绍几种具体的纳米磁性材料。

(12)为什么说纳米 TiO_2 是最具开发前景的绿色环保催化剂之一？

(13)简述集成电路的发展历程，并讨论与微纳米加工技术的关系。

(14)查阅资料，谈谈纳米科技和纳米材料的发展和应用前景。

【参考文献】

[1]　纳米科技 纳米物体的术语和定义 纳米颗粒、纳米纤维和纳米片: GB/T 32269—2015. 北京: 中国标准出版社, 2015.

[2]　彭金平. 解读国家标准 GB/T 32269—2015 《纳米科技 纳米物体的术语和定义 纳米颗粒、纳米纤维和纳米片》. 中国标准导报, 2016, 07: 28-34.

[3]　王帅, 王振, 邱俊杰, 等. 零维、一维、二维无机纳米材料催化还原 CO_2 研究进展. 功能材料，2018, 49(12): 12071-12078.

[4]　夏培雄. 一维纳米材料的制备及其对污染物的去除. 上海: 上海工程技术大学, 2014.

[5]　Bolotin K I,Sikes K J,Jiang Z, et al. Ultrahigh electron mobility in suspended graphene. Solid State Communications, 2008, 146(9-10): 351-355.

[6]　Lee C, Wei X, Kysar J W, et al. Measurement of the elastic properties and intrinsic strength of monolayer grapheme. Science, 2008, 321(5887): 385-388.

[7]　Balandin A A, Ghosh S, Bao W, et al. Superior thermal conductivity of single-layer grapheme. Nano Letters, 2008,8(3):902-907.

[8]　Gusynin V P, Sharapov S G, Carbotte J P. Magneto-optical conductivity in graphene. Journal of Physics: Condensed Matter, 2006, 19(2): 026222.

[9]　Mak K F, He K, Lee C, et al. Tightly bound trions in monolayer MoS_2. Nat.

Mater., 2013: 12: 207.

[10] Xu X, Yao W, Xiao D, et al. Spin and pseudospins in layered transition metal dichalcogenides. Nat. Phys., 2014, 10: 343.

[11] Ling X, Wang H, Huang S, et al. The renaissance of black phosphorus. P. Natl. Acad. Sci. USA, 2015, 112: 4523.

[12] 丁秉钧. 纳米材料. 北京: 机械工业出版社, 2017.

[13] 胡智萍. 钙钛矿纳米材料的光学性能调控及微激光应用研究. 重庆: 重庆大学, 2018.

[14] Liang Y C. Thickness dependence of structural and electrical properties of electric field tunable $Ba_{0.6}Sr_{0.4}TiO_3$ transparent capacitors. Electrochemical and Solid-State Letters, 2009, 12(9): G54-56.

[15] 王琦. 锂离子模拟电池组装测试手册. 锂电咨询, 2010, 增刊: 31.

[16] 吴宇平, 袁翔云, 董超, 等. 锂离子电池——应用与实践. 2版. 北京: 化学工业出版社, 2011.

[17] Tsakalakos L. 纳米光伏技术. 吕辉, 官成钢, 谭保华, 译. 北京: 电子工业出版社, 2013.

[18] Cao G Z, Wang Y. 纳米结构和纳米材料: 合成、性能及应用. 董星龙, 译. 2版. 北京: 高等教育出版社, 2012.

[19] 苏显鹏. 自旋电子器件用磁性超薄膜的制备和研究. 兰州: 兰州大学, 2018.

[20] 张婷婷. 功能化磁性纳米材料的合成及其载药性能研究. 宁波: 宁波大学, 2019.

[21] 唐倩倩, 张艺凡, 和媛, 等. 磁性纳米材料的生物医学应用进展. 生物化学与生物物理进展, 2019, 46(4): 353-368.

[22] 陈小勇, 刘晓丽, 樊海明. 磁性纳米材料的生物医学应用. 物理, 2020, 49(6): 381-389.

[23] 张卫. 集成电路新工艺技术的发展趋势. 集成电路应用, 2020, 37(04): 4-9.

[24] 王阳元. 发展中国集成电路产业的"中国梦". 科技导报, 2019, 37(3): 49-57.

第 2 章　纳米材料合成与制备

纳米材料的制备方法多种多样，一般可以归纳为物理方法和化学方法。物理方法通常又叫作自上而下的制备方法，该方法主要包括传统的机械粉碎、高能球磨、等离子体蒸发沉积、电弧放电加热蒸发、离子溅射等。化学方法通常又叫作自下而上的制备方法，是将原子或分子通过化学反应组装成具有一定形貌的纳米结构，主要包括化学气相沉积法、模板法、电化学沉积法、高温热解法、水热法、自组装法、溶剂蒸发法、溶胶-凝胶法等。本章先重点介绍液相、气相、固相方法制备纳米材料，而后介绍光学曝光、激光刻蚀、电子束刻蚀和聚焦离子束加工等微纳器件加工技术。

2.1　液相法合成与制备

液相法是一种典型的"自下而上"(bottom-up)的材料制备方法。它是以均相溶液为出发点，通过调节溶液种类、溶液浓度、反应温度、压强、pH 等途径控制化学反应进程，生成所需溶质；把溶质从溶剂中分离出来，并以此为前驱体，经过干燥、热处理后得到所需的纳米材料。

2.1.1　形核与晶体生长

1) 形核[1]

晶体生长过程始于形核(nucleation)，即首先在母相中形成与拟生长的晶体具有相同结构且具有热力学稳定性的"晶胚"。之后，以该晶核为胚体逐渐长大形成目标晶体。形核可分为如下两种：

(1) 均质形核(homogeneous nucleation)：在均匀的母相中形核；

(2) 异质形核(heterogeneous nucleation)：依附于母相中存在的结晶态的固相表面形核。

现以均质形核为例简要介绍单质液相中的形核过程。处于非平衡状态(过饱和或过冷状态)的溶液在液相、固-液相或气-液相界面上不断出现随机涨落，使部分近邻原子或离子相互团聚、形核，如图 2-1-1(a)所示；同时，随机涨落也会将不稳定的核打散为分散的原子或离子。在某一时刻，近邻原子团聚形成半径为 r 的核，那么该核体内原子的吉布斯自由能为 $-4\pi r^3 \Delta\mu / 3$，核的表面能为 $4\pi r^2 \sigma$。所以，在形核过程中吉布斯自由能的改变量为

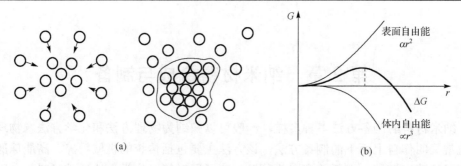

图 2-1-1　(a)局域涨落引起形核；(b)核的尺寸与吉布斯自由能之间的关系

$$\Delta G = -\frac{4\pi r^3}{3}\Delta\mu + 4\pi r^2\sigma \tag{2-1-1}$$

从图 2-1-1(b)中可以看出，在形核过程中随着核的不断长大，核内原子的吉布斯自由能不断减小而核表面的自由能则不断增大。最终，当核长大到某一临界尺寸 $r^* = 2\sigma/\Delta\mu$ 时，吉布斯自由能的改变量ΔG=0，此时所需的临界自由能为

$$\Delta G_n = \frac{16\pi}{3}\frac{\sigma^3}{\Delta\mu^2} \tag{2-1-2}$$

该式给出形成临界核(critical cluster)所需克服的能量势垒高度，即形核功。Turnbull 等给出了形核率，即单位时间、单位质量的母相中形成晶核的数目，可表示为

$$I_n \approx \frac{Nk_BT}{h}\exp\left(-\frac{\Delta G^*}{RT}\right)\exp\left(-\frac{\Delta G_n}{RT}\right) \tag{2-1-3}$$

式中，N 为母相的原子数密度；ΔG^* 为原子从母相通过界面跃迁到晶核中所需跨过的势垒。将(2-1-2)式代入(2-1-3)式，考虑到化学势 $\Delta\mu$ 与相变焓 ΔH_m、晶体熔点 T_0 和过冷度 ΔT 的关系 $\Delta\mu \approx \Delta H_m\Delta T/T_0$，可得液相中均质形核的形核率为

$$I_n \approx \frac{Nk_BT}{h}\exp\left(-\frac{\Delta G^*}{RT}\right)\exp\left(-\frac{16\pi\sigma^3 T_0^2}{3RT\left(\Delta H_m\Delta T\right)^2}\right) \tag{2-1-4}$$

从上式可以看出，除了材料的属性 σ、ΔH_m、T_0 外，过冷度 ΔT 和实际温度 T 是影响形核的可控参数。其中，过冷度 ΔT 是影响形核率的主要因素。过冷度较低(图 2-1-2(a))时形核率趋于零，当超过临界过冷度后形核率迅速增大；当过冷度较高(图 2-1-2(b))时，形核率将随温度的降低而减小。在极冷条件下(图 2-1-2(b)右侧，原子动能低，难以跨过势垒)，形核过程可能被抑止，母相中原子的分布特征冻结下来形成非晶。

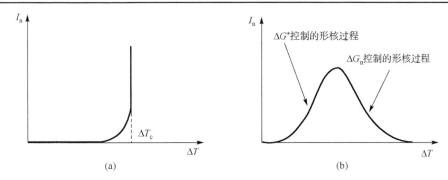

图 2-1-2 单质液相形核率随过冷度的变化关系：(a)过冷度较低时；(b)过冷度较高时

综上所述，形核特征主要是：

(1)体系的不稳定或局域涨落引起形核，它是动态变化过程；

(2)这些核在结构上接近于晶体，但它们时聚时散，具有临界尺寸 r^* 的核再得到一个原子则形成稳定的晶核，失去一个原子则退回非稳定核；

(3)当 $r < r^*$ 时，形成不稳定的核，核的尺寸减小(打散)有利于降低系统的自由能；

(4)当 $r > r^*$ 时，形成稳定的核，核的尺寸增大(继续生长)有利于降低系统的自由能；

(5)过冷度是影响形核率的主要因素。

2)晶体生长[2]

晶体生长(crystal growth)，首先需要形成一个能在熔融态、液相或气相中稳定存在的晶核，形核过程已在上文中介绍过。一旦形成稳定的晶核，在合适的驱动力下该晶核就可以继续生长。与结晶过程有关的任何引起自由能减少的因素都会驱动晶体的生长，即生长介质(熔融态、液相或气相)与结晶相的化学势之差 $\Delta\mu = \mu_m - \mu_c$ 为晶体生长的驱动力(driving force)。四种常见介质的驱动力如下所述。

(1)熔融态。当温度降到熔点以下时，过冷度 $\Delta T = T_m - T$ 就是该体系晶体生长的驱动力。过冷度与 $\Delta\mu$ 的关系为 $\Delta\mu = L\Delta T / T_m$，其中 L 为熔化潜热。

(2)气相。当蒸气压 p 高于饱和蒸气压 p_e 时，过饱和度 $\sigma = (p - p_e)/p_e$ 就为晶体生长的驱动力。过饱和度和 $\Delta\mu$ 的关系为 $\Delta\mu = k_B T \ln(p/p_e)$，也可表示为 $\Delta\mu = k_B T \ln(1+\sigma) \approx k_B T$。

(3)液相。溶液的过饱和度 $\sigma = (C - C_e)/C_e$ 为晶体生长的驱动力，其中 C 为溶液浓度，C_e 为饱和溶液浓度。过饱和度与 $\Delta\mu$ 的关系为 $\Delta\mu = k_B T \ln(C/C_e)$，该式又可写为 $\Delta\mu = k_B T \ln(1+\sigma) \approx k_B T\sigma$。

(4)固相。如果对多晶(小晶粒结块而成)加热、加压，也能使其长成大晶体。此时，晶体生长的驱动力为晶粒的畸变或晶粒的内能。

　　通过控制溶液浓度、溶液 pH、反应温度、压强等实验变量，以此作为形核的驱动力，晶核将逐渐长为大晶体。接下来简要介绍三种典型的晶体生长理论。

　　(1) 表面自由能理论 (surface energy theories)[2]。

　　吉布斯指出，在恒温、恒压下处于平衡态中的晶体，其单位体积的自由能最小。假设晶体由 n 个表面形成闭合外形，第 i 个表面的面积为 a_i，表面能为 g_i，那么

$$\sum_{i=1}^{n} a_i g_i = 最小 \tag{2-1-5}$$

　　也就是说，在过饱和溶液中生长的晶体，当体系处于平衡时，将形成具有平衡形状 (equilibrium shape) 的晶体。即构成平衡晶体的各外表面的表面能之和最小。1901年 Wulff 指出，晶面的生长速度与其表面能成正比。另一方面，晶面的生长速度、表面能反比于晶面上原子的面密度。也就是说，如果晶面上原子堆积越密集(该晶面的晶面间距大、晶面指数小)，该晶面的生长速度就越慢。由于晶体具有晶面角守恒特性(阿羽伊定律)，各晶面将依次平行地往外生长，保持晶核原有的形状，如图 2-1-3(a)所示。该晶体有三个等效的 A 晶面，晶面最大且生长速度最慢；B 晶面相对较小，其生长速度较快；C 晶面最小，生长速度最快。在很多情况下(比如，生长条件不同时)，面积较小的晶面 B(图 2-1-3(b))其生长速度快，最终会被生长速度较慢的晶面覆盖。所以，平衡晶体的外表面一般都是生长速度较慢、表面能较大的晶面。

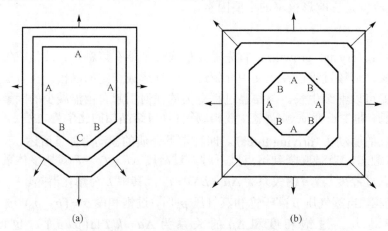

(a) 　　　　　　　　　　　　(b)

图 2-1-3　不同晶面具有不同的生长速度[2]：(a)晶体形状恒定；
(b)生长速度快的晶面被生长速度慢的晶面包裹

　　(2) 周期性键链理论 (periodic bond chains)。

　　Hartman 和 Perdok 把晶体形状与晶体内部化学键合特征联系起来，建立了周期性键链理论，即 PBC 理论[2-4]。该理论基于晶体是由周期性键链组成的，且晶体表面成键所需要的时间与键合能成反比，所以原子在界面上生长的线速度随键合能的

增加而增大。晶体生长速度与键链方向有关，生长速度最快的方向就是化学键链最强的方向。

根据晶体中存在的化学键链与各晶面族之间的关系，把晶面分成三种：①平面 F(flat faces)，该面内包含两个或两个以上的 PBC 链；②台阶面 S(stepped faces)，该晶面仅包含一个 PBC 链；③扭折面 K(kinked faces)，该面不含 PBC 链。比如，在图 2-1-4 的 Kossel 晶体(简单立方结构)中，根据三个基矢(最短键链)的方向可以确定有 6 个 F 面：(100) 和 ($\bar{1}$00)，(010) 和 (0$\bar{1}$0)，(001) 和 (00$\bar{1}$)。在 (001) 面上同时包含有 a 和 b 的键链。原子在 F 面上生长，只能与 F 面内的原子形成一个化学键，还剩 5 个不饱和键；S 面有六对：(011)、(101)、(110) 和其他等效晶面。原子在 S 面上生长，可以形成两个化学键，还剩 4 个不饱和键；K 面有四对 (111) 面：(111)、($\bar{1}$11)、(1$\bar{1}$1)、(11$\bar{1}$) 和其他等效晶面。原子在 K 面上生长可形成 3 个化学键，还剩 3 个不饱和键。

外来原子与晶核某界面的成键数越多，稳定性就越好，此时界面的生长速度比较快，该界面容易消失。这样就将周期键链-界面-晶体形状三者有机联系起来，PBC 理论搭起了晶体的微观原子排布与宏观晶体形貌间的桥梁，能较好地描述晶体生长过程。但 PCB 理论难以解释同一种晶体在不同生长条件下出现不同的晶体形貌。因为，该理论只考虑到晶体的化学键合特征，并没有考虑晶体生长条件对晶体形状的影响。

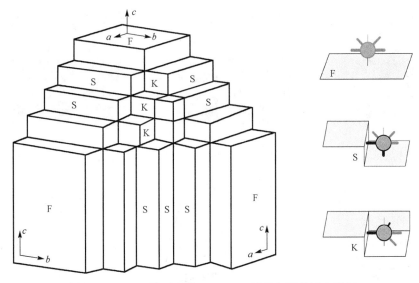

图 2-1-4　PBC 模型中的 F、S、K 面及各面的键合特征

(3)配位多面体生长理论[4]。

配位多面体生长理论主要包括以下三点。

(a)离子型晶体。离子型晶体满足 Pauling 规则，负离子配位多面体之间堆垛时，以共顶点方式堆垛为最稳定，共棱边方式堆垛稳定性次之，共面方式堆垛稳定性最差。顶点相连的晶面生长速度为最快，棱边相连的晶面生长速度次之，而面相连的晶面生长速度最慢。

(b)过渡金属化合物。过渡金属化合物的配位多面体的生长遵守晶体场理论。八面体以共棱堆垛时为最稳定，共顶点堆垛时稳定性最差。

(c)配位型晶体。配位型晶体受分子轨道杂化的制约。sp^3 杂化时配位体为四面体，以共顶点堆垛为最稳定；sp^2 杂化时配位体为三角形。

比如，在不同生长条件下，TiO_2 将生成锐钛矿相、板钛矿相或金红石相，如图 2-1-5 所示。这三种结构都是由 Ti-O$_6$ 八面体相互堆垛而成，堆垛方式的差异导致三种不同的晶体结构。其中，锐钛矿相以 4 个共棱边堆垛，板钛矿相以 3 个共棱边和 1 个共顶点堆垛，金红石相则以 2 个共棱边和 2 个共顶角堆垛。根据晶体场理论，如果 Ti-O$_6$ 八面体共棱堆垛时能量降低 $0.4\Delta_0$，那么共顶点堆垛时能量增加 $0.6\Delta_0$。所以，锐钛矿相的形成能最低，板钛矿相次之，金红石相的形成能最高，这与溶胶-凝胶法制备 TiO_2 的实验结果一致[5]。

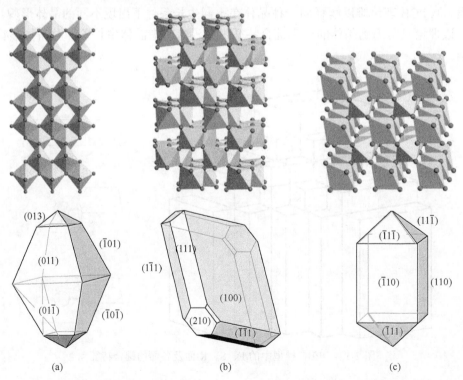

图 2-1-5　TiO_2 的晶体结构和典型晶粒外形：(a)锐钛矿相；(b)板钛矿相；(c)金红石相

除了上述三种典型的晶体生长理论外，还有很多种晶体生长机理，如螺位错生长理论、外延生长理论等[1]，在此不作赘述。需要注意的是，由于晶体生长受到溶液的 pH、溶液浓度、反应温度、压强等诸多因素的影响，所以，晶体生长是一个非常复杂的动态过程，难以形成普适的生长机理来解释复杂的晶体生长过程。

2.1.2 沉淀法

沉淀法(precipitation method)是将含有一种或多种目标离子的可溶性盐溶解到合适的溶剂中形成目标离子的盐溶液。当加入合适的沉淀剂时，在一定温度下发生水解或直接沉淀，形成不溶性的氢氧化物、氧化物或无机盐，并从溶液中沉淀、析出。将沉淀物清洗、分离、干燥，或进一步烧结就能得到所需的纳米材料。上述过程可简要描述为：

$$可溶性盐 \xrightarrow{溶剂} 离子溶液 \xrightarrow{调节pH} 沉淀 \xrightarrow{分离} 沉淀物 \xrightarrow{洗涤、干燥、烧结} 产物$$

颗粒物的粒径取决于沉淀物的溶解度，沉淀物的溶解度越小，产物的粒径就越细。沉淀法主要分为直接沉淀法、共沉淀法、均相沉淀法、水解沉淀法等。

1) 直接沉淀法 (direct precipitation method)[6]

在含有目标离子的金属盐溶液中加入沉淀剂，在合适的条件下沉淀析出。沉淀物经洗涤、干燥或焙烧后就能得到目标产物。比如，在制备 $Ba_{1-x}Sr_xTiO_3$ 纳米粉体时，将 $TiCl_4$ 在冰水浴中水解，之后加入 BaX_2($X=Cl^-$、NO_3^- 等)或 BaX_2+SrX_2 的水溶液(要求 (Ba+Sr)/Ti=1.07)，然后将上述混合溶液与碱液 MOH(M=K、Na 等)在 70~100℃范围内反应。反应开始时，pH 为 12~14，当 pH 变化不明显时，终止反应。反应结束后将沉淀物迅速洗涤、过滤，在 100℃烘箱中干燥 12 h，就能得到 $BaTiO_3$ 粉体和 $Ba_{1-x}Sr_xTiO_3$ 粉体。又如，在 $CaCl_2$ 溶液中滴加 Na_2CO_3 溶液，用乙醇来调控晶型，经陈化、过滤、洗涤、干燥后就能得到 $CaCO_3$ 纳米粉。

直接沉淀法不需要复杂的实验设备、操作简单。缺点是洗涤原溶液中的阴离子比较困难，所得产物粒径分布较宽、分散性较差。

2) 共沉淀法 (coprecipitation method)[7]

在含有多种目标阳离子的溶液中加入沉淀剂，使所有金属阳离子全部沉淀出来的方法称为共沉淀法。如果沉淀物为单一物相，则称之为单相沉淀；如果沉淀物为多个物相，则称之为混合物共沉淀。

混合物共沉淀过程比单相沉淀要复杂得多。比如，以 La_2O_3、$Al_2(NO_3)_3·9H_2O$、$Mg(NO_3)_2·9H_2O$ 为原料，浓硝酸、浓氨水为试剂制备镁基硫铝酸镧粉体，其中涉及众多化学反应过程。比如，配制溶液的化学反应式为

$$La_2O_3 + 6HNO_3 \longrightarrow 2La(NO_3)_3 + 3H_2O$$

$$Al(NO_3)_3 \cdot 9H_2O \longrightarrow Al(NO_3)_3 + 9H_2O$$

$$Mg(NO_3)_2 \cdot 6H_2O \longrightarrow Mg(NO_3)_2 + 6H_2O$$

在沉淀过程中的化学反应式为

$$La(NO_3)_3 + 3NH_3 \cdot H_2O \longrightarrow La(OH)_3 \downarrow + 3NH_4NO_3$$

$$Al(NO_3)_3 + 3NH_3 \cdot H_2O \longrightarrow Al(OH)_3 \downarrow + 3NH_4NO_3$$

$$Mg(NO_3)_2 + 2NH_3 \cdot H_2O \longrightarrow Mg(OH)_2 \downarrow + 2NH_4NO_3$$

在焙烧过程中的化学反应式为

$$2Al(OH)_3 \longrightarrow Al_2O_3 + 3H_2O$$

$$2La(OH)_3 \longrightarrow La_2O_3 + 3H_2O$$

$$Mg(OH)_2 \longrightarrow MgO + H_2O$$

3) 均相沉淀法 (homogeneous precipitation method)

利用特定的化学反应从溶液中缓慢、均匀地释放出目标离子，同时控制好沉淀剂的滴加速度逐渐形成沉淀，保证溶液中的沉淀处于一种平衡状态，从而均匀地析出沉淀物。比如，用尿素水解均匀沉淀法制备前驱体 $Fe(OH)_3$ 的过程中，尿素受热水解过程比较缓慢。所释放出的沉淀剂 OH^- 能均匀地分布在溶液中，并与 Fe^{3+} 充分反应，避免了 OH^- 沉淀剂局部不均匀的现象。因此，所制备的纳米材料粒径分布均匀、分散性较好。

实例　合成 $SiO_2@Co(OH)_2$ 核壳结构[8]

(1) 先合成 SiO_2。在搅拌条件下把 1 mL 的四乙基正硅酸 (TEOS) 滴加在 200 mL 无水乙醇、18 mL 去离子水和 6 mL 氨水的混合物中，要求无水乙醇：H_2O：NH_3：TEOS 的摩尔比为 3434：1000：77.6：2.1。上述溶液在室温下搅拌反应 2 h，离心分离出悬浮液，用无水乙醇和水洗涤 3 次，得到 SiO_2 沉淀物。

(2) 再制备核/壳复合材料。将 0.01 g SiO_2 超声分散在 100 mL 去离子水中形成悬浮液，之后在搅拌条件下加入 0.3 g 尿素 $(CO(NH_2)_2)$ 和 0.15 g 硝酸钴 $(Co(NO_3)_2 \cdot 6H_2O)$。将上述悬浮液在 80 ℃ 反应 2 h，离心分离后就能得到 $SiO_2@Co(OH)_2$ 纳米颗粒，如图 2-1-6 所示。

4) 水解沉淀法 (hydrolysis-precipitation method)

水解沉淀法是指无机盐或金属醇盐和水发生分解反应生成氢氧化物或碱式盐沉淀的过程，一般在常压、常温或略高于室温的条件下就能开展。所以，在常温常压下能否找到含有目标离子的可溶性盐是制约沉淀法应用的关键。

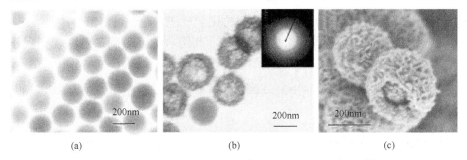

图 2-1-6　用均相沉淀法制备 $SiO_2@Co(OH)_2$ 核壳结构[8]：
(a) 和 (b) TEM 低倍像；(c) SEM 形貌像

实例　制备 $\alpha\text{-}Fe_2O_3$ 纳米颗粒[9]

用 $FeCl_3 \cdot 6H_2O$ 配制一定浓度的 $FeCl_3$ 溶液。用盐酸调节溶液的 pH，搅拌均匀后进行恒温加热形成 $Fe(OH)_3$ 胶体。然后静置至室温，取上层液体，在磁力搅拌下缓慢滴加氨水，直至完全生成沉淀。再用去离子水沉淀至 pH 呈中性、烘干，研磨后放置在不同温度下烧结得到最终产物。$FeCl_3$ 溶液的浓度、烧结温度对产物的影响，如图 2-1-7 所示。又如，碳酸乙酯水解提供 CO_3^{2-}，并与 $Ba(OH)_2$ 溶液中的 Ba^{2+} 结合形成 $BaCO_3$ 沉淀。

图 2-1-7　利用水解沉淀法制备 $\alpha\text{-}Fe_2O_3$ 纳米颗粒[9]：(a)～(c) $FeCl_3$ 溶液浓度为变量，分别为 0.03 mol/L、0.05 mol/L、0.07 mol/L；(d)～(f) 烧结温度为变量，分别为 300℃、350℃、400℃

2.1.3　水热法与溶剂热法

与沉淀法不同的是，水热法（hydrothermal method）是利用反应釜内的高温、高压的反应环境，采用水作为反应介质进行的化学反应。通过对溶液种类、溶液浓度、反应温度、反应时间、压力、矿化剂的调节，利用水热反应制备出纯度高、分散性好、形貌可控的纳米材料。水热法或溶剂热法可简要描述为：

$$可溶性盐 \xrightarrow{水、有机溶剂} 离子溶液 \xrightarrow{反应釜} 沉淀 \xrightarrow{分离} 沉淀物 \xrightarrow{洗涤、干燥} 产物$$

水热条件具有如下特点。

(1) 黏度降低。在水热条件下，水溶液的黏度比常温、常压下溶液的黏度低几个数量级，利用溶液的扩散，提高晶体的生长速率。

(2) 介电常量降低。在水热条件下，水的介电常量明显降低，导致电介质不能有效分解。

(3) 物质的溶解度。对于水热条件下物质的溶解度，有的物质存在正温度相关性（溶解度随温度的升高而增大），有的物质存在负温度相关性，甚至在某一温度范围内存在正温度相关性而在另一温度范围出现负温度相关性。在水热反应中常用到的矿化剂，其溶解度一般存在正温度相关性。一般地，在水热反应中加入合适的矿化剂能有效改善物质的溶解度。

一般认为在水热条件下晶体生长包括以下三个过程。

(1) 反应物的溶解。反应物在高温、高压的环境下溶解在水中，以离子、分子的形式进入水热介质中。这些离子或分子在某一平衡态下形核。

(2) 扩散过程。由于存在热对流和离子的浓度梯度，这些离子、分子将源源不断地扩散到生长区（核所在的位置）。

(3) 生长过程。扩散过来的这些离子或分子不断沉积、吸附到核上，并结晶生长。

水热法使用的温度范围在水的沸点和临界点之间（100～374℃），但受到反应釜内胆耐热性的制约，反应温度在 130～250℃，对应的水蒸气的气压为 0.3～4 MPa。在上述典型的水热条件下通常会发生水热氧化、水热沉淀、水热还原、水热合成、水热分解、水热结晶等过程。

实例一　利用水热反应合成 Bi_2WO_6 纳米片[10]

在室温下，在磁力搅拌下把 0.97 g 的 $Bi(NO_3)_3·5H_2O$，0.15 g 的十六烷基三甲基溴化铵（CTAB）和 0.33 g 的 $Na_2WO_4·2H_2O$ 逐渐加入 60 mL 的去离子水中，得到前驱体悬浮液。然后把悬浮液转移到聚四氟乙烯内衬的不锈钢反应釜中（$V=100$ mL）。将反应釜密封并在 180℃下水热反应 12 h，自然冷却后用去离子水和无水乙醇清洗。最后在 60℃下干燥就能得到所需纳米片，如图 2-1-8 所示。

又比如，一定比例的钼酸钠和水杨酸钠的溶液在 180℃的反应釜中反应 12 h 就能得到六角氧化钼相。

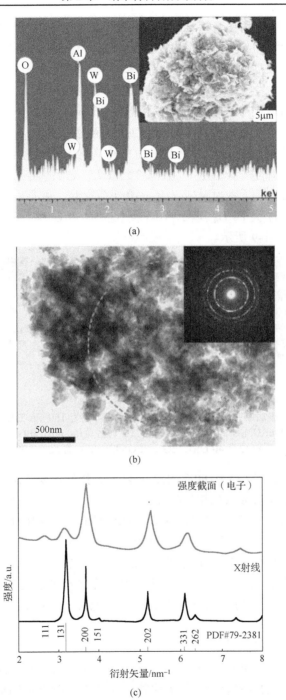

图 2-1-8 水热法制备 Bi_2WO_6 纳米片[10]：(a) Bi_2WO_6 纳米花的能谱仪(EDS)能谱图；
(b) TEM 低倍像和对应的选区电子衍射(SEAD)花样；(c) X 射线衍射和 SAED 的强度分布图

水热法，由于使用水作为溶剂，不适合制备对水敏感的材料（比如，反应物或产物易于水解、氧化），从而限制了水热法的应用。溶剂热法（solvothermal method）是在水热法的基础上发展而来的，使用醇、苯、氨、有机胺、四氯化碳等有机溶剂作为媒介，可以合成水中无法合成的易水解、易氧化的材料。

实例二　利用溶剂热法合成具有片状形貌的 Fe_3O_4 颗粒[11]

在搅拌和超声处理下将氯化亚铁（$FeCl_2$）、氯化铁（$FeCl_3$）、醋酸钠（NaAc）和聚乙二醇（PEG）溶于 40 mL 的二甘醇（DEG）中得到均匀的黄色混合物，要求 $FeCl_2$：$FeCl_3$：NaAc：PEG 的摩尔比为 1：1.9：22：1.25。之后，将上述混合物转移到不锈钢反应釜中，在 220℃下密封反应 7 h 后冷却至室温。离心后，用无水乙醇和去离子水清洗就能得到片状 Fe_3O_4 颗粒。用不同比例的 PEG 和 DEG 将得到不同粒径的 Fe_3O_4 颗粒，如图 2-1-9 所示。

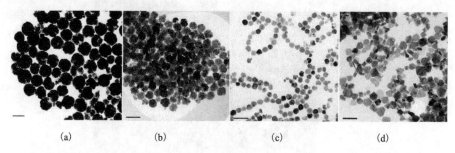

(a)　　　　　　(b)　　　　　　(c)　　　　　　(d)

图 2-1-9　用溶剂热法制备 Fe_3O_4 纳米颗粒[11]：(a)粒径为 180 nm（DEG：PEG=0：40）；
(b)粒径为 100 nm（DEG：PEG=26：24）；(c)粒径为 60 nm（DEG：PEG=30：10）；
(d)粒径为 40 nm（DEG：PEG=40：0）；标尺为 200 nm

又如，四氯化锡在 120～160℃的反应釜中发生水解形成氢氧化锡沉淀，该沉淀物经脱水缩合、晶化形成氧化锡纳米晶。

有机溶剂不仅可以作为溶剂、媒介，起到传递压力和矿化剂的作用，还可以作为反应物参与反应。选择合适的有机溶剂是溶剂热法的关键，需充分考虑有机溶剂的各种物理、化学性质，如分子量、密度、熔点、沸点、蒸气压、介电常量、极性等。比如，苯具有稳定的共轭结构，可以在较高的温度下作为反应溶剂；乙二胺可以作为螯合剂，与金属离子生成稳定的配离子，配离子再与反应物缓慢反应生成所需产物。

溶剂热法的主要优点是：

(1)可以有效抑制产物的水解和氧化，防止空气中氧的污染，有利于制备高纯物质；

(2)扩大了原料的选择范围，如硫化物、氟化物、氮化物等都可作为溶剂热法的反应物；

(3)有机溶剂的沸点相对较低，在相同温度下能提供更高的压力；

(4)有机溶剂作为反应介质可大大降低固体颗粒表面羟基的数量,从而减轻纳米颗粒的团聚现象。

在水热法和溶剂热法中均用到反应釜。在实验中常用到的反应釜,如图 2-1-10(a)所示。只需将反应溶液转移到内衬中,再将内衬装入釜体,扭紧釜盖,就能放入高温炉中进行反应。如需特殊反应环境,比如,通入反应气、磁力搅拌等,需用到多用途反应釜,如图 2-1-10(b)所示。在反应釜使用过程中,需要注意以下事项。

(1)确保内衬各部位清洁,以免引入杂质。

(2)釜内溶液不应超过容积的 1/2,以免反应过程中釜内溶液沸腾、溢出。

(3)先放置好反应釜釜体(保持釜体竖直),然后用釜盖盖紧釜体。在拧紧主螺栓时,必须按对角对称地分多次逐步拧紧,用力要均匀,不允许釜盖向一边倾斜,也不可超过规定的拧紧力矩,以防密封面被挤坏或加速磨损。

(4)明确实验压力、使用压力及最高使用温度等条件,要在其容许的条件范围内使用。氧气用的压力计,要避免与其他气体用的压力计混用。

(5)如需监控反应过程中的溶液温度,温度计要准确地插到反应溶液中。

(6)反应结束后,需完全冷却后方可打开反应釜(保持釜体竖直)。

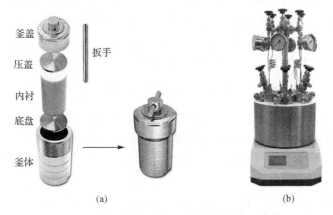

釜盖　扳手
压盖
内衬
底盘
釜体

(a)　　　　　　(b)

图 2-1-10 (a)简易反应釜和(b)多用途反应釜

2.1.4　溶胶-凝胶法

溶胶(sol)是具有液体特征的胶体体系。在溶胶中有粒径在 $1\sim100$ nm 的微小固体颗粒悬浮分散在液相中,并且不停地做布朗运动。凝胶(gel)是具有固体特征的胶体体系。被分散的胶体颗粒形成连续的网状骨架,骨架孔隙中充有液体或气体。凝胶中分散相的含量很低,一般仅为 $1\%\sim3\%$。溶胶与凝胶是两种相互关联的状态。溶胶经过陈化,胶粒间缓慢聚合(聚合过程),形成以前驱体为骨架的三维聚合物或者是颗粒空间网络,网络中充满失去流动性的溶剂,即凝胶;相反,凝胶在摇振、超声或其他能产生内应力的特定作用下，也能转化为溶胶。

溶胶-凝胶法(sol-gel method)是利用含有高化学活性的化合物(无机物或金属醇盐)作为前驱体，均匀溶解于合适的溶剂中形成金属化合物的溶液，在催化剂和添加剂的作用下发生水解、缩合反应，形成稳定、透明的溶胶，溶胶经陈化、缩聚形成凝胶，凝胶再经干燥、烧结制备出目标产物。溶胶-凝胶法的制备过程可简要描述为图 2-1-11。

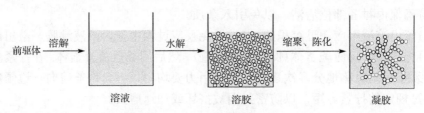

图 2-1-11　溶胶-凝胶法的制备过程

以金属醇盐为例介绍溶胶-凝胶法的制备过程。

(1)溶剂化与水解。金属醇盐水解形成均相溶液。为保证溶液的均相性，在配制溶液的过程中需进行剧烈搅拌，使醇盐在分子水平上进行水解反应。通常金属醇盐在水中的溶解度不大，一般选用醇作为溶剂，再加适量的水用于水解。如果没有水的参与，则难以形成胶体；水含量过高，醇盐将迅速水解产生沉淀(可选用适当的催化剂来减慢水解过程)。上述过程可近似描述为

$$M(OR)_n + xH_2O \longrightarrow M(OH)_x(OR)_{n-x} + xROH$$

(2)溶胶化。聚合法和颗粒法是制备溶胶的两种典型方法。前者，通过准确控制水解过程，使水解产物和部分未水解的醇盐分子之间继续聚合形成溶胶；后者，则加入大量的水，使醇盐充分水解形成溶胶。在这过程中除了发生水解反应外，还有缩聚反应，表示为

失水缩聚：$-M-OH + HO-M \longrightarrow -M-O-M \mp H_2O$

失醇缩聚：$-M-OR + HO-M \longrightarrow -M-O-M \mp ROH$

(3)凝胶化。溶胶陈化得到湿凝胶的过程。在该过程中，溶胶中的溶剂不断蒸发、胶体颗粒间不断发生缩聚反应，使得胶体颗粒逐渐聚集形成网络结构。整个体系失去流动性，但仍含大量的水和溶剂，为湿凝胶。

(4)干燥。湿凝胶中含有大量的水和溶剂，干燥过程就是去除体系中的水和溶剂得到干凝胶。通常伴有体积塌缩、凝胶开裂等现象。为避免凝胶开裂，可采用超临界干燥或冷冻干燥等技术。

(5)烧结。该过程是为了提高结晶度,消除干凝胶中的气孔以提高凝胶的致密性。

实例一 用溶胶-凝胶法制备 TiO_2[5]

(1)在强力搅拌下把 10 mL 钛酸四丁酯缓慢滴入 35 mL 无水乙醇中,形成黄色、均匀澄清的溶液 A。

(2)在剧烈搅拌下将 4 mL 冰醋酸和 10 mL 蒸馏水加到另一 35 mL 的无水乙醇中,得到溶液 B。滴入 1~2 滴盐酸使 pH 小于 3。

(3)室温水浴下,在剧烈搅拌下将溶液 A 缓慢滴入溶液 B 中得到浅黄色溶液(滴速约为 3 mL/min),继续搅拌 30 min 后在 40℃水浴加热 2 h,得到白色凝胶。然后,在 80℃下烘干 20 h,得黄色晶体。

(4)所得凝胶研磨后分别在不同温度下烧结 6 h,自然冷却就能得到锐钛矿相、金红石相的 TiO_2,如图 2-1-12 所示。

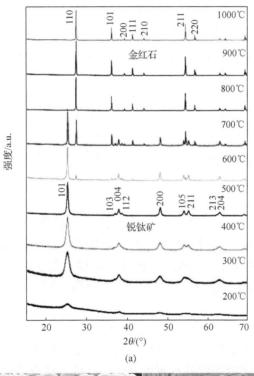

(a)

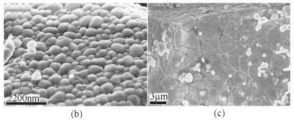

(b)   (c)

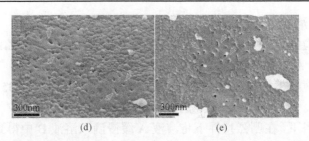

图 2-1-12　用溶胶-凝胶法制备 TiO_2[5]：(a)系列样品的 XRD 图；(b)和(c)500℃和 700℃烧结时
样品的 SEM 形貌图；(d)和(e)相变过程中"熔融"态的 TiO_2

实例二　利用溶胶-凝胶法制备 $Ca_2Co_2O_5$ 粉体

以分析纯四水硝酸钙、六水硝酸钴、柠檬酸为原料，按照化学计量比混合；混合物溶解于适量的去离子水中，超声分散 60 min 后置于 80℃的水浴锅中加热；缓慢蒸发得到具有一定流动性的透明溶胶，继续蒸发得到粉红色湿凝胶，湿凝胶在 120℃下真空干燥得到干凝胶。将干凝胶研磨成粉末在 700℃下进行焙烧就能得到黑色的 $Ca_2Co_2O_5$ 粉体。

溶胶-凝胶法的主要实验参数如下所述。

(1)前驱体的选择。应选用易于水解、可通过调节 pH 控制反应进程的金属醇盐。一般地，金属原子半径大的醇盐其反应活性很强，在空气中易于水解，同时还受烷基的体积和配位的影响；而金属无机盐受离子大小、电势性和配位数等因素的影响。

(2)反应温度。反应温度直接影响到能否形成凝胶和凝胶化时间。升高温度可以缩短体系的凝胶时间，也利于醇盐的水解。比如，水解活性低的醇盐(如硅醇盐)，可在加热条件下进行水解。加热时体系中分子的平均动能增加，分子运动加快，反应基团之间的碰撞概率增大，从而加快反应进程。加热利于前驱体原料成为活化分子，提高了醇盐的水解活性，从而促进了水解反应的进行，最终缩短了凝胶时间。

(3)醇盐的滴加速度。醇盐极易吸收空气中的水而水解凝固，比如，滴管头可能逐渐被凝聚体覆盖、堵塞。醇盐滴加速度越快，凝胶化速度越快，会造成局部水解过快形成沉淀；而其他区域的溶胶水解不充分，导致无法获得均一的凝胶。

(4)络合剂。选用合适的络合剂(如乙酰丙酮、醋酸、二乙醇胺等)，可以减缓反应速率，避免沉淀的发生。

(5)溶液的 pH。同一种金属醇盐在不同的 pH 下可能发生形态和结构不同的缩聚。pH 较小时，以缩聚反应为主，缩聚反应在还未完全水解之前就已开始；pH 较大时，水解反应速率大于亲核反应速率，形成大分子聚合物，具有较高的交联度。

2.2　气相法合成与制备

　　气相法是制备纳米材料的常用方法之一，所得纳米颗粒的粒径一般在 5～100 nm。在气相法合成纳米材料的过程中，既可能发生物理变化过程(物理气相沉积)，也可能发生化学变化过程(化学气相沉积)，或者两者都有。下面我们将简要介绍蒸发凝聚法、化学气相沉积法、离子溅射法。

2.2.1　蒸发凝聚法

　　蒸发凝聚法，顾名思义就是将原料加热为原子蒸气，并沉积或凝聚在衬底上，如图 2-2-1(a)所示。该方法主要涉及物理变化过程，通常又称为物理气相沉积(physical vapor deposition，PVD)法。为了防止原料、产物在加热过程中被氧化，通常把整个装置置于真空系统中。比如，把易升华的氧化物、氟化物、卤化物等置于坩埚中，可用电阻加热使其蒸发形成烟雾，通过调节惰性气体的方向、流速来控制沉积的位置、沉积速率、颗粒大小；也可调节衬底的温度(加热或制冷)来控制产物的结晶度、颗粒大小、均匀性等。图 2-2-1(b)为热蒸发炉的实物图。

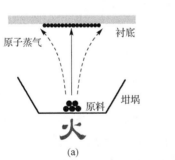
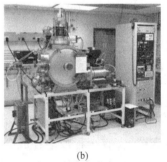

(a)　　　　　　　　　　　(b)

图 2-2-1　(a)蒸发凝聚法的原理示意图和(b)热蒸发炉的实物图

　　实例　利用电子束-物理气相沉积法制备 NiCoCrAl 薄膜的典型过程[12]

　　在镀膜过程中，为保证均匀镀膜，将直径为 1 m、表面粗糙度为 1 的不锈钢衬底绕竖轴以 6 r/min 旋转；为防止氧化，整个过程在真空度为 $(6\sim10)\times10^{-3}$ Pa 环境下进行，衬底温度保持在 (650 ± 5) ℃。蒸发源为直径 68 mm、长 250 mm 的 Ni-20%Co-12%Cr-4%Al 合金棒，用电子束加热进行蒸镀。为便于揭下 NiCoCrAl 薄膜，先在衬底上蒸镀 5～10 μm 厚的 CaF_2 薄层作为隔离层，之后再蒸镀 NiCoCrAl 薄膜，如图 2-2-2 所示。镀膜结束后，从衬底上揭下 NiCoCrAl 薄膜用于下一步的热处理。

　　根据加热方法的不同，蒸发凝聚法可分为电阻加热蒸发法、激光束加热蒸发法、电子束加热蒸发法、电弧放电加热蒸发法、等离子体溅射法等。

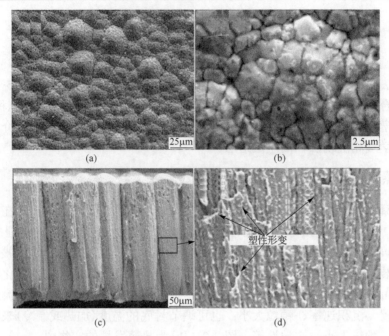

图 2-2-2　利用电子束-物理气相沉积法制备 NiCoCrAl 薄膜[12]：(a) 和 (b) 薄膜表面的 SEM 形貌图；
(c) 和 (d) 薄膜截面的 SEM 形貌图

2.2.2　化学气相沉积法

化学气相沉积（chemical vapor deposition，CVD）法是利用气态的原料在衬底表面发生化学反应制备材料的方法，已广泛应用于单晶、多晶、非晶的生长，还可用于外延、异质结、超晶格、特定纳米结构形态的淀积。图 2-2-3(a) 为化学气相沉积系统的结构示意图，含有一种或多种成分的反应气（包括惰性气体）经流量计（控制气体流量）通入实验炉（图 2-2-3(b)）中；炉膛中的原料经反应炉的加热形成原子蒸气，这些原子蒸气与通入的反应气发生化学反应并沉积在衬底上。

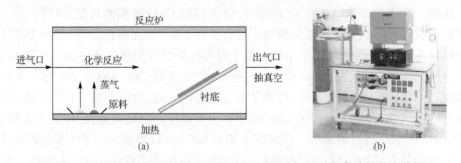

图 2-2-3　(a) 化学气相沉积原理示意图和 (b) 化学气相沉积实验炉的实物图

在化学气相沉积实验中常见的化学反应有以下 3 种。

(1) 热解反应。它是最简单的沉积反应，一般是在真空或惰性气氛下加热衬底至所需温度后，通入反应气体使之发生热分解，最后沉积在衬底上。比如，Pt(CO)$_2$Cl$_3$ 在 600℃分解为铂，Ni(CO)$_4$ 在 140～240℃分解为单质镍。

(2) 化学合成反应。该反应涉及多种气态反应物在衬底上的反应。比如，SiCl$_4$ 在 1150～1200℃进行氢还原进行硅外延生长；SiH$_4$ 进行氧化反应沉积 SiO$_2$ 薄膜；AlCl$_3$ 进行水解沉积 Al$_2$O$_3$ 薄膜等。

(3) 化学输运反应。原料借助适当的气体并与之反应形成另一种气态化合物，该化合物输运到沉积板附近发生逆向反应，将原物质沉积下来。比如，ZnS 与碘蒸气在 900℃发生反应形成 ZnI$_2$，而 ZnI$_2$ 输运到沉积板后发生逆向反应沉积 ZnS。

实例　用化学气相沉积法制备 IrTe$_2$ 薄膜的典型过程[13]

(1) 准备衬底。

本实验用到 3 种不同的衬底。

六角 BN(h-BN)衬底：h-BN 晶体粉末在 SiO$_2$/Si 晶圆上机械剥离得到 h-BN 薄片。将 SiO$_2$/Si 晶圆上的 h-BN 薄片在空气中 500℃下退火 1～2 h，以去除可能的聚合物残留物。

蓝宝石衬底：实验前将蓝宝石衬底在 1000℃退火 1～2 h。

云母衬底：使用前先去除云母片的外皮，得到新鲜的衬底。

(2) 用 Ir(acac)$_3$ 前驱体生长 IrTe$_2$ 薄膜：将装有 Ir(acac)$_3$ 前驱体(10～20 mg)的氧化铝舟放在炉外(温度约为 170℃，图 2-2-4(a))，将另一只装有 Te 粉(约 20 g)的氧化铝舟置于炉子的上风口(温度约为 500℃)，衬底放在炉子中央(温度为 700℃)。使用流量为 20 sccm 的氩气和 20 sccm 的氢气作为载气，总压力维持在约 5 kPa。优化了反应时间、反应温度、Ir 前驱体的加热温度、通量率和载气比例等实验条件来生长薄膜。

(3) 用 IrCl$_3$ 前驱体生长 IrTe$_2$：将装有 Te 粉(约 4 g)的氧化铝舟放在双温区炉的第一温区，温度为 500℃。将另一只装有 IrCl$_3$ 的 SiO$_2$/Si 衬底的氧化铝舟置于第二温区，温度为 700℃。载气为 100 sccm 的氩气和 20 sccm 的氢气，将总压力保持在标准大气压下。优化了反应时间、反应温度、Ir 前驱体的加热温度、通量率和载气比例等实验条件来生长薄膜。

(4) 用 Ir 前驱体生长 IrTe$_2$：利用真空蒸发法在 SiO$_2$/Si 衬底上沉积约 20 nm 厚的金属铱膜。将含有 Te(约 4 g)的氧化铝舟放入双温区炉的第一温区，温度为 500℃，将另一装有衬底的氧化铝舟放在第二温区，温度为 800℃。载气为 100 sccm 的氩气和 20 sccm 的氢气，将总压力保持在大气压下。

通过优化反应时间、反应温度、Ir 前驱体的加热温度、通量率和载气比例等实验条件来生长薄膜，如图 2-2-4 所示。

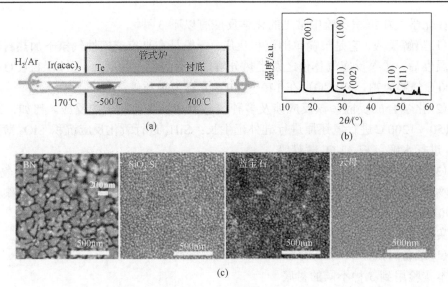

图 2-2-4　利用化学气相沉积法制备 IrTe$_2$ 薄膜[13]：(a)双温区炉子中的生长示意图；(b)IrTe$_2$ 薄膜的 XRD 图；(c)在不同衬底上生长的 IrTe$_2$ 薄膜

化学气相沉积法的主要优点是：

(1)工艺相对简单、灵活，可沉积包括金属、非金属、化合物、聚合物等薄膜；

(2)所得薄膜具有纯度高、致密性好、表面粗糙度小、结晶性较好的特点；

(3)沉积速率快，适合规模化工业生产。

2.2.3　离子溅射法

离子溅射技术(ion sputtering technology)已广泛用于薄膜生长和表面刻蚀，比如，在已有结构上生长薄膜形成异质结、透射电镜样品的减薄、微加工、等离子清洗等。

图 2-2-5(a)为离子溅射法的原理示意图。用两块金属板分别作为阴极和阳极。其中，待蒸发的原料作为阴极靶。在两电极之间充入惰性气体(通常为氩气)，气压范围为 1～10 Pa。在两极板之间施加合适的高压(0.5～5 kV)，由于辉光放电使氩气分子电离为氩离子(Ar$^+$)。Ar$^+$在电场的加速下轰击含有原料的阴极靶，把原料中的原子直接轰击出来并沉积在沉积板上，该过程称为离子溅射。为实现辉光放电，需将上述系统置于真空系统中。实验时先将整个系统抽成真空，当真空度达到 10^{-4} Pa 后充入适量的高纯氩，并在两极板间施加数千伏的高压引起气体辉光放电，形成等离子体。

离子溅射法尤其适合于具有高熔点的非磁性金属、合金等导电材料的溅射，不适合绝缘材料的溅射；放电电压较高，衬底易受离子的轰击而升温；溅射效率低。产物颗粒的形貌、大小主要取决于两极板间的电压、氩气的流量、沉积板的温度等因素。

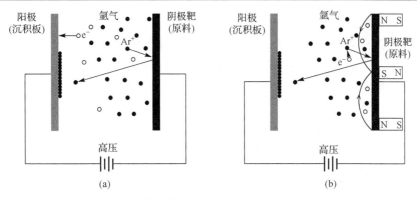

图 2-2-5　(a) 离子溅射法的原理示意图和 (b) 磁控溅射的原理示意图

为克服普通离子溅射法的缺点 (低效率、衬底温度高等)，于 19 世纪中后期逐渐发展了磁控溅射技术 (magnetron sputtering technique)。该技术在阴极靶中引入磁场，利用电子在磁场中的洛伦兹力延长电子在电场中的运动轨迹，增加电子与气体分子的碰撞概率，提高气体分子的电离效率。这样能有效提高轰击阴极靶的离子数，提高溅射效率。

实例　磁控溅射制备纳米晶 GZO/CdS 双层膜及 GZO/CdS/p-Si 异质结光伏器件[14]

①准备衬底：p-型硅晶圆在 10% 的 HF 中浸泡 1 min 去除氧化层，而后用氮气吹干，经抛光后作为衬底 (厚度为 300 μm，晶体取向为 (100) 面)。

②溅射 CdS 层：在衬底用 CdS 的热压陶瓷作为阴极靶，在 p-Si 上用射频磁控溅射技术溅射厚约 200 nm 的 CdS 层，衬底温度为 300℃，溅射 15 min。

③溅射氧化锌镓 (GZO) 薄膜：用含 $2\%Ga_2O_3$ 的 ZnO 热压陶瓷片作为阴极靶，在 CdS/p-Si 上用直流磁控溅射技术溅射厚约 500 nm 的 GZO 薄膜，衬底温度为 300℃，溅射 30 min。所得薄膜如图 2-2-6 所示。

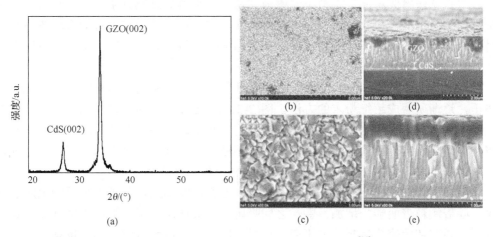

图 2-2-6　磁控溅射制备纳米晶 GZO/CdS 双层膜及 GZO/CdS/p-Si 异质结[14]：(a) GZO/CdS 薄膜 XRD 谱；(b) 和 (c) GZO/CdS 薄膜的表面形貌和放大图；(d) 和 (e) GZO/CdS 薄膜的截面形貌和放大图

磁控溅射具有以下特点。

(1)磁场能有效地约束电子的运动轨迹，进而影响到离子的运动轨迹，通过计算机控制可实现"指哪打哪"，可用于靶材的定向刻蚀，详见2.4.4节。

(2)磁场能有效提高气体分子的电离效率，易于得到持续的、大束流的离子束，从而提高溅射效率。

(3)大部分电子被磁场束缚在阴极靶附近，轰击衬底的电子数明显减少，使衬底保持在较低的温度，有利于在低熔点衬底上生长薄膜。

(4)增加磁场的均匀性，能提高靶子的刻蚀均匀性和靶子的利用率，这在离子刻蚀中是比较重要的。

(5)不适用于磁性材料的溅射。

2.3　固相法合成与制备

固相法是一种典型的"自上而下"(top-down)的材料制备方法，一般需要高温、高压或较高的机械能等较为苛刻的反应环境。该方法虽然存在很多缺点，比如，能耗高、效率低、易混入杂质等，但固相法具有产量大、制备工艺简单等优点，迄今仍是常用的方法。本节将简要介绍球磨法、喷气式超细粉碎法、固相反应法和固相烧结法。

2.3.1　球磨法

从固体块材制备纳米材料最直接的方法就是粉碎法(crushing method)，即固体块材在外力的作用下不断细化，直至纳米尺度。粉碎法在日常生活中也很常见，比如，"把蒜研磨成蒜泥""把小麦磨成面粉""把黄豆打成豆浆"等。在研磨过程中常用到两个动作：一个是"捣"或"砸"，即利用棒槌的重力势能将块体砸碎；另一个动作是"研磨"，即对块体施加剪切应力，将其碾碎。接下来我们将以上述两个动作为基础简要介绍球磨法和超细粉碎法。

球磨法(ball milling method)是利用高速转动的转盘带动磨球与物料相互碰撞、挤压，逐渐研磨成超细粉末的方法。图 2-3-1(a)为球磨法的原理示意图。在球磨罐底部的磨球被转盘带到一定高度后下抛，将物料砸碎；磨球在球磨罐底部滚动时，将物料碾碎。在转盘的高速带动下，磨球不断与物料进行"砸"和"碾"的过程，物料不断被磨碎。图 2-3-1(b)和(c)分别为球磨机和球磨罐。

随着物料粒径的不断减小，颗粒的比表面积不断增大，颗粒的表面能也随之增大。随着颗粒表面能的增加，颗粒之间吸附、团聚现象逐渐增强。当球磨到一定时间后，粉碎和团聚将达到动态平衡。此时，即使延长球磨时间，物料也难以进一步磨细。为打破粉碎和团聚的动态平衡，可以添加适当的助磨剂。比如，在干法研磨水泥熟料时加入乙二醇作为助磨剂，产率可提高 25%～50%；在湿法球磨锆英石时加入 0.2%的三乙醇胺，研磨时间减少 3/4。

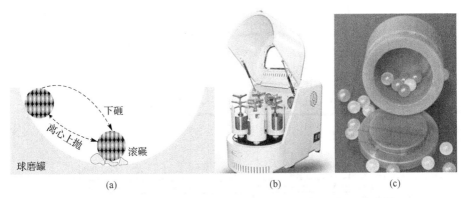

图 2-3-1　(a)球磨法的原理示意图；(b)和(c)球磨机和球磨罐

实例　利用高能球磨制备不同结构的 TiO_2[15]

(1)基本参数：原料为纯锐钛矿相纳米晶 TiO_2 粉末(平均晶粒约为 70 nm)，磨球为硬铬酸盐钢球(直径分别为 10 mm 和 5 mm，质量比为 70∶30)，球料比为 20∶1，球磨速度分别为 400 r/min、500 r/min 和 600 r/min。

(2)实验流程：原料在高能行星式球磨机中研磨 3.5 h，然后将研磨后的粉末在 850℃退火 2 h，以研究退火对结构相变的影响，见图 2-3-2。由图可以看出，纯锐钛矿相 TiO_2 粉末随着球磨速度的增大，晶粒变小、结晶度变差，还出现了少量的板钛矿相；球磨后的磨料在 850℃退火 2 h 板钛矿相完全消失，只剩下锐钛矿相和金红石相 TiO_2。

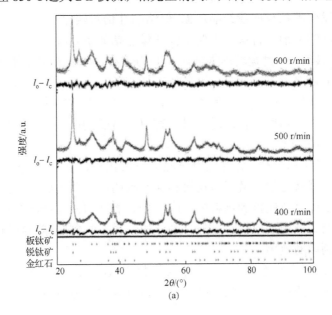

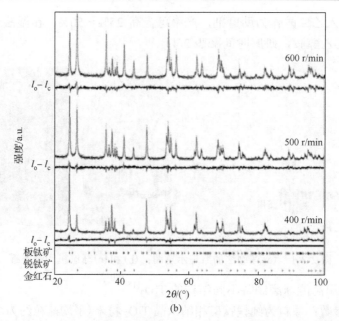

图 2-3-2　球磨对 TiO_2 结构相变的影响[15]：(a)不同球磨速度下磨料的 XRD 图；(b)球磨后在 850℃退火 2 h 的 XRD 图

　　球磨法主要是利用物理的方式将物料直接磨成纳米材料。一般地，随着物料颗粒的不断减小，物料颗粒的比表面积(具有不饱和的原子)急剧增加，同时磨球不断将机械能转移到物料颗粒上引起形变，缺陷增多，导致物料的结晶度逐渐变差。另外，球磨过程中，磨球不断把机械能转化为物料颗粒的内能，导致粉末颗粒的温度升高，有可能发生固相反应或结晶现象(但结晶性仍然较差)。

　　利用球磨法制备纳米材料，主要实验变量包括如下几种。

　　(1)磨盘的转速。当磨盘转速很低时离心力较小，磨球被带动到一定高度(较低)后将沿球磨罐的内壁滚下。此时，磨球的动能较低，主要以滚碾为主，故球磨效率较低。当磨盘转速过高时，巨大的离心力将带动磨球沿球磨罐的内壁做圆周运动，故球磨效率也不高。当磨盘转速适中时，物料同时受到剧烈的下砸和滚碾作用，物料的球磨效率较高。

　　(2)磨球的材质和半径。常见的磨球材质有硬化钢、不锈钢、氧化锆、玛瑙、氮化硅等。由于在球磨过程中磨球与物料和球磨罐的内壁发生剧烈碰撞，磨球表面不可避免地会有部分材料脱落到物料中造成污染。磨球的密度会影响到磨球的动能、动量，从而影响到球磨的效率。另外，磨球的半径影响到磨球与物料之间的接触面积，也将影响到球磨效率。

　　(3)球料比。球料比是球磨的一个重要实验变量，它决定了球磨过程中磨球对物料进行下砸、滚碾的程度。也就是磨球对粉体所施加的撞击力是否足够引起晶粒的破碎和细化，使物料达到纳米尺度。一般地，球料比越大，磨球与物料碰撞的概率也越大，球磨效率就越高。但过高的球料比增大了磨球与磨球、磨球与球磨罐的内壁之间的碰撞概率，反而降低了球磨效率。

(4)助磨剂。适当的助磨剂可打破原有的粉碎和团聚的平衡，有利于进一步降低物料的粒径，改善颗粒的均匀性，提高球磨效率。

在球磨实验中，需要注意以下事项。

(1)由于磨盘带动磨球高速转动，所以在实验前应拧紧球磨罐的盖子，以免损坏仪器；另外，球磨机内一般可同时安放多个球磨罐，这些球磨罐应均匀地安放在磨盘上，以免损坏磨盘。

(2)对于易燃、易爆的物料，在球磨过程中有燃烧、爆炸的可能性。

(3)超细粉末的燃点极低，当空气中的粉尘浓度过高时，很可能发生爆炸，需引起重视。

2.3.2　喷气式超细粉碎法

喷气式超细粉碎(air-jet ultrafine grinding)是使物料颗粒与固定的冲击板进行高速冲击碰撞，或颗粒之间的相互碰撞。图 2-3-3(a)为单喷管的喷气式超细粉碎机示意图。从进料口送入的物料在高压气流的推动下高速撞击冲击板，形成粗细不同的颗粒。涡轮机向上鼓风，将粗细不同的颗粒向上推送。较粗的颗粒逐渐下沉至粉碎室，而较细的颗粒上浮进入分级器(或风选器)。通过调节涡轮机的风力，使满足条件的颗粒一直上浮至出料口。未达到要求的粗颗粒则从管道返回粉碎室进行下一轮的粉碎。为了使物料实现超细粉碎，可采用双喷管对喷。物料在高速气流的推动下对喷，具有冲击强度大，能量利用率高，产物粒径小，获得的颗粒表面光滑、形状规则、纯度高、活性大、分散性好等优点。图 2-3-3(b)为喷气式超细粉碎机的实物图。

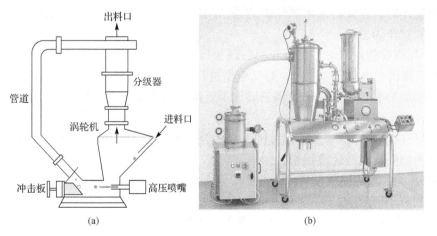

图 2-3-3　(a)喷气式超细粉碎的原理示意图和(b)喷气式超细粉碎机的实物图

在粉碎室中，颗粒之间的碰撞频率远高于颗粒与内壁的碰撞(如球磨)，因此粉碎效率高，产品粒径可达 1～5 nm。气流粉碎适合于脆性材料、聚集体颗粒、凝聚体颗粒的超细粉碎。

2.3.3　固相反应法

狭义的固相反应(solid state reaction)是指固体与固体之间发生化学反应生成新固体产物的过程；广义的固相反应指的是凡是有固相参与的化学反应，比如，固体的分解、氧化，固体与固体的化学反应，固体与液体的化学反应等。

假设 A、B 两种原料要进行固相反应，如图 2-3-4 所示。由于存在浓度梯度，相互接触的 A、B 颗粒上的原子或离子逐渐往界面上扩散。相向扩散到界面上的原子或离子在界面上发生化学反应形成很薄且含有大量结构缺陷的新物相(晶核)。随着扩散的进行，晶核逐渐长大。晶核的进一步生长依赖于一种或几种反应物通过产物层的扩散(比如，晶体的体内、表面、晶界、位错或其他缺陷的扩散)或推进。

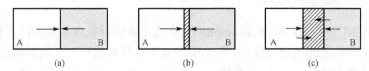

图 2-3-4　固相反应的基本过程：(a)反应物扩散到界面；(b)在界面形成新相；(c)新相长大

影响固相反应的主要因素如下所述。

(1)反应物的化学成分与结构。反应物的化学成分与结构决定了原子或离子的键合强弱，从而影响到原子或离子的扩散能力，是决定反应方向和反应速率的重要条件。比如，反应物中原子间的键合强，则扩散能力低，反应速度慢；反应物中缺陷的多少也是影响反应速度的主要因素。一般地，晶格能越大、结构越完整，其反应活性也就越低。因此，难熔氧化物的固态反应往往很难进行，建议选用具有高活性的活性固体作为原料。

(2)反应物的颗粒大小。反应物的颗粒越小，比表面积越大，活性越强，反应速率越快。建议在固相反应之前，对反应物进行充分研磨，以减小反应物的颗粒尺寸；各反应物均匀混合后压片，有利于增加不同反应物之间的接触界面。反应物的粒径越均匀，对反应速率越有利。

(3)反应温度。随着反应温度的升高，反应物中原子或离子热运动的动能增大，扩散能力增强，反应速度加快。

(4)压力。在纯固相反应中，增大压力有助于增大颗粒间的接触面积，有助于加快原子或离子的扩散。

(5)反应气氛。反应气氛可以改变固体吸附特征，从而影响到固体表面反应活性。反应气氛还直接影响晶体表面缺陷的浓度、扩散能量和扩散速率。

(6)矿化剂。矿化剂能降低体系的低共熔温度，影响晶核的形成、结晶速率等。

实例　利用固相反应制备 $SrFe_2As_{2-x}P_x$ 超导体[16]

(1)原料：金属锶块、砷粒、铁粉、红磷。在手套箱中去除锶块表面的氧化层，用钳子剪碎；砷粒研磨成粉。

(2)制备前驱体：Sr、Fe、As、P 按化学组分比配料、压片，放入氧化铝坩埚中。把坩埚密封到石英管中，管中充 1/3 的氩气。然后，将该石英管在马弗炉中加热到 800℃烧结 24 h，而后冷却到室温。

(3)制备目标产物：为保证组分的均匀性，将前驱体研磨、压片、密封到石英管中，之后在 850℃烧结 48 h，并用 12 h 冷却至室温。所得产物的 XRD 和超导属性如图 2-3-5 所示。

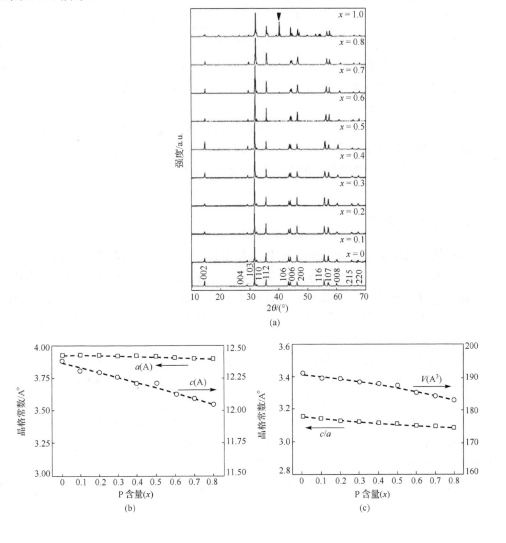

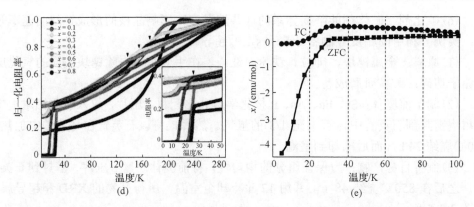

图 2-3-5 利用固相反应制备 $SrFe_2As_{2-x}P_x$ 超导体[16]: (a) 不同 P 含量样品的 XRD 图;
(b) 和 (c) 系列样品的晶格常数; (d) 系列样品的电阻-温度曲线; (e) $x=0.7$ 样品的抗磁性

固相反应具有以下特点。

(1) 固相反应是发生在两种组分界面上的非均相反应;固相物质相互接触是反应物之间发生化学作用和物质输送的先决条件。一般地,固态物质的反应活性较低、扩散速度较慢、反应速度较慢。

(2) 固相反应的起始温度远低于反应物的熔点或系统的低共熔温度(反应物开始呈现显著扩散作用的温度)。

(3) 当反应物之一出现不同晶型的转变时,则转变温度往往就是反应开始明显进行的温度。

2.3.4 固相烧结法

固相烧结(solid-state sintering)是指固体粉体、成型体在加热到低于熔点的温度下发生致密化、强化、硬化的过程,形成具有一定性能、一定形状的整体。经烧结后,材料的强度增加、气孔收缩、气孔率下降、致密度提高,变成坚硬的烧结体。微观上表现为粉体中分子(或原子)的相互吸引、迁移,使粉体产生颗粒黏结、再结晶、致密化。

固相烧结与固相反应有相似之处,两者均在低于材料熔点或熔融温度之下进行,并且在过程中自始至终都至少有一相是固态。不同之处是固相反应发生化学反应,而固相烧结仅是在界面能驱动下,由粉体变成致密体。

颗粒之间接触面积扩大,在接触面上形成晶界。随着晶界的推动,气孔发生变形、气孔体积缩小,直至最后气孔从晶体中排出。烧结过程可分为以下三个阶段,如图 2-3-6 所示。

(1) 烧结初期:在高温下颗粒出现重排,在接触面上产生键合、形成晶界,孔隙变形、缩小。

(2)烧结中期：传质开始，随着晶界的增大，孔隙进一步变形、缩小，但仍然连通，形如隧道。

(3)烧结后期：传质继续进行，晶界移动、粒子长大，气孔变成孤立闭合的气孔，密度达到95%以上，成品强度提高。

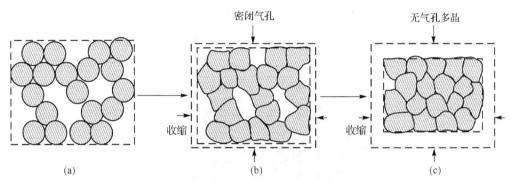

图 2-3-6　固相烧结过程中的晶粒、晶界、气孔的变化过程：(a)初期；(b)中期；(c)后期

实例　TiO₂ 凝胶的固相烧结[5]

(1)原料：TiO$_2$ 凝胶，制备过程详见 2.1.4 节。

(2)固相烧结：TiO$_2$ 凝胶研磨成粉，而后在 200℃，300℃，…，1000℃分别烧结 6 h。而后自然冷却到室温，测试结果如图 2-3-7 所示。

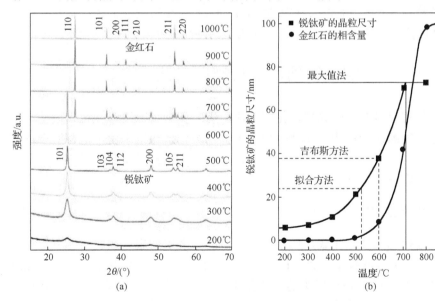

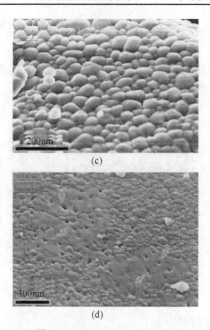

图 2-3-7　TiO$_2$ 凝胶的固相烧结[5]：(a) 系列样品的 XRD 图；(b) 晶粒、相含量随烧结温度的关系；
　　　　(c) 500℃烧结样品的 SEM 形貌图；(d) 700℃烧结样品的 SEM 形貌图

从图 2-3-7 可以看出，随着烧结温度的升高，XRD 衍射峰的峰宽逐渐变窄、峰强变强，晶粒从约 5 nm 逐渐长大到约 70 nm。500℃烧结时的样品为颗粒状，当温度升至 700℃时颗粒逐渐"熔融"，颗粒间的晶界逐渐缩小、气孔率不断下降。

2.4　微纳加工与制备工艺

纳米材料具有很多新奇的物理、化学性质，借助微纳加工技术可按需设计、集成、加工所需功能的纳米结构，实现多功能结构和器件的微纳米化，这有助于推动纳米材料在生产、生活中的广泛使用。本节首先简要介绍光学曝光技术，之后分别介绍激光刻蚀、电子束刻蚀和聚焦离子束加工技术。

2.4.1　光学曝光技术

光学曝光是指光线使感光底片(涂了感光化合物)产生潜影的过程。以普通相机为例，当我们碰到美景并按下相机上的快门时(图 2-4-1)，主要经历了：①太阳光照到美景上，其反射光通过相机镜头的会聚作用后在底片位置上形成聚焦的图像(光影)；②按下快门，这束光照射在底片上使底片曝光，在底片上留下永久的影像。也就是说，入射光、美景、镜头、快门、底片等组件就构成了光学曝光(又称光刻，optical lithography)的主要结构。

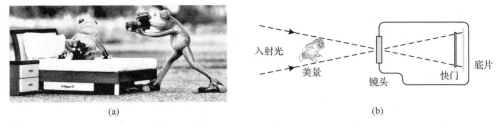

<table>
<tr><td>(a)</td><td>(b)</td></tr>
</table>

图 2-4-1　照相及其示意图

1) 光学曝光设备[17, 18]

我们从照相过程可以得出，光学曝光系统主要包含入射光、美景、镜头、快门、底片等组件。在微纳加工技术中的光学曝光设备也包含类似的组件，它们分别是光源、掩模版、光刻胶等。

（1）光源（source）。

光源采用不同波长的单色光作为入射光，通常采用高压汞灯和激光器两种。其中，高压汞灯包含三条特征谱线，分别是波长为 436 nm 的 G 线、405 nm 的 H 线和 365 nm 的 I 线，曝光分辨率可达 400 nm；紫外激光器具有波长短、单色性好、强度高等特征，其典型输出波长为 157 nm、248 nm 和 193 nm，曝光精度可达 100 nm。此外，还可选用 157 nm 的 F_2 光源，以及波长为 13.5 nm 的极紫外线，也可以用高能电子束、离子束或 X 射线作为入射光。

光学曝光对光源要求很高，通过椭球镜、冷光镜、蛾眼目镜、会聚镜、滤波器、消衍射镜等光学元件的控制得到光束均匀、带宽窄、稳定性好的入射光。

（2）掩模版（mask）。

光刻掩模版由透光材料（如石英玻璃）和不透光的吸收层（如铬金属层）组成。掩模版好比是照相时的"美景"，在曝光前也需"选景"。掩模版在加工前根据需要预先设计数字图形，然后用曝光或刻蚀技术将数字图形转移到金属层上形成掩模版（含透光和不透光的区域）。

在计算机辅助下设计好数字图形后，就可以进行掩模版的制作，其工艺如图 2-4-2 所示。用电子束曝光技术将数字图形转移到光刻胶上（图形曝光）；之后，通过显影将曝光过的光刻胶进行选择性腐蚀，留下未曝光的区域；再利用金属刻蚀技术把曝光区域对应的金属层刻除；去胶、清洗后就能得到掩模版。

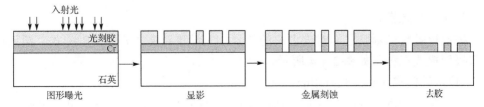

图 2-4-2　制作掩模版的流程图[17]

(3) 光刻胶(photoresist)。

光刻胶是一种光致刻蚀剂或光敏材料，光刻胶中含有树脂、感光化合物和能够调节光刻胶机械性能的液态溶剂。其中，树脂在光照下能改变分子结构，感光化合物根据光照强度控制树脂的反应速率，溶剂能使树脂和感光材料涂抹在衬底上形成薄膜。光刻胶分为正性光刻胶(正胶，positive photoresist)和负性光刻胶(负胶，negative photoresist)两类，如图 2-4-3 所示。正胶是在光照下以断链反应为主的光刻胶，在曝光后发生降解，能溶于特定的显影液中；显影后的光刻胶图案与掩模版的图案一致。负胶是在光照下以交联反应为主的光刻胶；负胶的曝光部分不能溶于显影液中，显影后的光刻胶图案与掩模版的图案相反。

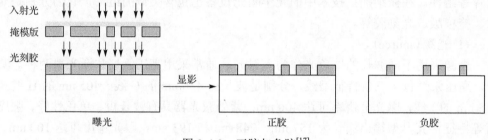

图 2-4-3　正胶与负胶[17]

光刻胶的主要性能指标包括灵敏度、分辨率、对比度、曝光宽度、工艺宽容度、寿命周期、黏度、玻璃转化温度以及抗蚀性等。

(a)灵敏度是使单位面积的光刻胶全部反应所需的最小曝光剂量。光刻胶的灵敏度越高，所需曝光剂量就越少，但会影响到曝光分辨率；灵敏度过低，需要的曝光剂量就很多，曝光效率就会降低。

(b)分辨率是光刻胶图像上两点间能分辨的最小间距，它受光刻胶的分子量、胶体分子的分布、胶厚、显影、烘烤干燥等多种因素的影响。

(c)对比度是光刻胶对曝光剂量变化的敏感程度。光刻胶的对比度越大，曝光图形的侧壁越陡峭，分辨率就越高。

(d)黏度用来描述光刻胶的流动性。黏度会影响到旋涂时光刻胶的厚度、均匀性等。

(e)抗蚀性是指光刻胶在某一刻蚀条件下的刻蚀速率。抗蚀性越好，刻蚀某一深度的光刻胶的厚度就越低。

2)光学曝光模式

按掩模版与光刻胶之间对准方式的差异，光学曝光模式分为接触模式、接近模式和投影模式三种，如图 2-4-4 所示。

(1)接触模式(contact printing)。

接触模式是掩模版和光刻胶的直接接触，见图 2-4-4(a)。接触方式有硬接触和软接触两种。硬接触就是施加一定的外力使掩模版与光刻胶的上表面完全接触；而软接触是对曝光系统抽真空使掩模版与光刻胶吸附到一起。显然，在接触模式中由于掩模版与光刻胶直接接触，很容易损伤掩模版。在软接触中可通过调节真空度来控制掩模版与光刻胶的接触程度，能在一定程度上缓解对掩模版的损伤。

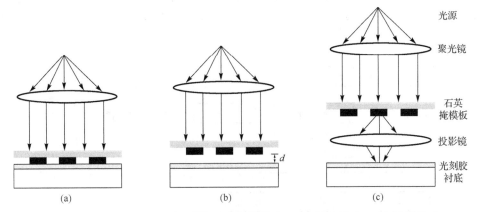

图 2-4-4　三种光学曝光模式[17]：(a)接触模式；(b)接近模式；(c)投影模式

接触模式的优点就是所加工的图形具有较高的保真度和分辨率，可实现 1 μm 的层与层的精确套刻。其缺点也很明显，就是易于损伤掩模版。

(2)接近模式(proximity printing)。

为了克服接触模式对掩模版的损伤，可在掩模版与光刻胶之间留有几微米到几百微米的间隙(间隙宽度为 d)，形成接近模式，如图 2-4-4(b)所示。间隙宽度 d 是由入射光的波长 λ 和掩模版的图形尺寸 W 来决定的

$$\lambda < d < \frac{W^2}{\lambda} \tag{2-4-1}$$

曝光图形的保真度 δ(光刻胶图像与掩模版的差异)与间隙宽度 d、入射光的波长 λ、工艺参数 k 有关

$$\delta = k\sqrt{\lambda d} \tag{2-4-2}$$

由(2-4-2)式可以看出，直接接触(间隙宽度 $d=0$)时，曝光图像的保真度最好。随着间隙宽度的增大，曝光图像保真度和图形分辨率($\approx\sqrt{\lambda d}$)也随着变差。这主要是因为入射光的均匀性会随间隙宽度的增大而变差(尤其在非真空状态)，这将影响到曝光图形的实际形状。另外，在接近模式下光衍射效应较为明显，也会影响到曝光图形的分辨率。

(3)投影模式(projection printing)。

在曝光系统中引入投影镜，将掩模版的图形直接投影到光刻胶上。该模式能有

效避免与光刻胶直接接触而引起的掩模版损伤，同时它还具有较高的对准精度和成品率。其缺点是投影设备较为复杂、技术难度较高。

3）光学曝光步骤

常规光学曝光技术是用波长为 200～450 nm 的紫外线为光源，把掩模版的图形复制到光刻胶上，再用图形转移技术把所需图形转移到衬底上，工艺流程如图 2-4-5 所示。

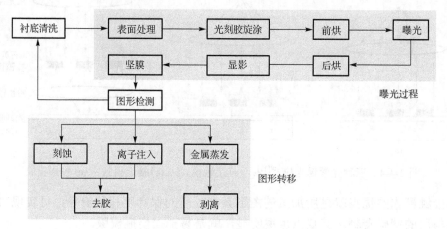

图 2-4-5　光学曝光基本流程[17]

（1）衬底处理（substrate preparation）。

在衬底上旋涂光刻胶之前，需预先对衬底进行清洁、干燥。可灵活使用物理法或化学法清除衬底上的污染物，比如，在衬底上吸附的粉尘、颗粒、有机物分子、工艺残余物等。清洁的衬底表面有利于均匀旋涂光刻胶，预烘烤（prebake 或 soft bake）可大大降低后续工艺中光刻胶脱落的现象。

（2）涂胶（photoresist coating）。

在获得清洁、干燥的衬底后可用旋涂或喷雾的方法在衬底表面涂胶。旋涂（spin coating）包括滴胶、低速涂胶、高速甩胶等步骤。低速涂胶，就是衬底缓慢转动，使光刻胶从滴胶点逐渐向外均匀扩展涂满衬底表面；高速甩胶，就是衬底高速转动使涂上的光刻胶在离心力的作用下均匀化。旋涂转速越快，胶层越薄、越均匀；在相同的旋涂参数下，光刻胶的浓度和黏度越大，胶层越厚。

在旋涂过程中，尤其是旋涂较厚的光刻胶时，在衬底的外围会形成边缘珠（在衬底外围未能完全旋涂的光刻胶）。在接触曝光时，这些边缘珠可能黏附到掩模版上，也可能黏附到间隙中使图形失真。在低速旋涂时滴加有机溶剂即可去除这些边缘珠[19]。

刚涂好的光刻胶含有大量的有机溶剂（10%～35%），需对其烘干、固化，以免污染设备。如果前烘(post-apply bake)不够,光刻胶中残余的溶剂会影响到曝光的充分程度(入射光与光刻胶的作用),还会影响到光刻胶在显影液中的溶解度;如果前烘过度,会减弱光刻胶中感光颗粒的活性,也会影响到曝光过程。

(3) 对准、曝光(alignment and exposure)。

在光刻胶干燥、自然冷却后,需精确移动样品台将待加工的图形(掩模版)尽可能地对准到光刻胶的有效面积内。比如,边缘处的光刻胶可能存在厚度不均、有破损等情况,在预对准过程中就应避开这些位置。如果需要套刻,在第一次曝光时需将掩模版上的对准标记完整复刻到衬底上,在第二次曝光时将掩模版和衬底上的对准标记对准即可。

在精确对准后,设置好曝光时间即可执行曝光操作。在恒定的入射光模式下,可通过调节曝光时间来控制曝光强度。

(4) 显影(development)。

在曝光结束后可直接显影,也可对光刻胶进行后烘处理(post-exposure bake)以减弱驻波效应。但后烘过程会引起光刻胶中的感光颗粒横向扩散,可能影响图形质量。

显影就是将曝光后的光刻胶浸入显影液(通常用有机胺或无机盐配制而成的水溶液)中进行选择性的腐蚀。在显影过程中,正胶的曝光区域被溶解,而负胶的曝光区域得以保留。显影结束后,将光刻胶从显影液中捞出,用去离子水洗净后再用高纯氮气吹干。

显影液的浓度和显影时间决定了光刻胶的显影程度,影响到光刻胶侧壁的陡峭程度。如果显影不充分,会使图形底部留有残余光刻胶;而显影过度,会使光刻胶的侧壁棱角发生钝化,降低图形精度。

显影结束后还可以将光刻胶加热进行坚膜(postbake 或 hardbake)处理。坚膜过程有利于光刻胶中的有机溶剂进一步挥发,减少驻波效应,增强光刻胶与衬底的黏附程度。但坚膜可能导致光刻胶的流动,降低图形精度。

(5) 图形检测(measure and inspect)。

在显影结束后,需在显微镜下对所加工的图形进行检测。检查图形中的图形特征(关键尺寸、侧壁形貌)、对准精度、缺陷、污染物等。如果不合格,还需去胶返工。

(6) 图形转移(pattern transfer)。

检测合格的图形可进行离子刻蚀、离子注入、金属蒸发等操作,将光刻胶上的图形转移到衬底上。这些技术将在 2.4.2 节和 2.4.3 节中重点介绍。

(7) 去胶(photoresist lift off)。

图形转移完或不合格的产品需进行去胶处理。常用的去胶溶剂是硫酸与过氧化氢(3∶7)的混合溶液;也可以用丙酮,它能溶解绝大多数的光刻胶。

4) 驻波效应与菲涅耳衍射效应[20]

由于光刻胶和衬底的折射率不匹配，曝光时入射光在光刻胶和衬底之间的界面上发生反射，如图 2-4-6(a)所示。该反射光与入射光发生干涉效应引起入射光在光刻胶的厚度方向上出现强度(曝光)的高低起伏，使得光刻胶的边缘在厚度方向呈波纹状(图 2-4-6(b))。这种现象称为驻波效应(standing wave effect)。通过对光刻胶进行后烘处理，或在界面上涂抗反射膜来削弱驻波效应。

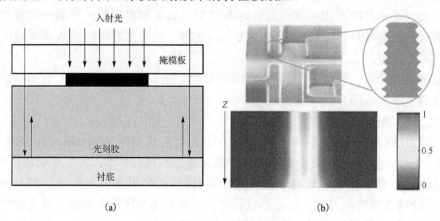

图 2-4-6　驻波效应[20]

另外，入射光通过掩模版上的狭缝、小孔、圆盘等区域时会出现菲涅耳衍射现象，引起图形的失真、畸变。

实例一　利用深紫外干涉曝光技术加工大面积的微纳光栅[21]

在本例中我们简要介绍大面积消色差空间频率倍增曝光技术(achromatic spatial frequency multiplication technique，ASFM)。该技术所用的光源为空间相干的深紫外线，波长为 13.5 nm。在掩模版的前方相隔约 12.4 m 处装有孔径为 70 μm 的空间滤光光阑，如图 2-4-7(a-1)所示。为得到高保真的图案，掩模版和衬底的间距要足够大，但过大的间距会减小衬底上的有效图案面积。

为了实现大面积曝光，在 100 nm 厚的 Si_3N_4 衬底上用电子束曝光技术和金电镀技术制造了 5 mm×5 mm 的光栅掩模版：

(1)在 Si_3N_4 衬底上蒸发厚度分别为 2 nm、5 nm、2 nm 的 Cr、Au、Cr 金属层；

(2)在金属层上旋涂电子抗蚀剂(如聚甲基丙烯碳甲酸(PMMA)或氢硅倍半环氧乙烷(HSQ))；

(3)用电子束曝光技术直写光栅图案；

(4)镀金、去胶。

图 2-4-7(a-2)为所制备的掩模版的 SEM 图，光栅周期分别为 140 nm、160 nm、200 nm，金线厚度为 50 nm。接下来用到深紫外干涉曝光技术(EUV interference lithography，EUV-IL)，掩模版为用上述方法制作的周期为 200 nm 的金光栅掩模版。

简要步骤如下：

(1)在硅晶圆上旋涂 25 nm 厚的 HSQ 光刻胶；

(2)设置掩模版与光刻胶的间隙为 2 mm，以剂量步长为 6% 逐渐曝光；

(3)曝光后的硅晶圆在 25% 的四甲基氢氧化铵(TMAH)水溶液中显影 60 s，之后用去离子水冲洗，再用氮气枪吹干。

硅晶圆上 HSQ 光刻胶的形貌如图 2-4-7(b)所示，曝光面积高达 $(5×5)$ mm^2。HSQ 图案具有周期为 100 nm 的光栅，即掩模图案频率的 2 倍，见图 2-4-7(b-1)～(b-5)。

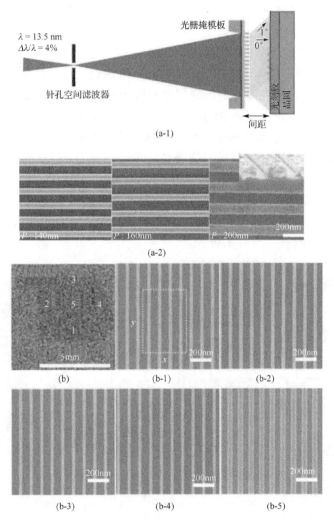

图 2-4-7　利用深紫外干涉曝光技术加工大面积的微纳光栅[21]：(a-1)EUV-ASFM 曝光技术原理；(a-2)金光栅掩模版，周期分别为 140 nm、160 nm、200 nm；(b)硅晶圆上 HSQ 光刻胶的形貌，曝光面积高达$(5×5)$ mm^2；(b-1)～(b-5)HSQ 图案的 SEM 图，周期为 100 nm 的光栅

实例二　利用光学曝光技术加工三维微结构[22]

在本例中我们简要介绍用多次曝光负性光刻胶 SU-8 加工多层光刻胶微结构的两种方法。两种方法都预先在 4 in 硅-p(100)晶圆上热氧化 0.8 μm 厚的 SiO₂ 层；光源为 365 nm 的紫外线，光强为 11 mW/cm²。在加工过程中使用两种浓度不同的光刻胶，分别是 SU-8 25(较浓)和 SU-8 5(较稀)。

方法一：多次旋涂、多次曝光，其工艺流程如图 2-4-8(a)所示。

(1)旋涂底层光刻胶：使用较浓的 SU-8 25 光刻胶以 3000 r/min 的速度旋涂 35 s，胶厚为 50～60 μm。

(2)软烘：先在 65℃烘烤 5 min，而后在 95℃烘烤 20 min，以去除光刻胶中的有机溶剂、残余应力。

(3)曝光：以剂量为 672 mJ/cm² 进行曝光。

(4)后烘：在 65℃烘烤 1 min，然后在 95℃下烘烤 5 min。

(5)再次旋涂：直接在曝光后的底层光刻胶上旋涂另一种光刻胶(较稀的 SU-8 5胶)，以 3000 r/min 的速度旋涂 35 s，厚度为 20～30 μm。

(6)烘烤：在 65℃烘烤 2 min，而后在 95℃烘烤 5 min。

(7)二次曝光：对准后进行第二次曝光，曝光剂量为 33 mJ/cm²。

(8)烘烤：在 65℃烘烤 1 min，之后在 95℃烘烤 2 min。

(9)显影：只需进行一次显影就能得到 SU-8 光刻胶的微结构。图 2-4-8(b)给出了用这种方法制作的多种三维微结构，分别是直径为 160 μm 的桌子、一大一小的双层五角星和含有时针、分针的钟表。

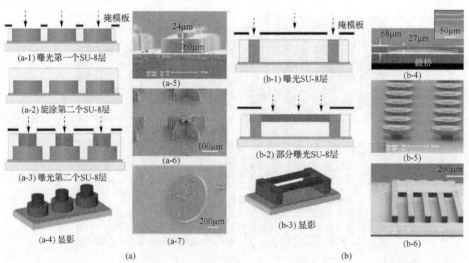

图 2-4-8　利用光学曝光技术加工三维微结构[22]：(a-1)～(a-4)为多次旋涂、多次曝光的工艺流程；(a-5)～(a-7)分别为桌子、双层五角星、时钟的微加工图样；(b-1)～(b-3)为一次旋涂、一次曝光的工艺流程；(b-4)～(b-6)分别为由该工艺加工的微桥、蘑菇、隧道的微加工图样

方法二：一次旋涂、一次曝光，其工艺流程如图 2-4-8(b)所示。

(1)旋涂底层光刻胶：使用较浓的 SU-8 25 光刻胶以 3000 r/min 的速度旋涂 35 s，胶厚为 50～60 μm。

(2)软烘：先在 65℃烘烤 5 min，而后在 95℃烘烤 20 min。

(3)曝光：以剂量为 672 mJ/cm^{2}进行曝光。

(4)后烘：在 65℃烘烤 1 min，而后在 95℃下烘烤 5 min。

(5)二次曝光：对准后进行第二次曝光，曝光剂量为 33 mJ/cm^2。

(6)烘烤：在 65℃烘烤 1 min，而后在 95℃烘烤 2 min。

(7)显影：用 SU-8 显影剂显影 10 min，再用异丙醇冲洗，最后用氮气吹干。

图 2-4-8(b-4)～(b-6)为用该方法加工的三维微结构，分别是微桥(桥体厚 27 μm、宽 50 μm、长 670 μm，桥墩厚 670 μm)、蘑菇(菌伞直径 138 μm、高 38 μm，菌腿为 57 μm 和 30 μm)、隧道(隧道宽 140 μm、高 50 μm、长 2 mm，壁宽 60 μm、高 50 μm、长 6.5 mm)。

2.4.2 激光刻蚀技术[17, 19, 23]

当激光照射到材料上时，在材料中会发生对光能的吸收、电子-声子耦合、声子-声子耦合等作用，可归为光热效应和光化学效应。光热效应就是当激光照射到材料上时将能量转移给材料(材料吸收光子的能量)，使材料熔化、蒸发，利用该效应可用于激光热加工；光化学效应就是激光照射到材料上时，高能激光束使材料中的化学键发生改变，引发光化学效应，利用该效应可用于光化学加工。本节将简要介绍激光直写和多光子光刻技术。

1)激光直写技术

激光直写(laser writer)技术就是用激光束将待加工的图案直接"写"在光刻胶上，又称无掩模版的光刻技术(maskless optical lithography)。该技术主要用于对分辨率要求不高时掩模版的加工。

典型的激光直写方式就是光栅扫描(raster scanning)。光栅扫描就是用一束或多束激光(高斯光束)沿光刻胶的横向、纵向依次来回扫描，其原理如图 2-4-9 所示。声-光调制器(AOM)上的偏压用于调节激光束的强度，声-光偏转器(AOD)上的偏压用于调节偏转角(使光束垂直于衬底)。当一束激光依次通过 AOM 和 AOD 后就能得到光强和偏转角可控的激光束，再经反射镜进入透镜并聚焦在衬底上。控制衬底(或样品台)的移动方向、步长就能实现激光在衬底上的光栅扫描。

2)多光子光刻技术

多光子光刻技术(multi-photon absorption lithography)是利用飞秒激光器与光敏材料相互作用，使其发生局域光化学反应，如光还原、光聚合、光解离反应等。该技术能快速将能量注入材料的极小区域内，瞬间产生很高的能量，属于双光子吸收效应。其特征尺寸小于光衍射极限，可用于材料的三维精细加工。另外，多光子吸收的热效应很弱，对材料损伤小，有利于加工透明材料。

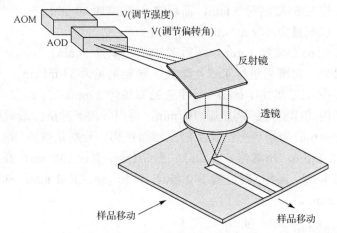

图 2-4-9　激光直写原理示意图[19]

　　1931 年，德国物理学家 Göppert-Mayer（诺贝尔奖获得者）在其博士学位论文中提出了双光子吸收的概念，并于 1961 年被实验证实。图 2-4-10(a) 为单光子吸收与双光子吸收的比较图。单光子吸收是从基态 S_0 吸收一个光子后跃迁到激发态 S_1，然后通过发射荧光或无辐射跃迁的方式回复到基态上。与之不同的是，双光子吸收是材料分子同时吸收两个光子或在极短时间内相继吸收两个光子，从基态跃迁到具有两倍光子能量的激发态 S_2 上，再经过无辐射跃迁到 S_1 激发态，然后发射出荧光或无辐射跃迁回复到基态上。所以，双光子吸收是一种强激光与物质之间的三阶非线性相互作用，具有阈值效应，即仅当入射光子的能量高于某一阈值时才能出现双光子吸收。充分利用强光与物质间的阈值效应和非线性光学作用，可以突破经典光学衍射极限，能加工出小于衍射极限的精细微结构。

　　图 2-4-10(b) 为双光子光刻的结构示意图。从飞秒脉冲激光器中发射出的脉冲，经由 X-Y 振镜扫描器偏转后进入高数值孔径的浸油物镜，从而将飞秒脉冲聚焦到光敏材料或光刻胶上。飞秒脉冲处于聚焦状态时通过双光子吸收现象实现对光刻胶的曝光（双光子聚合），当飞秒脉冲为离焦状态时，对光刻胶无影响（无双光子吸收）。振镜扫描器安装在 X-Y 定位系统的 Z 轴上，样品安装在 X-Y 移动样品台上，用电荷耦合器件（CCD）实时监控整个加工过程。扫描器和样品台可以精确控制样品的曝光位置，调节样品的高度来控制飞秒脉冲的聚焦状态。基于上述原理，双光子吸收光刻可以光刻出复杂的三维微结构，精度可达约 100 nm。

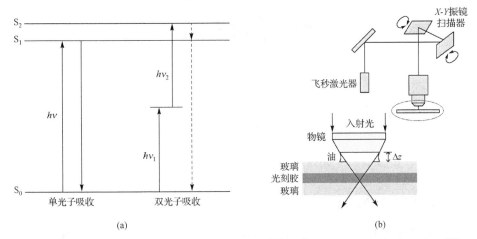

(a)　　　　　　　　　　　　　　　　　　(b)

图 2-4-10　(a) 单光子吸收和双光子吸收的比较[17]和(b) 双光子光刻的结构示意图[19]

实例　利用双光子光刻加工三维磁性纳米结构[24]

铁磁材料可用于数据存储中的记录介质，三维磁性结构有利于高密度的数据存储。用传统的光刻技术不容易实现复杂三维磁性结构的加工。本例将简要介绍利用双光子光刻和电化学沉积技术来构造复杂几何形状的三维磁性纳米结构的方法，主要包括以下步骤。

(1) 旋涂：将正性抗蚀剂(AZ9260)旋涂到玻璃/氧化铟锡(ITO)(700 nm)的衬底上，厚度约为 6 μm。

(2) 双光子光刻：使用波长为 780 nm，功率为 120 mW 的飞秒激光器产生脉冲宽度为 120 fs，重复频率为 80 MHz 的飞秒激光脉冲。在刻蚀时，激光功率在 3～10.5 mW 范围内，扫描速度为 5～20 mm/s，显影时间在 15～120 min。

(3) 用电沉积法沉积钴：电解液为硫酸钴(90 g)、氯化钴(27 g)、硼酸(14 g)和月桂基硫酸钠(1 g)溶液。采用双电极方案，钴为阳极，以 1 mA 的恒定电流下沉积钴来填充刻痕。

(4) 去胶：在丙酮中去胶，之后用氧等离子体去除残留的抗蚀剂。所得微结构如图 2-4-11 所示。

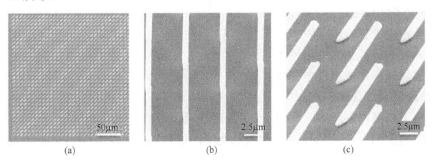

(a)　　　　　　　　　　　　(b)　　　　　　　　　　　　(c)

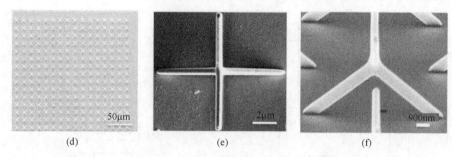

图 2-4-11　利用双光子刻蚀-电化学沉积加工三维磁性结构[24]

2.4.3　电子束刻蚀技术

电子束刻蚀技术(electron beam lithography，EBL)就是用高能电子束在电子束敏感的光刻胶上按要求扫描、曝光。电子束曝光可在光刻胶上直接"书写"，不需要掩模版，又称为电子束直写技术(direct write lithography 或 electron beam writer)。

利用电子束作为入射光的主要优势是电子束能被外加电压加速，得到具有极短波长的高能电子束。电子束的波长与加速电压的关系为

$$\lambda = \frac{1.226}{\sqrt{V}} \ (\text{nm}) \tag{2-4-3}$$

在电子束曝光中，常用加速电压在 10～50 keV 范围内，对应的波长为 0.012～0.005 nm，这比光波的波长短几个数量级。由于电子束的波长很短，所以电子束曝光具有很高的分辨率，可达 3～8 nm。但与光学曝光技术相比，电子束曝光速度比较慢，不适合大规模批量生产；设备较为昂贵、设备使用和维护成本较高。所以，电子束曝光技术适合用于掩模版的制作、纳米器件的加工、亚微米器件和集成电路的制造。

1) 电子束曝光系统[19, 23]

电子束曝光系统主要包括电子枪、透镜系统、偏转系统、真空系统、样品台等，其结构示意图如图 2-4-12(a)和(b)所示，其实物图如图 2-4-12(c)所示。

(1) 电子枪(electron gun)。

电子枪用于打出电子束。为了提供束流稳定的高能电子束，在电子束曝光系统中常以热发射枪或热场发射枪为主，灯丝为 LaB_6 或钨丝。从灯丝打出的电子在加速电压的加速下形成高能电子束。

(2) 透镜系统(lens)。

在电子束曝光系统中一般用 2～3 级聚光镜以及物镜来会聚电子，得到足够细的电子束，典型的为 3～8 nm。在透镜系统中，通常还有多个光阑，用于限制束斑尺

寸，以及电子束的发散角。束阀(beam blanker)位于第一和第二聚光镜之间，用于开关或通断电子束。

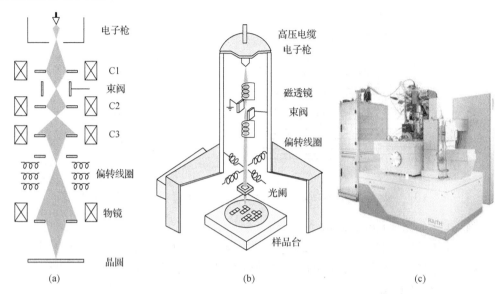

图 2-4-12　(a)和(b)电子束曝光系统结构示意图和(c)实物图

在电子束曝光系统中，有两种典型的电子束。一种是高斯圆形束(Gaussian round beam)，它是圆柱形的电子束，束流强度由光轴向四周以高斯型衰减。这种束斑在刻"棱、角"处时，要求束斑要比图形特征小得多，否则棱角会钝化。另一种是可变形电子束(variable-shaped beam)，其形状由光阑的形状来决定。常见的可变形电子束是方形束，它是方柱形电子束，适合刻"棱、角"图形。方形束的束斑较大，分辨率相对较差，但曝光效率高。

(3)偏转系统(deflector)。

电子枪是固定不动的，为了实现电子束在光刻胶上扫描，需要使用偏转线圈。偏转系统由两组相互垂直的线圈组成，提供相互垂直的磁场，用于控制电子束在水平和竖直方向的偏转。电子束偏离光轴越远，像散越明显，会引起电子束的畸变。另外，由于磁透镜存在各种像差，会引起电子束束斑的扭曲、畸变，所以在物镜附近还配有消像散器以消除像散。

电子束的扫描方式[25]有两种：光栅扫描和矢量扫描，如图 2-4-13 所示。光栅扫描(raster scanning)，类似于扫描电镜中的扫描方式，不管曝光与否它将沿 X 和 Y 方向交替扫描整片光刻胶。显然，光栅扫描方式更适合于图形布满整个光刻胶的情况。如果在光刻胶上只有少量图形，那么这种扫描方式效率会非常低。矢量扫描(vector scanning)，电子束只在曝光区域扫描，在无图形的空白区域，束阀切断电子束并沿两图形间的矢量方向迅速移动到下一图形，继续扫描曝光。显然，这种方式扫描效率比较高。

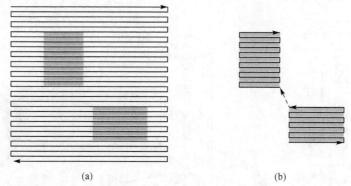

图 2-4-13　电子束曝光系统的两种扫描方式[25]：(a)光栅扫描；(b)矢量扫描

(4)真空系统(vacuum system)。

由于灯丝只有加热到 1000～2000℃时才能打出电子。为了防止灯丝工作时被氧化、打出来的电子被空气分子电离，电子束曝光系统需要在高真空下才能运行。

(5)样品台(stage)。

样品台用于精确控制样品在 X、Y 方向的移动，利用激光干涉可实现样品在纳米量级的精确移动。一个好的样品台要求具有高的定位精度和移动精度，以保证高精度的图形曝光；要求具有较快的移动速度，以保证曝光效率；同时要求样品台具有较大的移动范围，能实现 12 in 样品的曝光。

2)电子束曝光步骤

与光学曝光过程类似，电子束曝光的主要步骤如下所述(图 2-4-14)。

图 2-4-14　电子束曝光的主要步骤

(1)衬底处理。

用物理或化学方法清洗衬底，确保衬底表面清洁；而后在真空或氮气环境下，在 150～200℃烘干衬底。如果衬底不清洁，会污染光刻胶，也会引起旋涂不均匀、出现孔隙等情况；如果衬底含有吸附水、有机物等，在后续工艺中容易出现光刻胶脱落的现象。

(2)涂胶。

如果光刻胶的吸附力差，建议在预处理后的衬底上先涂覆增黏剂。之后，在衬底上旋涂一层厚度均匀、无破损、无孔隙的光刻胶。如果光刻胶图层不均匀，势必导致曝光和显影的不均匀，从而造成较差的图形良品率。

与光学曝光相比，电子束曝光中的光刻胶要对电子束敏感。常用的电子束曝光光刻胶[17]有 PMMA（polymethyl methacrylate），它是一种正性电子抗蚀剂，分辨率优于 10 nm，但灵敏度较低；聚苯乙烯共聚体（ZEP）是一种正性电子抗蚀剂，其灵敏度比 PMMA 高，分辨率与之相当；聚丁砜（PBS）是一种高速正性电子抗蚀剂，其灵敏度比较高，广泛用于掩模版的制作中；SAL-601 是一种高灵敏度的负性化学放大电子抗蚀剂，抗干法刻蚀性好、热稳定性好、不膨胀；HSQ 是一种高分辨无机负性电子抗蚀剂，具有与 PMMA 相似的分辨率和灵敏度。

（3）曝光。

光刻胶涂好后，需进行一次前烘，以去除光刻胶中大部分的有机溶剂，同时能增加光刻胶与衬底的附着力。但需要注意的是，前烘温度越高，烘干时间越长，会降低光刻胶在显影液中的溶解度。

根据加速电压、电子束的束斑尺寸、束流密度等参数设置曝光时间、曝光步长。选择合适的扫描方式后就可以电子束曝光了。

（4）显影。

曝光结束后，根据光刻胶的种类、光刻胶的厚度、曝光参数确定显影液的种类、浓度和显影时间。显影可采用浸入式、淋喷等方式。显影结束后用大量的去离子水清洗，并用氮气吹干。

显影完后还需后烘，使光刻胶硬化，以便后续工艺的开展，如离子刻蚀、离子注入等。后烘过程（后烘温度、烘干时间）中电子抗蚀剂会发生流动，导致曝光图形变形。

3）电子束的局限

高能电子束在光刻胶上扫描，会与胶内的原子发生弹性碰撞和非弹性碰撞。弹性碰撞会改变电子的运动方向，非弹性碰撞会引起能量的损失。在两种作用的综合作用下，电子束在光刻胶中形成类似"水滴"状的截面，且该形状是电子束能量的函数，如图 2-4-15（a）所示。也就是说，由于光刻胶对电子的散射，使电子束由圆柱形光斑散射为"水滴"状宽化的光斑，从而影响到显影后光刻胶的侧壁在厚度方向上的形状。

电子在光刻胶中还会出现邻近效应（proximity effect）。在电子束曝光中，电子束的能量很高，一般为几万电子伏特。它不仅能穿过光刻胶，还能进入衬底，所以电子束同时受到光刻胶和衬底的散射作用。由于散射电子的横向扩展束斑要比入射电子的束斑大很多，所以光刻胶中每个点吸收的能量是入射电子束的能量和周围散射能量的总和。当图形线宽、间隙小到与散射展宽的范围相当时，散射电子将对邻近图像的曝光产生严重影响，如图 2-4-15（b）所示。

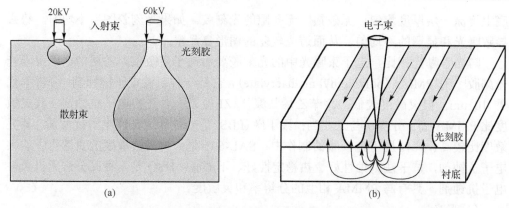

(a)　　　　　　　　　　　　　　　　　(b)

图 2-4-15　(a)不同加速电压下光刻胶对电子的散射作用和(b)邻近效应

实例　电子束曝光加工亚 10 nm 的微结构[26]

本实例简要介绍如何用电子束曝光 PMMA 光刻胶加工亚 10 nm 的微结构。PMMA 光刻胶(分子量为 950000),衬底为(100)面的硅片或 50 nm 厚的氮化硅薄膜。简要步骤如下所述。

(1)旋涂 PMMA 光刻胶,厚度分别为 22 nm、16 nm;

(2)在 180℃烘烤 60 s,以去除残余溶剂,增强光刻胶与衬底的黏合性;

(3)用 Raith 150 系统曝光,加速电压为 30 kV、2 kV,工作距离为 6 mm,光阑孔径为 20 μm;

(4)在 30℃的甲基异丁基酮(MIBK)溶液中显影 2 min,再用异丙醇清洗 1 min;

(5)镀金 SEM 观察,如图 2-4-16 所示。

实验表明,PMMA 作为负性抗蚀剂,用 MIBK 作为显影剂可制造出 10 nm 半间距的致密纳米结构,6 nm 半间距结构也能较好地制造出来。由于 PMMA 是含碳材料,使用 PMMA 作为负性抗蚀剂的高分辨率电子束光刻技术在基于碳的纳米材料中具有广阔的应用前景。

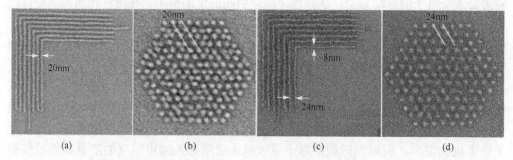

(a)　　　　　　(b)　　　　　　(c)　　　　　　(d)

图 2-4-16　电子束曝光 PMMA 抗蚀剂加工亚 10 nm 的微结构[26]:(a)和(b)加速电压为 30 kV,抗蚀剂为 22 nm 厚的 PMMA;(c)和(d)加速电压为 2 kV,抗蚀剂为 16 nm 厚的 PMMA

2.4.4　聚焦离子束加工技术

聚焦离子束(focused ion beam，FIB)的原理与扫描电子显微镜(SEM，细节参见 3.1.2 节)的原理类似，两者都是通过探针在样品表面扫描来成像。不同的是，聚焦离子束用的是离子束，而 SEM 用的是电子束。在聚焦离子束中常用的离子源是镓离子，其质量远比电子的质量大，能直接溅射样品上的原子(有关离子溅射的内容参见 2.2.3 节)。所以，离子束不仅可以成像，还可以刻蚀、化学沉积等，实现精确的微纳加工。

1)聚焦离子束成像

聚焦离子束的典型功能之一就是用高能离子束在样品上光栅扫描，通过探测被激发的二次电子或二次离子等信号形成样品表面的微观形貌像。图 2-4-17(a)为聚焦离子束成像系统的结构示意图，主要包括离子源、离子光学系统、真空系统、样品台、探测器等结构[17, 19]。

(1)离子源。

液态金属离子源(liquid metal ion source，LMIS)是聚焦离子束的核心结构，如图 2-4-17(b)所示。离子源的束斑决定了成像的空间分辨率，即束斑越小，图像的空间分辨率就越高。典型地，在离子束成像、刻蚀中所用的离子束，其束斑可达 5 nm。由于金属 Ga 具有熔点低(29.79℃)、挥发小、蒸气压小等特点，其常作为聚焦离子束的离子源，但也可用 Au、Bi、In、Sn 等金属。

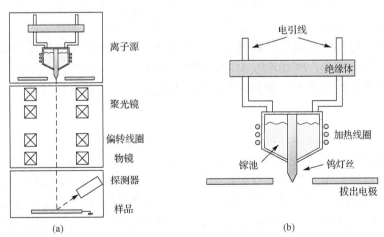

图 2-4-17　(a)聚焦离子束成像系统的结构示意图和(b)离子源的工作原理

在 LMIS 中有一颗尖端直径约为 10 μm 的钨丝，钨丝的一端正对着拔出电极(extractor electrode)。加热线圈给离子池加热使金属熔化、浸润钨丝，同时在拔出电极上加电压。由于灯丝尖端很细，在尖端上将产生很强的电场(约 10^{10} V/m)，液态金属在电场力的驱使下在针尖上形成泰勒锥(Taylor cone)。继续增大电压，金属离子在电场力的驱使下从泰勒锥表面拔出，形成离子源，该电压也被称为拔出电压(extraction voltage)。在聚焦离子束系统中的束流约为 2 mA，泰勒锥的半径约为 2 nm，所以离子束流密度可达 10^6 A/cm^2。

(2)离子光学系统。

离子光学系统(ion optic system)的作用是将离子束聚焦在样品上，并进行光栅扫描。聚光镜用来会聚离子束以形成离子束探针，物镜将离子束探针聚焦在样品表面上。在光路中可以加入光阑来选择束斑大小和束流。控制偏转线圈上的电压可实现离子束在样品表面 X-Y 方向的扫描。

(3)样品台。

样品台(stage)用来精确控制样品的移动(X、Y、Z)、转动、倾转。在操作时确保样品处于最佳高度(样品的不动点)。样品台接地，用来测量样品上的电流，也可以避免导电性较差样品的电荷累积。

高能离子束在样品表面扫描时，由于离子束是带正电的，会与样品中的原子(原子核与核外电子)相互作用，主要包括离子散射、离子注入、二次电子激发、二次离子激发、原子溅射、样品加热等过程。离子束在样品内发生弹性散射和非弹性散射，由于入射离子的能量很高，常常还发生多重散射；高能离子束能直接溅射样品表面的原子，甚至被样品散射后的离子还能激发二次离子；入射离子能将核外电子直接轰击出去，形成二次电子；如果样品内有空位，入射离子还会填充空位，实现离子注入；入射离子与原子相互散射会引起晶格振动，对样品有加热效应。

利用散射过程中激发的二次电子、二次离子、背散射电子等信号可以用于形成样品表面微观形貌像；利用激发出的二次离子可以分析样品中的化学元素信息；离子对样品原子的溅射可用于切割、加工微纳结构；在适当的反应气氛中可以利用离子束诱导化学气相沉积等。

2)离子束刻蚀技术

高能离子束轰击样品表面，在与样品原子的弹性碰撞过程中将动量转移到样品原子上，能将样品表面的原子直接轰击出去，该过程称为离子溅射(ion sputtering)。通过多级聚光镜和物镜的会聚作用能将离子束会聚成约为 10 nm 的束斑(类似于"刻刀"，刻刀越细，雕刻精度越高)，偏转线圈控制离子束的扫描区域和扫描路径(类似于"雕刻位置、刻刀倾角")，从而按需求在样品上雕刻出已设计好的图案。为便于在刻蚀过程中的实时观察，通常将离子束刻蚀系统与 SEM 整合到一起，形成 SEM-FIB 双光束刻蚀系统，如图 2-4-18 所示。

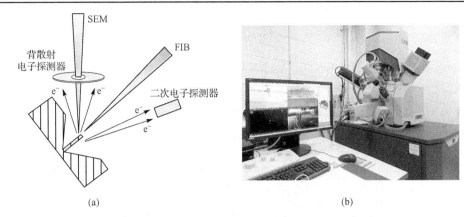

图 2-4-18　SEM-FIB 系统的(a)示意图和(b)实物图

对于同一材料，在相同的加速电压下，离子束刻蚀的速率取决于单位时间内参与刻蚀的离子数。入射离子的束斑越大、束流越强、刻蚀就越快。但较大的束斑会降低刻蚀精度。所以，在实验过程中应按需选用合适的光阑，调节聚光镜和物镜的会聚程度，权衡好刻蚀速率与刻蚀精度之间的关系。

对于晶体材料，不同晶向上原子的种类、键合疏密程度不同，导致不同的刻蚀速率。当离子束沿低指数晶向入射时，该晶向上的原子排列相对稀疏，刻蚀速率较快。相反，若沿高指数晶向入射，这些晶向上原子排列较为紧密，刻蚀速率相对较慢。

在离子束刻蚀过程中，如果溅射出来的原子未被及时清除，它们将与刻蚀区域附近的表面原子(有悬挂键，较为活泼)再次键合，产生再沉积现象(redeposition)。再沉积会将已刻好的结构填埋，而且尤其喜欢填埋"有棱有角"的结构，从而大大降低刻蚀精度。所以，在离子束刻蚀过程中应及时清除溅射出来的原子，它们大部分可被真空泵抽走，也可以使用气体辅助刻蚀系统来减轻再沉积的影响。

3) 离子束沉积技术

离子束沉积是利用高能离子束轰击衬底后局域产生二次电子，这将裂解气体前驱物并在衬底上沉积下来，该过程又称为聚焦离子束化学气相沉积技术(focused ion beam chemical vapor deposition，FIBCVD)。图 2-4-19 为 FIBCVD 的原理示意图，通过气体注入系统(GIS)将反应气注入样品表面，同时聚焦离子束在气体注入区域扫描。反应气在高能离子束的辐照后裂解，从而在指定的样品表面沉积。这些已沉积下来的原子也可能在高能离子束的轰击下溅射出去。

常用的沉积材料为金属(如 Pt、W、Au、Co 等)，或绝缘体(如 SiO_x)，还可以是非晶碳。在离子束沉积时，需要高能离子束的轰击，所以样品中总含有少量的入射离子。

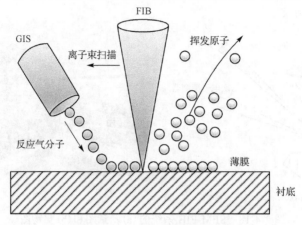

图 2-4-19　FIBCVD 原理示意图

实例一　利用聚焦离子束技术直接加工微纳器件[27]

在聚焦离子束铣削加工微纳器件时，由于离子束为高斯光束，器件外形加工的准确程度取决于聚焦离子束铣削工序（如切削刃、前刀面和后角）。本例使用 FIB-SEM 双光束系统，离子源为 Ga，加速电压为 5～30 kV，探针电离为 0.1～20 nA，样品台的倾斜范围为 15°～60°。

图 2-4-20(a) 为弧形器件的加工工序，图中深色区域为待铣削区域。先铣削器件的某一侧面形成前刀面，之后顺时针旋转前刀面加工第二个侧面，最后根据图纸铣削剩余形状和精雕器件外形。

在器件加工过程中，先用较大的离子束流来铣削出器件的整体外形，以提高加工效率。之后，改用小束流来加工精细结构。比如，图 2-4-20(b) 中的 A 和 B 区分别用 1 nA 和 20 nA 的束流，A 区加工得比较平滑而 B 区较为粗糙。另外，还需控制好前后两刀的重叠度，重叠度越高，加工出来的形状就越平滑，但加工效率相对较慢；前后两刀的重叠度小，加工速度快，但表面比较粗糙。

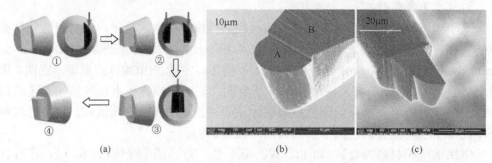

(a)　　　　　　　　　　　(b)　　　　　　　　　　　(c)

图 2-4-20　利用聚焦离子束技术直接加工微纳器件[27]：(a) 加工工序；(b) 和 (c) 所加工的器件

实例二 利用 FIBCVD 制备钨碳纳米弹簧[28]

纳米尺度的弹簧结构是制造纳米机电系统的主要组件，比如，它可以用于纳米传动装置，也可以用于纳米电磁体。本例将简要介绍如何利用 FIBCVD 技术制备纳米钨碳弹簧。

聚焦离子束的离子源为 30 kV 的镓离子束，束斑为 7 nm，束流为 1 pA。反应气为菲 ($C_{14}H_{10}$) 和六羰基钨 ($W(CO)_6$) 的混合气体。在试验前，先抽真空至样品室的压力约为 $1×10^{-3}$ Pa。之后，通入反应气，改变入射离子束参数，如束流、束斑尺寸，以及反应气流来控制弹簧的粗细（截面积）；纳米弹簧是通过镓离子束的圆形扫描来生长，用波形生成器来控制离子束的扫描速度和弹簧直径，由扫描速度控制弹簧的节距。通过上述方法即可制备出钨碳纳米弹簧，如图 2-4-21 所示。两根弹簧（从左到右）的加工时长为 10 min，弹簧的高度、线圈直径、丝的粗细分别为 13.7 μm、1.1 μm、200 nm 和 6.3 μm、1.6 μm、200 nm。

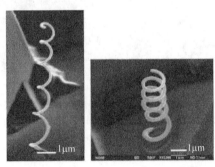

图 2-4-21 FIBCVD 制备钨碳纳米弹簧[28]

实例三 利用聚焦离子束技术辐照加工微纳结构[29]

室温离子液体(room-temperature ionic liquid，RTIL)的热稳定性高且不易挥发，可作为聚焦离子束辐照加工微米/纳米级聚合物结构的光刻胶。本例将简要介绍利用聚焦离子束辅助加工三维微纳结构的方法。

(1)准备工作：选用 100 Ω/cm² 的 n 型硅晶圆为衬底，先在晶圆表面涂少许三乙氧基硅烷来提高 RTIL 在晶圆上的黏合性。之后，将硅晶圆切成 1 cm×1 cm 的小片以备下一步使用。

(2)旋涂：用乙醇稀释 RTIL 至体积分数为 5% 的溶液，之后滴到硅晶圆上，以 4000 r/min 转速旋涂 5 min，形成厚度约为 1 μm 的均匀 RTIL 涂层。

(3)图形准备：在计算机中绘制 800×800 像素的位图图案。比如，将图 2-4-22(a)①中的妇女服装图画转为图 2-4-22(a)②中的位图。

(4)聚焦离子辐照：把含 RTIL 涂层的硅晶圆装入聚焦离子束仪器中进行辐照（离子源为镓源，加速电压为 30 kV，束流为 210 pA，束斑为 23 nm）。根据准备好的图形，以 500000 dpi 的分辨率辐照 RTIL，在 RTIL 上可得到 40 μm×40 μm 的缩微图形。

(5)去胶：将辐照后的 Si 晶片浸入乙腈浴中泡洗以去除未反应的 RTIL，然后在空气中干燥。图 2-4-22(a)③为辐照、去胶后的缩微图，微纳加工得到的图案细节(衣袖上的镂空图案)与原图极为相似，加工精度可达 100 nm。图 2-4-22(b)为微纳加工"Osaka"字母的顶视图和侧视图。

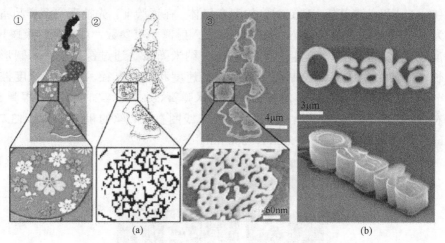

图 2-4-22　利用 FIB 技术辐照加工微纳结构[29]：(a)微加工的妇女服装图案，其中①为图画，②为位图，③为去胶后的微纳图；(b)微纳加工"Osaka"字母的顶视图和侧视图

【思考题】

(1)按照反应体系的状态(气态、液态或固态)分类，纳米材料的制备主要有哪些方法？

(2)用气相合成法合成与制备纳米材料有什么优点和缺点？

(3)用液相合成法合成与制备纳米材料有什么优点和缺点？

(4)用固相合成法合成与制备纳米材料有什么优点和缺点？

(5)试比较水热法、溶胶-凝胶法、静电纺丝法和 CVD 法制备纳米材料的优缺点。

(6)以 TiO$_2$ 为例，通过文献调研，试述该氧化物纳米材料合成的主要方法有哪些？

(7)以 ZnO 为例，通过文献调研，试述该氧化物纳米材料合成的主要方法有哪些？

(8)以 Fe$_3$O$_4$ 为例，通过文献调研，试述该氧化物纳米材料合成的主要方法有哪些？

(9)举例说明水热法制备纳米 TiO$_2$，影响其微粒形貌的主要因素有哪些？

(10)举例说明静电纺丝法制备纳米 TiO_2，影响其微粒形貌的主要因素有哪些？

(11)举例说明 CVD 法制备纳米 ZnO，影响其微粒形貌的主要因素有哪些？

(12)举例说明球磨法制备纳米 TiO_2，影响其微粒形貌的主要因素有哪些？

(13)磁控溅射镀膜工艺中，加磁场的主要目的是什么？

(14)微纳加工工艺主要有哪些？主要工艺流程是什么？

(15)微电子的发展规律为摩尔定律，其主要内容是什么？

(16)正胶和负胶的区别是什么？试画图说明。

(17)在光刻技术中，前烘和后烘的主要作用是什么？

(18)在光刻技术中，曝光波长和图像分辨率的关系如何？提高图像分辨率的方法有哪些？

(19)什么是等离子体去胶？去胶的目的是什么？

【参考文献】

[1] Markov I V. Crystal Growth for Beginners: Fundamentals of Nucleation, Crystal Growth and Epitaxy. Singapore: World Scientific Publishing Co. Pte. Ltd, 2016.

[2] Mullin J W. Crystallization. 4ed. Oxford: Butterworth-Heinemann, 2001.

[3] Sunagawa I. Crystals: Growth, Morphology, and Perfection. Cambridge: Cambridge University Press, 2005.

[4] 仲维卓, 华素坤. 晶体生长形态学. 北京: 科学出版社, 1999.

[5] Shi H, Zeng D, Li J, et al. A melting-like process and the local structures during the anatase-to-rutile transition. Materials Characterization, 2018, 146: 237-242.

[6] 沈志刚, 陈建峰, 刘方涛, 等. $Ba_{1-x}Sr_xTiO_3$ 纳米粉体的直接沉淀法合成、结构与介电特性. 功能材料, 2003, 5(34): 556-558.

[7] 李瑛, 孙超, 宫骏. 共沉淀法制备镁基六铝酸镧粉体的性能研究. 金属学报, 2019, 55(5): 105-111.

[8] Meng Y. Synthesis and adsorption property of $SiO_2@Co(OH)_2$ core-shell nanoparticles. Nanomaterials, 2015, 5(2): 554-564.

[9] 李欣芳, 蒋武峰, 郝素菊, 等. 水解沉淀法制备纳米 $\alpha\text{-}Fe_2O_3$ 的实验研究. 粉末冶金工业, 2016, 26(3): 13-16.

[10] Shi H L, Zou B, Li Z A, et al. Direct observation of oxygen-vacancy formation and structural changes in Bi_2WO_6 nanoflakes induced by electron irradiation. Beilstein Journal of Nanotechnology, 2019, 10(1): 1434-1442.

[11] Zhuang L, Zhang W, Znao Y, et al. Preparation and characterization of Fe_3O_4 particles with novel nanosheets morphology and magnetochromatic property by a modified solvothermal method. Scientific Reports, 2015, 5(1): 9320.

[12] 史国栋, 王智, 王奕首, 等. 热处理对 EB-PVD 制备的 NiCoCrAl 薄板的微观结构和拉伸强度的影响. 中国有色金属学报:英文版, 2012, 10(22): 2395-2401.

[13] Zhou R, Zhao Z Y, Wu J X, et al. Chemical vapor deposition of IrTe$_2$ thin films. Crystals, 2020, 10(7): 575.

[14] 何波, 徐静, 宁欢颜. 磁控溅射制备纳米晶 GZO/CdS 双层膜及 GZO/CdS/p-Si 异质结光伏器件的研究. 红外与毫米波学报, 2019, 38(1): 44-49.

[15] Rezaee M, Khoie S M M, Liu K H. The role of brookite in mechanical activation of anatase-to-rutile transformation of nanocrystalline TiO$_2$: An XRD and Raman spectroscopy investigation. CrystEngComm., 2011, 13(16): 5055-5061.

[16] Shi H L, Yang H X,Tian H F, et al. Structural properties and superconductivity of SrFe$_2$As$_{2-x}$P$_x$ $(0.0 \leqslant x \leqslant 1.0)$ and CaFe$_2$As$_{2-y}$P$_y$ $(0.0 \leqslant y \leqslant 0.3)$. Journal of Physics: Condensed Matter, 2010, 22(12): 125702.

[17] 顾长志. 微纳加工及在纳米材料与器件研究中的应用. 北京: 科学出版社, 2013.

[18] Mack C. Fundamental Principles of Optical Lithography: The Science of Microfabrication. West Sussex, England: John Wiley & Sons, Ltd, 2007.

[19] Gatzen H H, Saile V, Leuthold J. Micro and Nano Fabrication: Tools and Processes. Berlin, HeidelBerg: Springer-Verlag, 2015.

[20] Lin P, Yu C, Chen C C. Efficient three-dimensional resist profile-driven source mask optimization optical proximity correction based on abbe-principal component analysis and Sylvester equation. Journal of Micro-nanolithography Mems and Moems, 2014, 14(1): 011006.

[21] Wang L, Solak H H, Ekinci Y. Fabrication of high-resolution large-area patterns using EUV interference lithography in a scan-exposure mode. Nanotechnology, 2012, 23(30): 305303.

[22] Lee J A, Lee S W, Lee K C, et al. Fabrication and characterization of freestanding 3D carbon microstructures using multi-exposures and resist pyrolysis. Journal of Micromechanics and Microengineering, 2008, 18(3): 035012.

[23] 唐天同, 王兆宏. 微纳加工科学原理. 北京: 电子工业出版社, 2010.

[24] Williams G, Hunt M, Boehm B, et al. Two-photon lithography for 3D magnetic nanostructure fabrication. Nano Research, 2018, 11(2): 845-854.

[25] Levinson H J. Principles of Lithography. 3ed. Bellingham, Washington USA: SPIE Press, 2010.

[26] Duan H, Winston D, Yang J, et al. Sub-10-nm half-pitch electron-beam lithography by using poly(methyl methacrylate) as a negative resist. Journal of Vacuum

Science & Technology. B, 2010, 28(6): C6C58-C6C62.

[27] Xu Z W, Fang F Z, Zhang S J, et al. Fabrication of micro DOE using micro tools shaped with focused ion beam. Optics Express, 2010, 18(8): 8025-8032.

[28] Nakamatsu K, Lgaki J, Nagase M, et al. Mechanical characteristics of tungsten-containing carbon nanosprings grown by FIB-CVD. Microelectronic Engineering, 2006, 83(4): 808-810.

[29] Kuwabata S, Minamimoto H, Inoue K, et al. Three-dimensional micro/nano-scale structure fabricated by combination of non-volatile polymerizable RTIL and FIB irradiation. Scientific Reports, 2015, 4(1): 3722.

第 3 章　纳米材料表征方法

纳米材料科学在很大程度上依赖于对材料性能与其化学成分及显微结构关系的理解。因此，对纳米材料性能的各种测试技术，对材料组织从宏观到微观不同层次的表征技术构成了纳米材料与科学工程的一个重要部分，也是联系纳米材料设计与制造工艺直到获得具有满意使用性能的纳米器件之间的桥梁。纳米材料的表征技术多种多样，一般可以归纳为结构表征、元素表征和光谱表征。其中结构表征包括 X 射线衍射(XRD)技术、电镜(TEM, SEM)技术、原子力显微(AFM)技术等；元素表征包括 X 射线光电子能谱(XPS)、X 射线能量色散谱(EDS)等；光谱表征包括紫外-可见光谱(UV-vis)、傅里叶变换红外光谱(FTIR)、拉曼光谱等。随着纳米材料表征方法的不断更新，表征内容包括形貌、晶态、成分、结构、粒度、比表面积等。

3.1　结　构　表　征

本节着重介绍 X 射线衍射技术、扫描电子显微镜和透射电子显微镜三种结构表征方法。X 射线衍射技术可以用于识别物相(解决"是什么"的问题)、定量物相分析(解决"含量是多少"的问题)、测定已知或未知结构的晶格常数、空间群的确定、晶体结构解析、晶体结构精修、晶粒和应变分析、微结构分析等；扫描电子显微镜主要用于材料微观表面形貌的直接观察；透射电子显微镜不仅可以直接观察材料的微观结构、高分辨原子像，还可以利用电子衍射技术实现类似于 X 射线衍射的一整套材料结构分析。

3.1.1　X 射线衍射

1916 年，德拜(Debye)、谢乐(Scherrer)提出了 X 射线衍射(X-ray diffraction, XRD)，至今已有一百多年的历史。X 射线衍射数据中含有丰富的晶体和非晶的结构信息。通过分析 X 射线衍射数据不仅能得到包括晶胞大小、对称性(点群、空间群)和原子属性(原子种类、原子坐标、占有率、原子位移因子等)的晶体结构信息，还能给出晶粒大小、晶粒取向，以及包括层错、孪晶、畴结构等微结构信息；X 射线衍射还能得到非晶材料的原子径向分布函数或原子对分布函数，可用于分析材料的原子局域配位特征。利用粉末衍射文件数据库(PDF 数据库)，能进行快速、准确的物相分析。X 射线衍射的原理易于理解、仪器结构相对简单，使得 X 射线衍射广泛应用于材料、物理、化学、医药、冶金、采矿等领域。

1)X 射线衍射原理

X 射线是一种波长极短的电磁波，是交变振荡的电磁场。当 X 射线照射到材料上时，组成材料的原子的核外电子会在交变电场的作用下发生振荡，形成新的振荡源(散射源)。新的散射源将入射的电磁波向四周散射。由于散射波与入射波具有相同的振动频率，两者是相干的。如果待测材料为晶体，由于晶体具有周期结构，新形成的散射源也是周期性的。周期散射源的散射波之间的相位差是相同的，因而它们之间会发生强烈的干涉现象，即布拉格衍射(Bragg diffraction)。由于 X 射线具有波粒二象性，既可称之为 X 射线衍射(X-ray diffraction)，也可称之为 X 射线散射或反射(X-ray scatter or reflection)。

2)X 射线衍射仪的结构

图 3-1-1(a)为 X 射线光管(X-ray tube)的结构示意图[1, 2]。由灯丝打出的电子在高压的加速下形成高能电子束。高能电子束轰击阳极靶，靶子中原子核周围的内壳层电子吸收入射电子的能量后跃迁到外壳层，在内壳层留下空穴。外壳层电子回填内壳层上的空穴，同时以 X 射线的形式释放能量。在常规实验室中，最常用的阳极靶为铜靶，电子从铜 L 壳层的 $2p_{1/2}$ 和 $2p_{3/2}$ 轨道回填 K 壳层的 $1s_{1/2}$ 轨道的空穴分别得到 $K_{\alpha1}$ 和 $K_{\alpha2}$ 的 X 射线，对应的波长为 1.5405929(5) Å、1.54441(2) Å，平均波长为 1.54187 Å。M 壳层的电子回填到 K 壳层上的空穴时发射出 K_{β} 射线，该射线可通过镍滤波片吸收，所以在数据分析中不用另行考虑。由于电子束的能量很高、束斑较小，高能电子束轰击阳极靶时将绝大部分的能量以热能的形式传递到阳极靶上，所以，实验时要确保冷却水工作正常，以免烧毁阳极靶。另外，由于电子在空气中的寿命非常短，通常将打出 X 射线的装置密封起来、抽真空，形成 X 射线光管。从 X 射线光管打出来的 X 射线类似于"白光"，还需用索勒狭缝(Soller slit)减小 X 射线的轴向发散度，用发散狭缝(divergence slit)对 X 射线进行准直。经准直后的 X 射线入射到样品上，与样品相互散射后，衍射束经过索勒狭缝和接收狭缝(receiving slit)后聚焦在探测器上。在 Bragg-Brentano 聚焦衍射几何(图 3-1-1(b))中，样品正好位于衍射仪测角台的圆心上，X 射线光管和探测器位于测角台的圆周上，两者以 θ-θ 的方式相向扫描。

3)X 射线衍射花样的理解

X 射线衍射花样是晶体的三维倒易点阵在一维上的投影，只有充分理解 X 射线衍射花样的特征，才能正确地分析、描述 X 射线衍射数据。

(1)衍射峰的峰位。

当 X 射线以 θ 角入射到(hkl)晶面上时，入射光和衍射光之间的波程差为 $2d_{hkl}\sin\theta$，如图 3-1-2 所示。当波程差正好为入射光波长的整数倍时会出现强烈的布拉格衍射现象，即

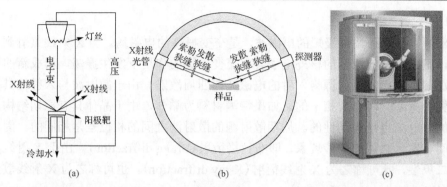

图 3-1-1　X 射线衍射仪的结构[1]：(a) X 射线光管的结构示意图；(b) Bragg-Brentano 聚焦衍射几何；(c) 粉末 X 射线衍射仪实物图

$$2d_{hkl}\sin\theta = n\lambda \tag{3-1-1}$$

该公式就是著名的布拉格定律（Bragg's law）。其中，d_{hkl} 为 (hkl) 晶面的晶面间距，n 为衍射级数。由于高阶晶面 (nh, nk, nl) 可以用一阶晶面 (hkl) 来表示，存在关系 $d_{hkl}=nd_{nh,nk,nl}$，所以布拉格定律可简化为 $2d_{nh,nk,nl}\sin\theta_{nh,nk,nl}=\lambda$ 或 $2d_{hkl}\sin\theta_{hkl}=\lambda$。

　　该公式仅给出了衍射晶面的晶面间距、衍射角与入射光波长之间的关系，并没有明确衍射峰与晶体结构之间的关系。

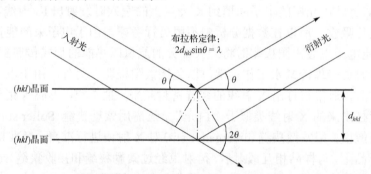

图 3-1-2　晶面对 X 射线的布拉格衍射

　　X 射线衍射峰的峰位主要是由材料的晶格常数 $(a, b, c, \alpha, \beta, \gamma)$ 决定的。任意指数 $(h\,k\,l)$ 的衍射峰的峰位和晶格常数之间的关系可表示为

$$\frac{1}{d^2} = \left[\frac{h^2}{a_2\sin^2\alpha} + \frac{2kl}{bc}(\cos\beta\cos\lambda - \cos\alpha) + \frac{k^2}{b^2\sin^2\beta} \right.$$
$$+ \frac{2hl}{ac}(\cos\alpha\cos\lambda - \cos\beta) + \frac{l^2}{c^2\sin^2\gamma}$$
$$\left. + \frac{2hk}{ab}(\cos\alpha\cos\beta - \cos\lambda) \right]$$
$$/(1-\cos^2\alpha - \cos^2\beta - \cos^2\gamma + 2\cos\alpha\cos\beta\cos\lambda) \tag{3-1-2}$$

上述公式较为复杂，不便于理解峰位和晶格常数之间的关系。为了更好地展示两者间的关系，我们以金红石相 TiO_2($a=b=4.5937$ Å，$c=2.9587$ Å)为参考，改变参数 a 观察峰位的变化规律，如图 3-1-3(a)所示。由于金红石结构为四方相，当 a 减小时，指数 h 或 k 不为零(如 200、110、101 峰)的衍射峰往高角区移动。反之，当 a 增大时，这些峰则往低角区移动。值得注意的是，不管 a 增大还是减小，由于没有改变 c 值，(001)峰并没有移动。由此可以得出，如果衍射花样经仪器零点校正后，相对于标准卡片发生偏移，可根据(hkl)的特征定性说明所测样品的晶格参数相对于标准卡片的变化规律。

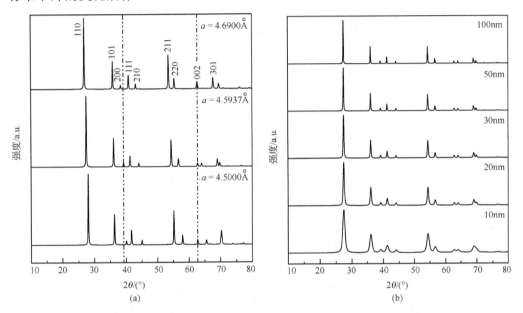

图 3-1-3　(a)晶格常数对峰位的影响和(b)晶粒大小对峰宽的影响

(2)衍射峰的峰宽。

除了仪器本身引起的峰宽外，衍射峰的峰宽还与晶粒大小、晶粒内的应力，以及孪晶、层错等微观结构有关。平均晶粒大小(τ)、微应变(ε)和衍射峰的展宽(β，单位为 rad)近似表示为

$$\beta = \frac{\lambda}{\tau \cdot \cos\theta} \tag{3-1-3}$$

$$\beta = k \cdot \varepsilon \cdot \tan\theta \tag{3-1-4}$$

其中，k 为常数，取决于微应力的定义方式。为便于理解，图 3-1-3(b)给出了晶粒大小(10～100 nm)对峰宽的影响。从图中可以看出，随着晶粒减小，衍射峰宽化越来越严重。当晶粒小于几纳米时，X 射线衍射上不会出现明显的布拉格衍射峰，仅

出现宽化的鼓包，表现出明显的非晶特征。需要注意的是，如果没有制作仪器的半高宽曲线，利用峰宽定量分析晶粒大小、微应力的结果是不准确的。但如果是一系列样品，在同一台衍射仪上用相同的实验条件测试并进行峰宽分析，所得结果之间是具有可比性的。

（3）衍射峰的峰强。

X 射线衍射峰的峰强除了受到洛伦兹-极化因子、样品吸收、择优取向、动力学消光特性的影响外，主要是由结构因子（structure factor）决定的，即 $I_{hkl} \propto |F_{hkl}|^2$。结构因子 F_{hkl} 代表单胞内所有原子在 (hkl) 晶面上的散射能力，可表示为

$$F_{hkl} = \sum_{j=1}^{n} g^j t^j(s) f^j(s) \exp\left[2\pi i (hx^j + ky^j + lz^j)\right] \tag{3-1-5}$$

式中，j 为单胞内的第 j 个原子；n 为单胞内的原子数总数；$f^j(s)$ 为第 j 个原子的原子散射因子（atomic scattering factor），决定了原子的散射能力；g^j 为原子在 (x^j, y^j, z^j) 位置上的占有率（occupancy）；$t^j(s)$ 为原子位移因子（atomic displacement factor）。由此可以看出，结构因子是由单胞内所有原子的原子种类（决定原子散射因子）、原子坐标、占有率、原子位移因子共同决定的。也就是说，单胞内的原子属性决定了原子结构因子。为方便理解，我们以金红石相 TiO_2 为例来说明峰强与原子属性间的关系。图 3-1-4 为以金红石相 TiO_2 为母体，V 原子以步长为 0.2（占有率）来替代 Ti 原子的 XRD 模拟图。由于 V 原子与 Ti 原子近邻，两者的原子散射因子接近，所以元素替代的衍射花样与母体接近。但细节仍有差异，比如，(211)、(111)峰的峰强随着元素替代量的增大而逐渐减弱。

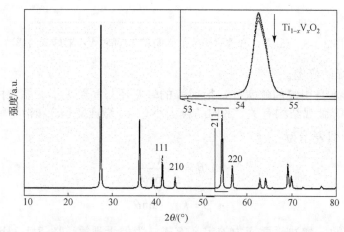

图 3-1-4　原子属性对衍射强度的影响：以金红石相 TiO_2 为母体，钒原子以步长为 0.2（占有率）来替代钛原子；插图为 (211) 峰的强度变化图

4) 物相识别

物相识别(phase identification)是用来解决待测材料"是什么"的问题, 是对已知结构的材料进行结构分析最常用的方法[1]。任一物相都可用唯一的一套晶体结构数据(包括晶格常数、空间群、原子属性等参数)来描述。由于晶格常数决定了衍射峰的峰位, 原子属性决定了衍射峰的峰强, 两者能唯一确定 X 射线衍射花样。所以, 任一物相都仅有一套唯一的 X 射线衍射花样, 具有"指纹"特征。将所有已知结构的标准 X 射线衍射花样归集起来就形成了粉末衍射数据库, 简称 PDF(power diffraction file)卡片。将实验的衍射花样与 PDF 卡片进行寻找、匹配(search-match)已成为物相识别的最常用方法。物相识别的理论依据如下[1, 2]。

(1)任何一种物相都可以用唯一确定的晶体结构来表示, 它们具有唯一确定的特征衍射花样(峰位、峰强);

(2)任何两种物相的衍射谱都不可能完全相同;

(3)含有多个物相的材料, 其衍射花样是各物相特征衍射峰的简单叠加。

要进行准确、有效的物相识别, 应遵循以下标准。

(1)严格识别: 实验花样中的峰位和峰强都与 PDF 卡片的峰位、峰强匹配。

(2)近似识别: 如果样品存在明显的择优取向, 要求实验花样中的峰位与 PDF 卡片的峰位相匹配, 峰强酌情考虑; 如果样品无明显择优取向, 实验花样中的峰位与 PDF 卡片相匹配, 但峰强不匹配, 这仅说明待测样品与 PDF 卡片具有相同的单胞, 但原子属性不同。

(3)多物相识别: 要求各物相的 PDF 卡片标准峰的峰位和峰强都与实验花样的衍射峰相匹配。

图 3-1-5 为某一复杂矿物的 X 射线衍射花样, EDS 分析表明样品含有 K、Mg、Si、O、Al、P、As 元素。当刚开始进行物相识别时, $AlAsO_4$ 相(PDF#31-0002)的所有标准峰的峰位和峰强与衍射花样中的部分衍射峰(峰位、峰强)匹配, 说明该矿物中含有 $AlAsO_4$ 相; 接着 KSi_3AlO_8(PDF#31-0966)、$K_2MgSi_5O_{12}$(PDF#82-0547)、$AlPO_4$(PDF#31-0028)也与衍射花样匹配。到此, 衍射花样中的所有衍射峰都能与 4 个物相的 PDF 卡片峰相匹配, 且元素特征相符, 表明样品中含有 $AlAsO_4$、KSi_3AlO_8、$K_2MgSi_5O_{12}$、$AlPO_4$ 4 种物相。

3.1.2　扫描电子显微镜

扫描电子显微镜(scanning electron microscope, SEM, 简称扫描电镜), 顾名思义, 就是以电子束为探针在样品表面扫描, 利用磁透镜的放大作用观察样品表面的微观结构(图 3-1-6)。SEM 的放大倍数可在几倍到几十万倍的范围内连续调节, 能观察大到几厘米, 小到几纳米的材料的表面形貌, 已成为材料微观结构表征最常用的表征技术之一。

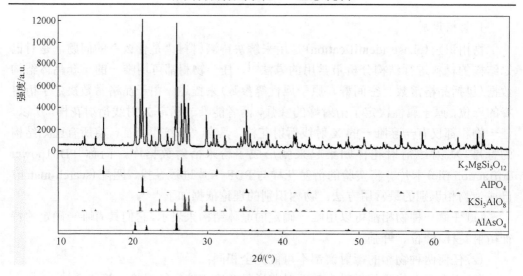

图 3-1-5　复杂矿物的物相识别

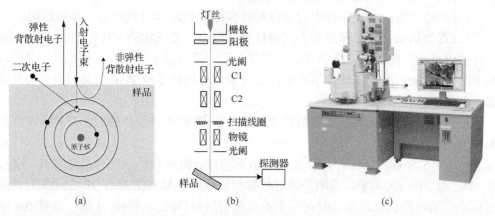

图 3-1-6　SEM 的仪器结构[3, 4]：(a)入射电子与样品相互作用产生二次电子与背散射电子；(b)SEM 的结构示意图；(c)SEM 的实物图

1)工作原理

用束斑较细的高能电子束在样品表面扫描，入射电子束与样品中的原子相互作用，如图 3-1-6(a)所示。少量的入射电子受原子的大角弹性散射后(>90°)背散射回去；还有很少的一部分入射电子在样品中经过多次非弹性散射后也将背散射回去。这两部分电子统称为背散射电子(back scattered electron)。由于背散射电子的产额随原子序数的增加而增大，所以背散射电子的图像不仅能分析样品的形貌特征，还能根据图像中的明暗衬度定性分析元素差异。而大部分入射电子，由于能量很高，能把样品中的核外电子直接轰击出来，形成二次电子(secondary electron)。由于所轰

击出的二次电子是带负电的，极易受到原子核和核外电子的影响，只有样品表层(几纳米厚)的二次电子才能离开样品。所以，二次电子能反映样品的表面形貌特征。

2) 仪器装置

图 3-1-6(b) 为 SEM 的结构示意图[3]。从灯丝发射出来的电子束经栅极(电镜中的第一个静电透镜)的聚焦后形成具有较细束斑的电子束。该电子束经加速器电压(2~30 kV) 的加速后穿过聚光镜光阑，进入聚光镜系统，得到束斑可调的高能电子束。该电子束再经过物镜的进一步聚焦，在扫描偏转线圈的驱动下在样品表面扫描。高能电子束与样品相互作用后产生的二次电子或背散射电子被探测器捕获，并在终端显示出来。

SEM 从上到下主要包括电子枪、聚光镜系统、物镜、样品台、探测器、真空系统等结构。

(1) 电子枪。

电子枪(electron gun)的主要作用就是从灯丝打出电子，要求电子枪能提供足够亮度的电子束。电子束的束斑越小、像差越小，电镜的分辨本领就越高。从灯丝打出电子的方式有两种，一种是加热灯丝(热发射)，另一种是在灯丝两端加电场(场发射)。热发射枪的发射电流比较稳定，价格便宜，对真空要求不高。但是这种电子枪的亮度不高，电子束的束斑比较大，导致仪器分辨率相对较差。场发射枪又分为热场发射枪和冷场发射枪，它们对真空的要求都很高，价格较为昂贵。这种枪的亮度很高、束斑很细，所以仪器分辨率比较高。

(2) 聚光镜系统。

SEM 中的聚光镜(condenser lens)系统通常由两、三级聚光镜组成。其作用就是把从电子枪打出来的电子束会聚为束斑仅有数纳米的电子束。

(3) 物镜。

在 SEM 中物镜(objective lens)的作用是对电子束进一步聚焦。物镜是 SEM 中一个非常重要的磁透镜，它决定了在样品表面扫描电子束的束斑。在样品表面扫描的束斑越细，SEM 的空间分辨率就越高。

(4) 样品台。

样品台(sample holder)的主要作用就是控制样品的移动。SEM 的放大倍数很高(几十万倍)，这要求样品台要足够平稳，保证样品能在纳米尺度精确移动。在 SEM 中，样品的移动主要包括在 X-Y 方向的水平移动、在 Z 方向的垂直移动、样品倾转、样品旋转。

(5) 探测器。

SEM 中用于成像的信号主要是来自样品的二次电子和背散射电子，对应探测器(detector)的结构示意图如图 3-1-7 所示。二次电子探测器(图 3-1-7(a))朝向样品的一端镀有闪烁体涂层，并施加约 10 kV 的高压。该高压使来自样品的二次电子接近探测器时能被有效地吸引、加速、轰击闪烁体产生光子。这些光子被光波导传播到光电倍增管中，经过放大，转为电流信号后输出显示。

背散射电子探测器(图 3-1-7(b))位于样品的上方，由两块中空的、半圆形探测器 A 和 B 组成，对称地分布在光轴周围。背散射电子探测原理与二次电子探测器类似。由于背散射电子直接入射到探测器中，所以背散射电子图像上的衬度主要取决于探测器的位置。从 A 探测器得到的衬度减去 B 探测器的衬度就能得到样品表面的形貌信息；相反，把 A 和 B 探测器的衬度加起来就能得到组分差异的衬度信息。

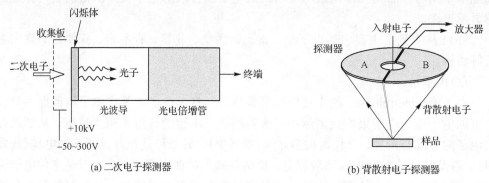

(a) 二次电子探测器　　　　　　　　　　　　　(b) 背散射电子探测器

图 3-1-7　SEM 中的两种典型探测器的结构示意图[4]

(6) 真空系统。

高真空或超高真空是电镜正常运行的前提条件。一方面是因为电子极易在空气中湮灭。另一方面，在热发射枪中，加热中的灯丝在空气中很容易氧化，甚至烧坏；在场发射枪中，真空度差时很容易在灯丝表面附着空气分子，不利于打出电子。

3) 样品

在 SEM 中观察的样品可以是大到几厘米、小到几毫米(只要能固定到样品台上)的块材或粉末。由于 SEM 只能在高真空下运行，要求这些样品"干"和"净"，所以，如果样品中含有水分、有机溶剂等，最好预先烘干或冷冻干燥；样品在放入 SEM 前最好用高压气枪吹净样品表面或周围粘接的稀松的粉末，确保样品和样品台清洁。

SEM 不适合直接观察磁性样品，如果是磁性样品应提前告知操作者并进行特殊处理。样品最好具有良好的导电性，否则会产生严重的荷电现象，影响样品的观察。如果是导电性较差的高分子材料、陶瓷材料、玻璃、纤维等，最好在样品表面蒸镀一薄层导电层，比如，镀金或镀碳。镀层不宜太厚，否则会掩盖样品本征的形貌特征。

4) 实例分析

在 SEM 中，加速电压不仅决定 SEM 的分辨率，还会影响到图像中结构的立体感。图 3-1-8 为氮化硼薄片在不同加速电压下记录的二次电子图像[4]。当加速电压较高时，由于图像的立体效果较差，氮化硼晶体似乎非常"薄"，很容易错认为这些晶体在平面上相互重叠；当加速电压逐渐降低时，图像的立体效果增强，能分辨出氮化硼薄片在厚度方向上的叠加。

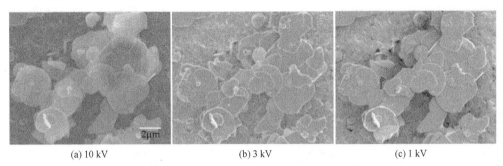

(a) 10 kV　　　　　　　　(b) 3 kV　　　　　　　　(c) 1 kV

图 3-1-8　加速电压对图像立体感的影响[4]

二次电子主要来自样品的表面薄层(<10 nm)，其强度与样品中的原子序数没有明显关系。也就是说，二次电子像中的亮暗衬度不能用于定性分析元素分布。但二次电子的产额很高，能得到具有较高信噪比的二次电子像，适合显示样品表面的形貌细节(图 3-1-9(a))。背散射电子大部分来自样品较深的部位，其产额与样品的倾角有关。所以，背散射电子像也有衬度的变化，能在一定程度上反映样品的表面形貌特征。背散射电子的产额主要由原子序数决定，图像上的明暗衬度可用于定性分析元素差异(图 3-1-9(c))。由于镍颗粒的原子序数较大，在背散射图像中显示较亮的衬度，从母体中凸显出来。在实验中应综合利用二次电子和背散射电子的优势，记录具有高分辨率、高形貌细节和元素差异的图像(图 3-1-9(b))。

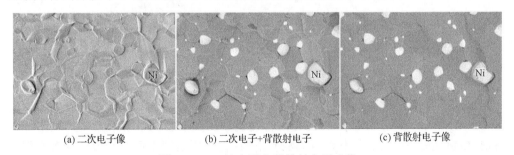

(a) 二次电子像　　　　　　(b) 二次电子+背散射电子　　　　　　(c) 背散射电子像

图 3-1-9　二次电子和背散射电子成像

3.1.3　透射电子显微镜

透射电子显微镜(transmission electron microscope，TEM，简称透射电镜)，就是利用电子束与样品相互散射时透射部分的信号进行成像、衍射、能谱分析，实现从原子尺度到几百微米范围的微观结构分析，是材料微观结构表征最常用的技术之一。

1）工作原理

阿贝（Abbe）成像原理也适用于 TEM，不仅可以在物镜的像平面上形成电子显微像，也可以在物镜后焦面上形成电子衍射花样。当平行光入射到样品上时，其与样品发生相互作用，并从样品的下表面散射出来。这些散射信号通过物镜，在物镜后焦面上聚焦形成衍射花样（diffraction pattern），同时在物镜的像平面上形成显微像（micrograph）。调节中间镜的励磁电流使中间镜的物平面与物镜像平面重合，此时在荧光屏上形成放大的显微像，这种操作模式称为成像模式（image mode），见图 3-1-10(a)；如果中间镜的物平面与物镜后焦面重合，在荧光屏上形成放大的衍射花样，称为衍射模式（diffraction mode），见图 3-1-10(b)。

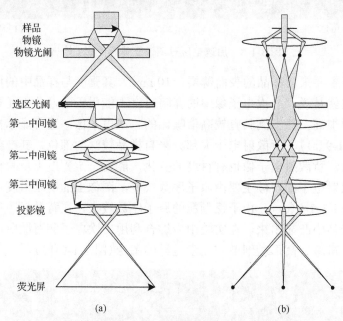

样品
物镜
物镜光阑

选区光阑
第一中间镜

第二中间镜

第三中间镜

投影镜

荧光屏

(a)　　　　　　　　　　(b)

图 3-1-10　TEM 中的(a)成像模式和(b)衍射模式

在成像模式中，如果用物镜光阑在物镜后焦面上套取透射束，则得到明场像（bright-field image）；如果用物镜光阑在物镜后焦面上套取衍射束，则得到暗场像（dark-field image）；如果用较大的物镜光阑在物镜后焦面上同时套取透射束和衍射束，则利用透射束和各衍射束间的相位差在高倍数下成像，就能形成高分辨像（high-resolution TEM image）。

2）仪器装置

从灯丝发射出来的电子经韦氏极的静电聚焦后形成束斑较细的电子束，该电子束在阳极的加速下形成高能电子束，进入聚光镜系统。电子束在聚光镜系统的控制下形成束斑尺寸和会聚角可调的平行束或会聚束，入射到样品上。电子束与样品相互作用后从样品下表面发射出来，入射到物镜上并在物镜后焦面上形成衍射信号。这些衍射信号经中间镜、投影镜的放大、投影，在荧光屏上得到放大的图像或衍射花样。图 3-1-11 为 TEM 的结构。

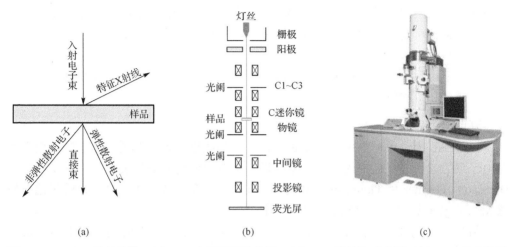

图 3-1-11　TEM 的结构[5]：(a) TEM 中常用到的信号；(b) TEM 的结构示意图；(c) TEM 的实物图

TEM 的主要结构包括以下几部分[1, 5]。

(1) 电子枪。

与 SEM 中的电子枪类似，TEM 中电子枪的主要作用就是从灯丝打出亮度足够高、束斑足够细的高能电子束。常规 TEM 的加速电压一般在 200～300 kV，有些商业超高压电镜则高达 1500 kV；而生物电镜的高压一般比较低，通常在 80～120 kV。

(2) 聚光镜系统。

TEM 中的聚光镜系统通常由三级聚光镜和聚光镜迷你镜组成。其作用就是得到束斑 (如 0.1～500 nm)、会聚角 (如 1～20 mrad) 可调的平行束或会聚束。当电子束被 C1～C3 聚光镜聚焦在聚光镜迷你镜的前焦点上时，电子束就能平行地照射到样品上，即平行光 (parallel beam)；如果入射电子被 C1～C3 聚光镜会聚在聚光镜迷你镜前焦点的上方或下方，此时得到会聚束 (convergent beam)。

(3) 样品台。

样品台的主要作用就是精确控制样品的移动。TEM 的放大倍数很高 (高达 1500000 倍)，这要求样品台要足够平稳，保证样品能在纳米尺度下精确移动 (在 X-Y 方向的水平移动、在 Z 方向的垂直移动、样品倾转、样品旋转)。

(4) 成像系统。

成像系统由物镜、中间镜、投影镜组成，实现成像、放大、投影。物镜 (objective lens) 是 TEM 中一个非常重要的电磁透镜，它直接决定了这台电镜的分辨率。物镜是强磁透镜，其焦距约为 1 cm，这意味着样品与物镜靠得很近。所以，在样品的移动、倾转时要确保样品杆处在安全范围，否则可能碰到物镜极靴。中间镜通常由三级中间镜组成，负责图像或衍射花样的放大，以及成像模式和衍射模式的切换。比如，调节中间镜的励磁电流，使中间镜的物平面上升到物镜的后焦面上，此时为衍射模式；如果中间镜的物平面位于物镜的像平面上，则为成像模式。成像系统中各透镜相互组合可实现放大倍数在 50～1500000 范围内的连续调节。

(5)观察记录系统。

观察记录系统主要包括荧光屏、底片、慢扫 CCD，以及 EDS 探测器和电子能量损失谱(EELS)探测器等。

3)电子衍射

在 TEM 中，入射电子束的波长很短。当高能电子束入射到样品上时，由于入射电子束的波长与样品中的原子间距接近，会发生明显的衍射现象。早在 1927 年，Davisson、Germer 和 Thomson 就观察到电子衍射现象，从而在实验上证明了德布罗意(de Broglie)假说——"电子具有波动性"。

图 3-1-12 为 TEM 中的电子衍射示意图。当一束平行光入射到样品上与之发生电子衍射时，衍射全角为 2θ。未被样品散射的直接束(direct beam)平行于主轴，通过物镜后聚焦在主轴上的一点，形成(000)透射斑点(在物镜后焦面上)；被样品中某一晶面(hkl)散射后的衍射束(diffraction beam)平行于某一副轴，通过物镜后聚焦于该副轴与物镜后焦面的交点上，形成(hkl)衍射斑点。在物镜后焦面上的透射束和衍射束经中间镜、投影镜的放大、投影，最终在荧光屏上观察到放大了的电子衍射花样。

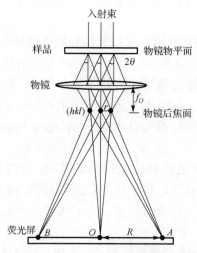

图 3-1-12　TEM 中的电子衍射示意图[1]

在物镜后焦面上，(hkl)衍射斑点到(000)透射点的距离为 r，该衍射面的衍射全

角为 2θ，物镜焦距为 f_O，那么

$$r = f_O \tan 2\theta \qquad\qquad (3\text{-}1\text{-}6)$$

由于透射电镜中入射电子束的波长很短，衍射全角一般都小于 $1°$，所以 $\tan 2\theta \approx 2\sin\theta$；再利用布拉格定律，可得

$$rd = f_O \lambda \qquad\qquad (3\text{-}1\text{-}7)$$

假设在荧光屏或底片上测量的 (hkl) 衍射斑点到 (000) 透射点的距离为 R。由于受中间镜和投影镜的放大，$R = r \times M_i M_p$，其中，M_i 和 M_p 为中间镜和投影镜的放大倍数。由此，得到

$$Rd = \lambda \times f_O M_i M_p \qquad\qquad (3\text{-}1\text{-}8)$$

定义相机长度 $L = f_O M_i M_p$，相机常数 $K = \lambda \times f_O M_i M_p$，那么

$$Rd = L\lambda = K \qquad\qquad (3\text{-}1\text{-}9)$$

该公式可视为 TEM 中的布拉格公式，表明衍射花样上衍射点到透射点的间距与其晶面的晶面间距存在倒易关系，即 d 值越大的晶面，对应的衍射点离透射斑越远。

4）多晶电子衍射分析

当电子束入射到多晶上时会形成环状的电子衍射花样（图 3-1-13（a）），称为多晶电子衍射环（diffraction ring）。衍射环的完整程度取决于电子束辐照范围内晶粒数目和晶粒的分布特征。利用多晶电子衍射进行物相识别的分析过程如下。

（1）测量透射斑周围最近邻的多个衍射环的间距 R_i；

（2）根据 $Rd = L\lambda$ 得到这些晶面的晶面间距 d_i；

（3）再将这些晶面间距与标准 PDF 卡片上的峰位相匹配来识别物相。

在实际分析中，上述过程过于烦琐，可利用 Electron Diffraction Tools 软件[6]，在确定透射斑中心后把电子衍射花样转化为一维的强度分布图。这样可直接在 Mdi Jade 或 Crystallographica Search-Match 软件中进行物相分析。图 3-1-13（a）为 TiO_2 纳米晶的电子衍射环，由此提取出的强度分布见图 3-1-13（b）。经 Search-Match 后，该强度分布图与锐钛矿相 TiO_2 相匹配，说明所测纳米晶为锐钛矿相[7]。

5）单晶电子衍射分析

当平行光入射到单晶上时会形成点状的电子衍射花样。通常，需要倾转晶体到某一高对称性的带轴（zone axis），当电子束沿着带轴入射时可得到强度对称分布的带轴电子衍射花样（zone axis pattern，ZAP），如图 3-1-13（c）所示。带轴电子衍射是晶体的三维倒易点阵在荧光屏上的投影，得到的是倒易点阵的二维投影截面。所以，仅当同一晶粒上的三个不同带轴的电子衍射花样都被同一物相指标化时，才能唯一识别该物相。

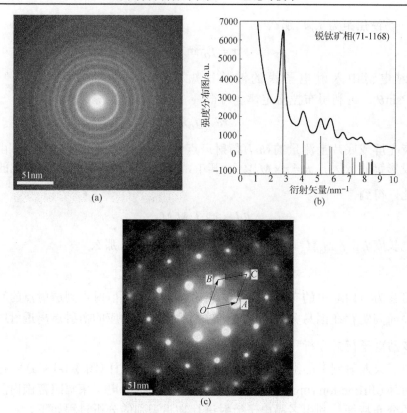

图 3-1-13　(a)多晶锐钛矿相 TiO₂ 的电子衍射花样；(b)利用电子衍射花样的强度分布图进行物相
分析[7]；(c)单晶硅的电子衍射花样的指标化

单晶电子衍射花样指标化(pattern indexing)的基本步骤[1]如下所述。

(1)以透射斑 O 为中心，逆时针选取最近邻的两个衍射点作为二维初基胞的邻边 OA 和 OB。

(2)测量 OA、OB、OC 及夹角 $\angle AOB$、$\angle AOC$。比如，$OA=OB=5.2048\ \text{nm}^{-1}$，$OC=8.9934\ \text{nm}^{-1}$，$\angle AOB=60°$，$\angle AOC=30°$。

(3)根据 $Rd=L\lambda$ 得到这些晶面的晶面间距 d_A、d_B、d_C。比如，$d_A=d_B=1.9213$ Å，$d_C=1.1119$ Å。

(4)根据候选结构的晶格常数计算出 d 值，也可查找对应的 PDF 卡片。比如，单晶硅的晶格常数为 $a=b=c=5.42$ Å，$\alpha=\beta=\gamma=90°$。

(5)查 d 值表，找到与 d_A 相匹配的晶面 $(h_1k_1l_1)$。比如，晶面 A 为 $(2\bar{2}0)$。

(6)查 d 值表，找到与 d_B 相匹配的晶面 $(h_2k_2l_2)$，要求 A、B 两晶面夹角的计算值与 $\angle AOB$ 相匹配。另外 C 点的晶面指数为 $(h_3k_3l_3)=(h_1k_1l_1)+(h_2k_2l_2)$，要求 C 的晶面间距的计算值与 d_C 相匹配，且 A、C 两晶面夹角的计算值与 $\angle AOC$ 也匹配。比如，晶面 B 为 $(0\bar{2}\bar{2})$。

(7) 由 A、B 两晶面的晶面指数计算带轴指数 $[uvw]$。比如，本例中的带轴 $[uvw]=[11\bar{1}]$。

$$
\begin{aligned}
u &= k_1 l_2 - k_2 l_1 \\
v &= h_2 l_1 - h_1 l_2 \\
w &= h_1 k_2 - h_2 k_1
\end{aligned}
\tag{3-1-10}
$$

约定晶体的带轴方向为竖直向上，正好与入射电子束的方向相反。还需注意，在选择二维初基胞时，A、B 两近邻的衍射点应按逆时针方向排布，否则所得到的带轴方向为反方向。

6) 高分辨像

早在 1946～1947 年，Bersch 就指出电子与原子的相互作用会改变电子波的相位，并提出了利用相位衬度观察单个原子、固体中原子排列的可能性，这为高分辨电子显微学的发展提供了理论基础。1949 年，Scherzer 研究了电子波在磁透镜中产生的相位变化，提出用欠焦来补偿由物镜球差所引起的像差，以提高电子显微像的分辨率，这为高分辨电子显微学的发展提供了实验基础。1957 年，Cowley 和 Moodi 提出了多层法，为高分辨像的模拟计算提供了方法论。在实验上，1956 年 Menter 在电镜中观察到了钛青铂晶体的 $(20\bar{1})$ 晶面的条纹像，条纹间距为 12 Å；接着，在 1957 年他又观察到了 MoO_3 的 (002) 条纹像，条纹间距为 6.9 Å。如今，商业球差校正 TEM，比如，JEM-ARM300F 的分辨率已高达 0.5 Å，STEM-HAADF 的分辨率可达 0.63 Å。

A. 高分辨成像原理

极薄样品的高分辨成像大致可分解成三个过程[8]。

a. 入射电子在样品内的散射

当样品非常薄时，可忽略样品内电子的吸收效应，样品只引起入射电子相位的改变，即相位体近似。此时，可用透射函数来描述极薄样品对高能电子的散射过程

$$
q(x,y) = \exp(i\sigma\varphi(x,y)\Delta z)
\tag{3-1-11}
$$

其中，σ 为相互作用常数，由电镜的加速电压决定；$\varphi(x,y)$ 为晶格势在入射方向 (z) 的二维投影势。当样品非常薄时 (弱相位体近似)，公式 (3-1-11) 可近似表示为

$$
q(x,y) \approx 1 + i\sigma\varphi(x,y)\Delta z
\tag{3-1-12}
$$

该公式表明，透射电镜的加速电压越高，相互作用常数就越小，由样品引起的入射电子的相位变化就越小。

b. 散射波通过物镜后在物镜后焦面上形成衍射波

物镜后焦面上的电子散射振幅可用透射函数的傅里叶变换来表示

$$
\Psi(u,v) = \mathrm{FT}\big[q(x,y)\big]\exp(i\chi(u,v)) \approx \delta(u,v) + i\mathrm{FT}\big[\sigma\varphi(x,y)\Delta z\big]\exp(i\chi(u,v))
\tag{3-1-13}
$$

式中，$\exp(\mathrm{i}\chi(u,v))$ 为物镜的衬度传递函数；$\chi(u,v)$ 与物镜的离焦量 Δf 和球差系数 C_{s} 有关，可表示为

$$\chi(u,v) = \pi\left\{\Delta f\,\lambda(u^2+v^2) - 0.5C_{\mathrm{s}}\lambda^3(u^2+v^2)^2\right\} \tag{3-1-14}$$

c. 在像平面上的高分辨像

像平面上的电子散射振幅可由物镜后焦面上的散射振幅通过傅里叶变换得到

$$\phi(u,v) = \mathrm{FT}\left[\Psi(u,v)A(u,v)\right] \tag{3-1-15}$$

其中，$A(u,v)$ 表示物镜光阑的作用。如果不考虑像的放大，高分辨像的强度可表示为

$$I(x,y) = \phi^*\phi = \left|1 + \mathrm{iFT}\left\{A(u,v)\mathrm{FT}\left[\sigma\varphi(x,y)\Delta z\right]\exp(\mathrm{i}\chi(u,v))\right\}\right|^2 \tag{3-1-16}$$

如果不考虑物镜光阑的作用，即 $A(u,v)=1$；假设物镜是理想物镜，$\exp(\mathrm{i}\chi(u,v))=\mp\mathrm{i}$。在 Scherzer 欠焦下有

$$I(x,y) \approx 1 - 2\sigma\phi(-x,-y)\Delta z \tag{3-1-17}$$

(3-1-17)式表明，在弱相位体近似下，重原子具有较大的晶格势，在高分辨像上显示为较暗的衬度；轻原子的晶格势小，显示为较亮的衬度。对于较厚的样品，可结合计算机模拟进行分析，比如多层法，沿电子束入射方向把样品切成小薄层，考虑每一层对入射波的作用。

B. 高分辨像的物相分析

由于高分辨像的放大倍数很高，适合观察数纳米视野内的微观结构，比如，样品中的孪晶、层错、位错等缺陷，以及材料的表面修饰结构、析出相、异质结等。高分辨像的物相分析就是解决这些微小结构"是什么"的过程。高分辨像的物相分析主要包括以下两种。

a. 只能获得条纹像的情况

由于这些微小结构非常小，通常只有几纳米，且对电子束敏感，所以不适合倾转带轴，只能记录条纹像。在这种情况下，需在同一样品的多个区域上记录具有不同条纹间距的多张高分辨像。依次测量高分辨像上的条纹间距，并将 d 值从大到小排列形成 d 值表。将实验得出的 d 值表与 PDF 的标准卡片匹配，进行类似于 XRD 中的物相分析。

b. 能记录晶格像的情况

如果能倾转带轴，或者能在样品的不同区域随机碰到晶格像，则可以记录多张晶格像。如果对晶格像进行傅里叶变换，则其傅里叶变换图近似等效于电子衍射花样。如果有三张不同带轴的晶格像能被同一候选结构指标化，就能唯一识别该物相。如果仅能记录一张或两张晶格像，则只能进行近似的物相识别。比如，Bi_2WO_6 薄片[9]经

电子束辐照后在母体表面析出纳米晶，粒径约为 12 nm。其中两个颗粒的晶格条纹像分别如图 3-1-14(a)和(b)所示，其傅里叶变换图都能被金属铋的六方相指标化，说明 Bi_2WO_6 薄片在电子束辐照下会发生分解析出铋纳米晶。

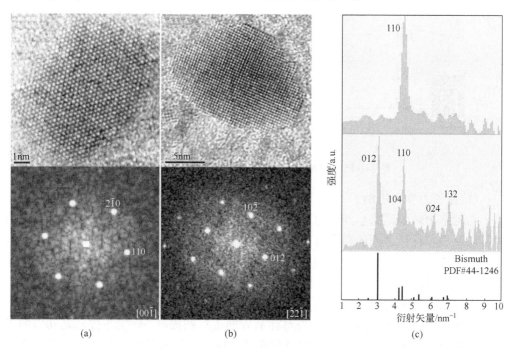

(a)   (b)   (c)

图 3-1-14　Bi_2WO_6 薄片在电子束辐照下的析出相分析[9]：(a)和(b)两个析出颗粒的高分辨像及其傅里叶变换图；(c)强度分布图

3.1.4　原子力显微镜

原子力显微镜(atomic force microscope，AFM)是在扫描隧道显微镜(STM)基础上发展起来的，是通过测量样品表面分子(原子)与 AFM 微悬臂探针之间的相互作用力来观测样品表面的形貌。AFM 具有原子级高分辨率，且放大倍率连续可调；探测过程对样品表面无损伤，且无需高真空、体积小、成本低、性价比高，因此其综合指标与其他常规显微手段相比优势明显。其突出优点是不仅可用于导体、半导体、绝缘体样品，还可应用于真空、大气以及液体环境。

1) 工作原理[10]

AFM 与 STM 的主要区别是以一个一端固定而另一端装在弹性微悬臂上的尖锐针尖代替隧道探针，以探针微悬臂受力产生的微小形变代替探测微小的隧道电流。其工作原理如图 3-1-15 所示。

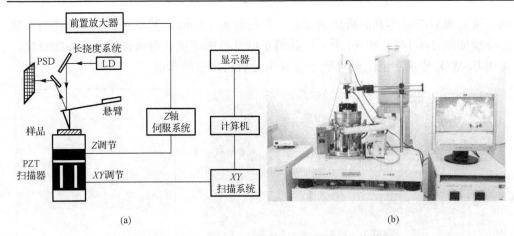

图 3-1-15　AFM 的(a)工作原理示意图和(b)实物图

(1)原子力作用机制。

当两个物体的距离小到一定程度的时候，它们之间将会有原子力作用。这个力主要与针尖和样品之间的距离有关。从对微悬臂形变的作用效果来分，可简单将其分为吸引力和排斥力，它们分别在不同的工作模式下、不同的作用距离内起主导作用。 探针与样品的距离不同，作用力的大小也不相同。

(2)AFM 的成像原理。

AFM 的微悬臂绵薄而修长，当对样品表面进行扫描时，针尖与样品之间力的作用会使微悬臂发生弹性形变，针尖碰到样品表面时，很容易弹起和起伏，它非常灵敏，极小的力的作用也能反映出来。也就是说，如果检测出这种形变，就可以知道针尖-样品的相互作用力，从而得知样品的形貌。微悬臂形变的检测方法一般有电容、隧道电流、外差、自差、激光二极管反馈、偏振、偏转方法。偏转方法是采用的最多的方法，也是原子力显微镜批量生产所采用的方法。

2)仪器装置[11]

AFM 主要是由为反馈光路提供光源的激光系统、进行力-距离反馈的微悬臂系统、执行光栅扫描和 Z 定位的压电扫描器、接收光反馈信号的光电探测器、反馈电子线路、粗略定位系统、防震防噪声系统、计算机控制系统与数据处理软件、样品探测环境控制系统(湿控、温控、气环境控制等)、监控激光-悬臂-样品相对位置的显微及 CCD 摄像系统等构成。

(1)激光器单元。

激光器是光反馈通路的信号源。由于悬臂尖端的空间有限性，对照射光束宽度提出了一定要求：足够细、单色性好、发散程度弱；同时也要求光源的稳定性高，可持续运行时间久，工作寿命长。激光能够很好地满足上述条件。

(2)微悬臂单元。

微悬臂是探测样品的直接工具，它的属性直接关系到仪器的精度和使用范围。微悬臂必须有足够高的力反应能力，这就要求悬臂必须容易弯曲，也易于复位，具有合适的弹性系数，使得零点几个纳牛(nN)甚至更小的力的变化都可以被探测到；同时也要求悬臂有足够高的时间分辨能力，因而要求悬臂的共振频率应该足够高，可以追随表面高低起伏的变化。根据上述两个要求，微悬臂的尺寸必须在微米的范围，而位于微悬臂末端的探针则在 10 nm 左右，而其上针尖的曲率半径约为 30 nm，悬臂的固有频率则必须高于 10 kHz。通常使用的微悬臂材料是 Si_3N_4。

(3)压电扫描单元。

要探测样品表面的精细结构，除了高性能的微悬臂以外，压电扫描器(压电换能器，PZT)的精确扫描和灵敏反应也是同样重要的。压电换能器是能将机械作用和电信号互相转换的物理器件。它不仅能够使样品在 XY 扫描平面内精确地移动，也能灵敏地感受样品与探针间的作用，同时亦能将反馈光路的电信号转换成机械位移，进而灵敏地控制样品和探针间的距离(力)，并记录因扫描位置的改变而引起的 Z 向伸缩量 $\Delta h(x,y)$。这样，压电扫描器就对样品实现了表面扫描。

(4)光电检测与反馈单元。

目前 AFM 探测悬臂微形变的主要方法是光束偏转法：用一束激光照在微悬臂的尖端，而用位置灵敏光检测器(PSD) 来接收悬臂尖端的反射激光束，并输出反映反射光位置的信号。其原理是：从激光器中发出的激光聚焦在微悬臂背面，在光滑的微悬臂表面反射。当扫描样品时，样品表面的性质将通过原子间的斥力使微悬臂弯曲，这一弯曲使从微悬臂反射回来的激光束的角度发生偏移。反射光束的偏移可用一个对位置灵敏的光电二极管检测出来。选择微悬臂和 PSD 之间的合适距离是提高灵敏度的重要方法之一。

(5)反馈电子线路。

反馈回路根据检测器信号与预置值的差值，不断调整针尖-样品的距离，并且保持针尖-样品的作用力不变，就可以得到表面形貌像。这种测量模式称为恒力模式。当已知样品表面非常平滑时，可以采用恒高模式进行扫描，即针尖-样品距离保持恒定，这时针尖-样品的作用力大小直接反映了表面的形貌图像。

作为 AFM 的核心部件，它们是不可或缺的，要得到满意的实验图像，就要要求各个部件的工作状态都达到最佳。因此，AFM 中最关键的技术就是高性能激光器的设计、对微弱力作用极其敏感的微悬臂的设计、可获得高分辨率的极尖细针尖的制备、对精确扫描定位的压电换能器和光电检测技术的研究。

3)操作模式

根据样品与针尖之间的接触情况，AFM 有 3 种不同的操作模式：接触模式、轻敲模式和非接触模式。最常用的是接触模式与轻敲模式。

(1)接触模式 AFM(contact mode AFM, CM-AFM)。

在接触模式中，针尖始终与样品接触，样品扫描时，针尖在样品表面上滑动，针尖-样品的相互作用力是两者原子间存在的库仑排斥力。接触模式通常产生稳定、高分辨图像。但它在研究低弹性模量的样品时也存在一些缺陷。探针在样品表面上的移动以及针尖-表面的黏附力有可能使样品产生一定程度的变形，并会损坏探针，从而影响图像的质量和真实性。

(2)非接触模式 AFM(non-contact mode AFM)。

非接触模式 AFM 对应的针尖-样品间距在几到几十纳米的吸引力区域，针尖-样品作用力比接触模式的小几个数量级，因此直接测量力的大小比较困难。非接触模式 AFM 的工作原理是：以略大于微悬臂自由共振频率的频率驱动微悬臂，当针尖接近样品表面时，微悬臂的振幅显著减小。振幅的变化量对应于作用在微悬臂上的力梯度，因此对应于针尖-样品间距。反馈系统通过调整针尖-样品间距使得微悬臂的振幅在扫描过程中保持不变，就可以得到样品的表面形貌像。但是非接触模式 AFM 由于针尖-样品距离较大，因此分辨率比接触模式的低。在非接触模式中，针尖与样品间的作用力是很小的，这时研究柔软的或有弹性的表面很适合。非接触模式另外一个优点是针尖始终不与样品表面接触，因而针尖不会对样品造成污染。

(3)轻敲模式 AFM(tapping mode AFM, TM-AFM)。

轻敲模式是介于接触模式和非接触模式之间的一种操作模式。扫描过程中在共振频率附近以更大的振幅(>20 nm)驱动微悬臂，使得针尖与样品表面间断地接触。当针尖没有接触到表面时，微悬臂以一定的大振幅振动，当针尖接近表面直至轻轻接触表面时，其振幅将减小；而当针尖反向远离表面时，振幅又恢复到原先的大小。反馈系统根据检测该振幅，不断调整针尖-样品间距来控制微悬臂的振幅，使得作用在样品上的力保持恒定。由于针尖同样品接触，轻敲模式的分辨率几乎与接触模式同样好；又因为接触非常短暂，剪切力引起的对样品的破坏几乎完全消失。轻敲模式适合于分析研究柔软、针尖和脆性的样品。在轻敲模式中，微悬臂是振荡的并具有较大的振幅，针尖在振荡周期是间断地与样品接触。由于针尖与样品接触，分辨率通常与接触模式可比，但因为接触是短暂的，就大大降低了对样品的损伤，很适合用于生物分子的成像。

4)实例分析

通过检测探针与样品间的作用力可表征样品表面的三维形貌，这是 AFM 最基本的功能。AFM 在水平方向具有 0.1~0.2 nm 的高分辨率，在垂直方向的分辨率约为 0.01 nm。由于表面的高低起伏状态能够准确地以数值的形式获取，因此 AFM 对表面整体图像进行分析可得到样品表面的粗糙度、颗粒度、平均梯度、孔结构和孔径分布等参数，也可对样品的形貌进行丰富的三维模拟显示，使图像更适合于人的直观视觉。图 3-1-16 所示给出的是中央民族大学校徽的 AFM 图样。

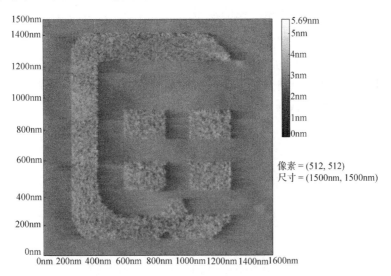

图 3-1-16　中央民族大学校徽的 AFM 图样

3.2　元　素　表　征

材料中的化学组分、元素含量、元素价态，以及各元素在样品中的分布特征(均匀性)直接影响到该材料的物理化学性能。本节将简要介绍 X 射线光电子能谱、X 射线能量色散谱两种常用的元素表征技术。

3.2.1　X 射线光电子能谱

X 射线光电子能谱(X-ray photoelectron spectrum，XPS)是由 Siegbahn 研究小组在 20 世纪 60 年代中期发展起来的。它是一种典型的表面分析方法，其探测深度为 3～5 nm。XPS 不仅能提供样品表面的元素种类，还能给出元素含量、元素价态等信息。

1)工作原理

XPS 是一种典型的光电效应(photoelectric effect)，其原理如图 3-2-1 所示。原子中不同能级上的电子具有不同的结合能(E_B)，这些电子通常束缚在原子核的周围。当一束能量为 $h\nu$ 的高能 X 射线入射到样品上，并与样品中的原子发生相互作用时，位于不同能级上被原子核束缚的电子将吸收入射 X 射线的能量。如果 X 射线光子的能量大于电子的结合能 E_B，该电子将摆脱原子核的束缚，剩余的能量主要转

化为电子的动能 E_K (注：原子的反冲能量很小，<0.1 eV，可忽略不计)。如果这个电子的能量高于真空能级，该电子就可以克服表面势垒的束缚而发射出来，成为自由电子，而原子本身则成为激发态的离子。

$$E_K = h\nu - E_B \tag{3-2-1}$$

实验中，只要测出电子的动能，采用费米能级 E_F 作为基准，就能得到待测样品的结合能 E_B。利用 XPS 的峰位(结合能 E_B)查表就能识别出被测元素；被测元素的结合能还受周围化学环境的影响，根据 XPS 峰位的偏移可推测出该元素的化学结合状态和价态。

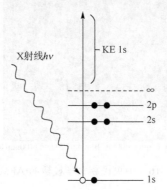

图 3-2-1　XPS 的原理示意图[12]

2)仪器装置

图 3-2-2(a)为 X 射线光电子能谱仪的结构示意图。X 射线光电子能谱仪主要由 X 射线发生器、电子能量分析仪、电子探测器、真空系统等组成。高能 X 射线光源一般是用高压为 10～15 kV 的电子轰击 Al-基或 Mg-基阳极靶来得到。它能产生线宽约为 1 eV，能量分别为 1486.6 eV(Al K_α)和 1256.6 eV(Mg K_α)的 X 射线。如果采用会聚的电子束轰击阳极靶且使用 X 射线单色器，X 射线的束斑直径可减小到 100 μm，线宽可缩小到 0.5～0.25 eV，由此可提高 XPS 的能量分辨率。

高能 X 射线轰击样品，能轰击出束缚在原子核周围具有不同结合能的电子。这些电子以一定的动能进入减速场透镜中，该透镜的作用是降低电子的速度以提高能量分辨率。减速后的电子通过入口光阑进入半球电子能量分析仪(hemispherical analyzer)中[13]。半球电子能量分析仪由两个半径不同(r_1 和 r_2，平均半径为 a)、同心的半球球壳组成，内外半球壳上的电势分别为 V_1 和 V_2，则两球壳间任一点的电场强度为

$$E(r) = (V_1 - V_2)r_1 r_2 \left/ \left[(r_2 - r_1)r^2 \right] \right. \tag{3-2-2}$$

不同动能的电子经半球电子能量分析仪的作用后在出口处位于不同的位置，间距为

$$\Delta r = 2a(\Delta E / E_0) \tag{3-2-3}$$

相同能量的电子在这个电场中可实现一阶、二维聚焦。通过调节半球电子能量分析仪上的电压，使从样品上发射出具有不同动能的电子聚焦在出口光阑的不同位置上，即半球电子能量分析仪检测出光电子的能量分布。这些电子再经电子倍增器的放大，输出脉冲信号并显示在终端。

整个 X 射线光电子能谱仪须密封在超高真空环境中，真空度一般在 $10^{-8} \sim 10^{-11}$ mbar（1 bar = 0.1 MPa）范围。从样品发射出来的电子信号很弱，很容易被残余气体分子所散射。只有在超高真空条件下，低能电子才能获得足够大的平均自由程，不被气体分子散射而损失掉；另外，超高真空环境要确保样品表面的清洁，以免污染 XPS 信号。

3）样品要求

典型地，样品尺寸约为 1 cm×1 cm，可以是块材，也可以是粉末样品，甚至是液体。表面平整的块材能提高信号强度，但也可以测量表面粗糙的块材、粉末样品。特殊样品必须经过特殊处理方可测试。

（1）挥发性材料。

如果样品中含有挥发性材料，一般需预先去除这些挥发性材料以免污染真空。如果对这些挥发性材料进行研究测试，需要把样品冷却到足够低的温度（冷冻干燥），确保测试过程中样品不再挥发。

（2）非挥发性的有机物。

如果样品中含有非挥发性的有机物，需预先用合适的有机溶剂进行清洗，否则它们在测试过程中也会污染真空。

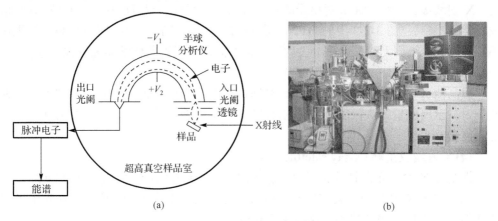

(a)　　　　　　　　　　　　　　　　　(b)

图 3-2-2　XPS 的 (a) 结构示意图[12]和 (b) 实物图

（3）导电性差的材料。

导电较差的样品在 X 射线轰击下容易带电，可能测出不准确的结合能，其至使能谱发生畸变。此时，在不损坏样品的前提下可用低能电子枪来中和这些累积的电荷。

4）XPS 能谱特征

XPS 谱图的横坐标为结合能，纵坐标为强度，谱图中的每根线都对应着各自的电子轨道，如图 3-2-3 所示。由于入射 X 射线的能量足够高，它能将某一原子中所有不同轨道上的电子同时轰击出来，所以在 XPS 中存在一系列的谱线[14]。

（1）光电子能谱线（photoelectron line）。

在 XPS 能谱图中各元素的最强光电子能谱线称为主线（图 3-2-3 中的 Ga $2p_{3/2}$ 和 O 1s 线），它是元素定性分析的主要依据。主线峰具有较好的对称性和较窄的线宽（注：由于与价电子的耦合，纯金属主线的峰对称性相对较差）。主线的峰宽取决于光电离过程中产生的"空穴"的寿命，它还与仪器展宽有关。

除了主线外，还有来自其他壳层的光电子线，其强度相对弱一些（次主线），在元素识别中起辅助作用。在元素定性分析中，先利用主线的峰位（结合能）查找 XPS 标准数据手册[15]来识别元素，如果主线与其他的谱线重合，这时可用次主线来辅助判断元素。

（2）多重分裂线（multiple splitting）。

被 X 射线轰击出来的光电子是自旋相反的一对电子中的一个，会以至少两种方式生成一个未成对的电子。若外壳层上原来就有未成对的电子，其自旋方向正好与内壳层未成对电子（光电离后形成）的自旋方向相反，会产生自旋耦合，使能量降低；如果外壳层上未成对电子的自旋方向与内壳层未成对电子的自旋方向平行，则使能量升高。X 射线轰击产生的未成对电子的自旋方向可能平行，也可能相反，导致 XPS 谱线发生多重分裂（图 3-2-3 中的 Ga $2p_{1/2}$ 和 Ga $2p_{3/2}$ 线）。同一元素，多重分裂可发生在不同的轨道；不同元素，多重分裂的间距也不同，与元素的化学环境有关。

（3）能量损失线（energy loss line）。

被高能 X 射线轰击出来的电子，在逃逸出样品表面之前，可能会受到各种非弹性散射，出现能量损失。所以，在 XPS 图谱中主峰低能端会出现不连续的伴峰，称之为能量损失线。

（4）X 射线卫星峰（X-ray satellite）。

常用的 X 射线光源镁或铝具有 $K_{\alpha1,2}$ 特征峰，同时还伴有 $K_{\alpha3,4,5,6}$ 等弱峰和 X 射线荧光。这些 X 射线如果具有较高的能量，也能轰击出光电子。所以，在光电子线的低能端会出现较弱的伴峰，称之为卫星峰。

（5）俄歇线（Auger line）。

当原子中一个内壳层电子被 X 射线轰击走后，在内壳层留下空穴，原子成为激发态离子。外壳层的电子回填到该空穴上，同时释放出能量。该能量会使其他的外壳层电子受激发射形成俄歇电子。在 XPS 能谱中常伴有俄歇线。

(6)化学位移(chemical shift)。

即使仪器进行严格标定,实验测得的结合能仍可能与原子的标准结合能有偏差,称之为结合能的位移。这主要是因为内壳层电子的结合能同时受到核内电荷和核外电荷分布的影响。原子或离子所处的化学环境会引起电荷分布的改变,从而引起结合能的变化,这种现象称为化学位移。通过分析化学位移,可以得出原子间的键合特征、电负性、化学价态等信息。

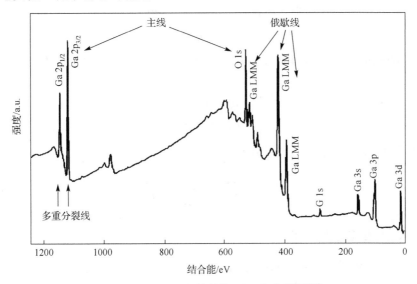

图 3-2-3　　β-Ga_2O_3 单晶的 XPS 全光谱图[16]

5)XPS 能谱的定性分析

由于原子和分子不同壳层的电子结合能是一定的,具有"指纹"的特征,因此,只要借助 XPS 能谱得到结合能 E_B,就可以方便地确定物质的原子(元素)组成和官能团类别。XPS 能谱定性分析过程主要包括以下步骤。

(1)寻峰,得到 XPS 图谱的峰位表。

(2)查找 XPS 标准数据手册[15]、NIST X-ray Photoelectron Spectroscopy Database[17]或 XPBASE[18]数据库进行 Search-Match,识别所测样品的各元素各轨道的结合能,就能分析出样品中的元素组成。

6)XPS 能谱的定量分析

对于组分均匀的样品,XPS 谱峰的峰面积[14]可描述为

$$I = nf\sigma\theta y\lambda AT \tag{3-2-4}$$

其中,n 为单位体积样品中某元素的原子数(原子数密度);f 为入射 X 射线的光强;

σ 为该轨道的光电子散射截面；θ 为入射光和被测电子之间的角度有效因子；y 为光电过程中打出电子的效率；λ 为样品中光电子的平均自由程；A 为所测样品的面积；T 为电子的检测效率。这里，光电子的光散射截面取决于：

(1)不同壳层的电子具有不同的光散射截面，光散射截面越大，说明该壳层上的电子就越容易被入射光激发；

(2)同一原子中半径越小的壳层，光散射截面越大；

(3)不同原子、同一壳层的电子，原子序数越大，其光散射截面就越大。

(3-2-4)式中的后 6 项由仪器决定，定义 $S = f\sigma\theta y\lambda AT$，那么(3-2-4)式可写为

$$I = nS \tag{3-2-5}$$

查阅 XPS 的标准手册，可得到各元素中最强峰的 S 值。如果样品含有两种元素，则原子数比为

$$\frac{n_1}{n_2} = \frac{I_1 / S_1}{I_2 / S_2} \tag{3-2-6}$$

那么，某元素的原子百分比 c_x 可表示为

$$c_x = \frac{n_x}{\sum_i n_i} = \frac{I_x / S_x}{\sum_i I_i / S_i} \tag{3-2-7}$$

3.2.2　X 射线能量色散谱

X 射线能量色散谱(energy dispersive X-ray spectrum，EDS 或 EDX)，是一种在扫描电子显微镜和透射电子显微镜中广泛使用的元素分析方法。利用电镜强大的微区分析功能，可实现从原子尺度到上百微米尺度范围内的元素分析。

1)工作原理

图 3-2-4(a)为高能电子束轰击样品产生特征 X 射线的原理示意图[3, 12]。高能电子束轰击样品时会受到样品原子的非弹性散射，并将其能量传递给原子。原子内壳层的电子吸收高能电子的能量后受激发射，在内壳层留下空穴，原子处于不稳定的高能激发态。在受激发射的瞬间，一系列外壳层电子回填到内壳层的空穴上，同时以 X 射线的形式释放出多余的能量，使原子恢复到最低能量状态。该能量是由能级差决定的，所以这些 X 射线具有"指纹"的特征，常称之为特征 X 射线(characteristic X-ray)。

如果 K 壳层的电子被激发形成的空穴被 L 壳层电子回填，则释放出 K_α 的 X 射线；如果一个 M 壳层电子填充 K 壳层的空穴，则会产生 K_β 的 X 射线。类似地，如果 L 壳层电子被激发形成的空穴被 M 壳层电子填充，则会产生 L_α 的射线。比如，Cu 的 L 壳层和 K 壳层的能级差为 8.048 keV，那么所释放的 K_α 射线的波长约为 1.5406 Å。

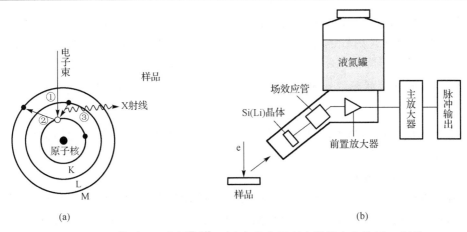

图 3-2-4　EDS 的原理示意图[3, 12]：(a)高能电子轰击样品产生特征 X 射线；
(b) X 射线能量色散谱仪的结构示意图

2) 仪器装置

X 射线能量色散谱仪主要是由探测器、放大器和脉冲处理器组成，其结构示意图如图 3-2-4(b)所示。从样品发射出的 X 射线入射到 X 射线探测器上，被探测器转变成电脉冲信号。电脉冲信号再经过放大器的放大、脉冲信号处理器的处理后，经终端显示输出。为了更好地收集 X 射线，需将样品安装到指定的工作距离(work distance)，确保样品表面与探测器的轴线夹角为 35°。

典型地，在电镜中常用到的 X 射线探测器为 Si(Li)半导体探测器，其原理如图 3-2-5 所示[4]。从样品发射出的 X 射线入射到 Si(Li)探测器上，在 PN 结的本征区激发出电子-空穴对。这些电子-空穴对在外加电压的驱动下往两端的 N 区和 P 区漂移，形成电脉冲信号。电子-空穴对的数目由入射 X 射线的能量决定，所以测出电脉冲信号就能得到 X 射线的能量。为了降低探测器的噪声，需要用液氮制冷。所以，在进行 X 射线能谱测量前需确保探测器制冷正常。

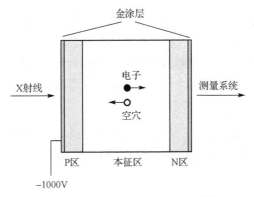

图 3-2-5　Si(Li)半导体探测器[4]

Si(Li)探测器具有较宽的 X 射线探测范围(1.5~15 keV),在该范围内探测效率接近 100%。如果 X 射线的能量低于 1.5 keV,由于受探测器前铍窗口的吸收影响,探测器的效率明显降低;相反,如果 X 射线的能量高于 15 keV,则 X 射线很可能穿透硅晶体而未被探测。如果使用超薄铍窗口,元素可探测范围为 Be~U。

3)实验变量

在 X 射线能谱实验中,只有设置合适的实验参数才能获得最佳的能谱数据。常见的实验参数如下所示[3]。

(1)计数率(count)。

为了进行定性和定量分析,需要有足够高的计数率。如果计数率过低,则谱图信噪比差,不适合定量分析;如果计数率过高,则多个光子同时进入探测器,处理器无法分辨这些光子,在谱图中会出现和峰。

(2)死时间(dead time)。

在每一时刻都有大量的 X 射线光子入射到探测器上,但脉冲处理器在每一时间段内只能处理一个已到达的脉冲信号,通道处于关闭状态(拒绝处理下一个脉冲信号),导致计数率降低,该时间段称为死时间。脉冲处理越快,死时间就越短,计数率增加,但谱峰变宽,分辨率降低。一般要求死时间控制在 20%以内。

(3)电镜的加速电压(acceleration voltage)。

电镜的加速电压影响过压比和能谱的空间分辨率。加速电压越高,入射电子的能量就越高,就能激发出更多的 X 射线。一般要求过压比 $U=E_0/E_c$ 在 2~3 范围内,其中 E_c 为临界激发能,E_0 为加速电压。由轻元素组成的样品 E_0 可设为 15 kV,中等原子序数的金属样品 E_0 可设为 20 kV;而 $Z>35$ 的样品 E_0 仍可设为 20 kV,可用 L 或 M 线进行分析。

加速电压过高,电子束在样品内的穿透深度较深,使空间分辨率降低。同时,较深的穿透深度,会使出射的 X 射线在样品中的吸收效应增强。

(4)样品形貌。

样品形貌会影响到 X 射线的探测效率和吸收过程。如果二次电子图像上的分析区域为亮衬度,则表明该区域正好对着二次电子探测器。根据 X 射线能谱探测器与二次电子探测器之间的夹角,就能估测出哪个区域更适合能谱分析。如果待分析区域没有正对着 X 射线能谱探测器,或者待分析区域附近有遮挡物,则此时计数率会明显降低。

4)定性分析

EDS 能谱图的横坐标为特征 X 射线的能量(keV),纵坐标为 X 射线强度(a.u.),每根谱线为具有一定宽度的高斯峰,这些峰位于连续背底上(轫致 X 射线),如图 3-2-6 所示。

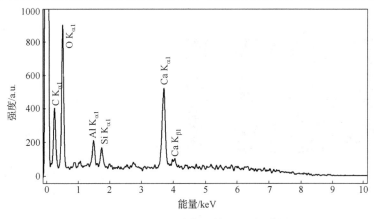

图 3-2-6 CaCO$_3$ 纳米晶的 EDS 能谱图

在电镜中，X 射线能谱的定性分析主要包括元素识别和元素分布的分析。从某一微区收集 X 射线能谱图，而后确定每根谱线的峰位。查阅标准特征 X 射线的能量表[19]识别出每根实验谱线的特征 X 射线，就能得到该微区所含的元素。比如，图 3-2-6 中位于 0.5249 keV 处的谱线为 O K$_{\alpha 1}$，3.690 keV 处较宽的谱线为 Ca K$_{\alpha 1}$ 和 K$_{\alpha 2}$ 的重叠峰，位于 4.012 keV 处的为 Ca K$_{\beta 1}$，C 元素的 K$_{\alpha 1}$ 位于 0.277 keV。此外，在这张能谱中还能探测到 Al K$_{\alpha 1}$ 和 Si K$_{\alpha 1}$ 谱线。其中，Al 元素来自样品台，而 Si 元素来自样品的硅片载体(样品滴在硅片上)。谱线细节见表 3-2-1。

表 3-2-1 CaCO$_3$ 纳米晶的 X 射线能谱的元素识别

实验谱线峰位/keV	标准谱线峰位/keV	特征 X 射线
0.27	0.277	C K$_{\alpha 1}$
0.52	0.525	O K$_{\alpha 1}$
1.48	1.486	Al K$_{\alpha 1}$
1.75	1.739	Si K$_{\alpha 1}$
3.70	3.691, 3.688	Ca K$_{\alpha 1}$, Ca K$_{\alpha 2}$
4.01	4.012	Ca K$_{\beta 1}$

在 SEM 和 TEM 中还常用到 X 射线线扫描和面扫描[20]。X 射线线扫描(line scan)可以提供在样品设定曲线上的元素分布特征。在实验中，先记录微区的二次电子图像。根据图像上的衬度特征(感兴趣的区域)设置线扫描的路径(图 3-2-7(a))，电子束沿所设路径进行扫描的同时采集特征 X 射线。X 射线面扫描(element mapping)，是电子束在设定微区内逐点扫描同时采集特征 X 射线，得到该微区内元素的二维分布特征。

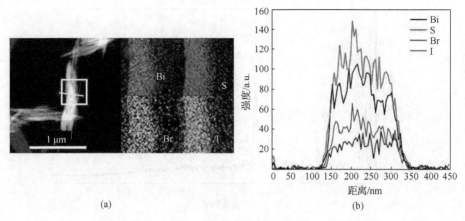

图 3-2-7　$Bi_{19}S_{27}(Br_{3-x}, I_x)$ 合金纳米线的 (a) X 射线面扫描和 (b) 线扫描[20]

5) 定量分析

利用 EDS 能谱中各元素谱峰的强度 (积分强度) 可确定该微区中的元素含量。但谱峰的积分强度和元素含量并非简单的线性关系，需要对积分强度进行一系列的校正才能得到样品中的元素含量。尽管上述分析过程相对复杂，但结合专业的 EDS 分析软件，可以在一两分钟内就能得到定量分析的结果。假设我们已有一张高质量的 EDS 能谱图，定量分析的基本过程[3, 5, 21]如下所述。

(1) 扣背底。

EDS 能谱图中的背底，主要是来自连续的轫致 X 射线和探测器的噪声，需予以扣除。EDS 能谱的背底 $I_B(E)$ 可近似描述为

$$I_B(E) = \left[K_1(E_o - E) + K_2(E_o - E)^2 \right] P_E f_P E \qquad (3\text{-}2\text{-}8)$$

式中，P_E 为探测效率；f_P 为样品的初始吸收因子；K_1 和 K_2 为拟合背底曲线的两个未知因子。背底拟合前，先在低能端 (3~4 keV) 和高能端 (7~8 keV) 分别选定背底窗口，再利用上式进行拟合。

(2) 谱峰拟合。

EDS 能谱中的谱峰近似为高斯峰，利用非线性最小二乘法对其拟合就能得到各峰的峰位、峰强、峰宽。该方法不仅适合于单峰拟合，还可以剥离重叠峰。

(3) 元素含量。

在相同实验条件下测量纯元素的标样和分析样的 EDS 能谱，分别得到谱线强度为 I^i 和 I_s^i。那么，分析样品中的元素含量 C^i 可表示为

$$C^i / C_s^i = I^i / I_s^i \qquad (3\text{-}2\text{-}9)$$

在 EDS 专业分析软件中，如 INCA Energy 软件，已集成了纯元素标样的 EDS 能谱数据。在该软件的帮助下，通常只需 2~3 min 就能分析出所测区域的元素含量。

3.3　光谱表征

通过光谱来研究电磁波与物质之间的相互作用，可以解析纳米材料的能级、结构、成分等，是一种重要的定性、定量分析方法。按照光与物质的作用形式，光谱一般可分为吸收光谱、发射光谱、散射光谱等。按照波长的覆盖范围，又可分 X 射线光谱、紫外-可见光谱、红外光谱、微波、无线电波等，如图 3-3-1 所示。本节主要介绍三种典型的光谱表征方法：紫外-可见光谱、红外吸收光谱和拉曼散射光谱。在紫外-可见光谱中，吸收峰对应物质分子的外层电子能级之间的跃迁以及晶体的带间跃迁。在红外吸收光谱中，吸收峰的峰位代表化学键的振动模式，能提供化学键或官能团的结构类型；吸收峰的强度、峰型能提供化学键或官能团的浓度，以及材料的局域结构信息，如材料的结晶性、缺陷、内应力等。拉曼光谱是种散射谱，能提供类似于红外光谱的分子振动信息。

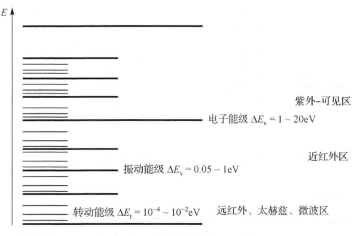

图 3-3-1　分子典型的能级结构

3.3.1　紫外-可见光谱

紫外-可见光谱(ultraviolet-visible spectroscopy，UV-Vis spectroscopy)也被称为电子光谱，它由物质分子的外层电子能级之间的跃迁所产生，紫外可见光谱就是利用物质对紫外-可见光的选择性吸收而建立起来的一种分析方法。紫外-可见光谱的横坐标一般用波长表示，单位为 nm；纵坐标为吸光度或透过率。紫外-可见光区通常分为三个区域：10~200 nm 的深紫外光区(也称为真空紫外)，200~380 nm 的近紫外光区和 380~760 nm 的可见光区。

1）形成机理

原子或分子中的电子，总是处在某一种运动状态之中。每一种状态都具有一定的能量，属于某一能级。这些电子由于各种原因，如光、热、电等的激发，放出光或热，而从一个能级转移到另一个能级，称之为跃迁。当这些电子吸收了外来辐射的能量后，就会从能量较低的能级跃迁到另外一个能量较高的能级。每一次跃迁都对应着吸收一定能量（一定的波长）的辐射。

用紫外-分光光度计对已知浓度的亚甲基蓝溶液进行全波扫描，得到亚甲基蓝的紫外-可见吸收光谱（图 3-3-2（a）），发现亚甲基蓝溶液在波长 664 nm 处有最大吸光度，不同浓度的同一物质具有相似的吸收光谱，最大吸收波长位置基本不变，但是吸光度会随浓度的增加而增大，如图 3-3-2（b）所示。因此，可以利用吸收曲线进行定量分析。

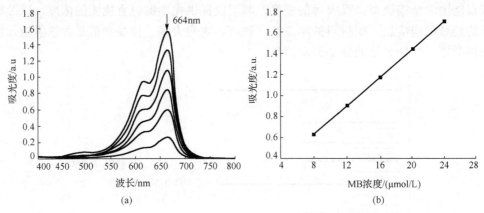

图 3-3-2　（a）不同浓度亚甲基蓝的紫外-可见吸收光谱；（b）标准工作曲线[22]

2）朗伯-比尔定律

朗伯-比尔定律（简称比尔定律）是定量分析的理论基础，它是大部分吸收光学分析仪器（如紫外-可见分光光度计、原子吸收分光光度计、液相色谱仪的紫外检测器等）定量测试分析的基础。

当一束平行的单色光通过含有均匀物质的液体吸收池（或气体、固体）时，入射光的一部分被溶液吸收，一部分透过溶液，一部分被液体表面反射，如图 3-3-3 所示。朗伯-比尔定律描述的是入射光的吸收强弱 A 与溶液的浓度 c、溶液厚度 l 之间的关系，其数学表达式为

$$A = \lg \frac{I_0}{I} = \varepsilon cl \tag{3-3-1}$$

其中，I_0 为入射光强度；I 为透射光强度；ε 为摩尔吸光系数；c 为浓度（注意，单位为 mol/L）；l 为光程，即吸收池厚度。

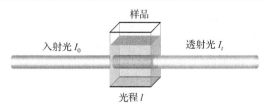

图 3-3-3　单色光透过吸收池示意图

当一束平行的单色光通过均匀溶液时，溶液对入射光的吸收程度 A(吸光度)与吸光物质的浓度 c 和光通过的液层厚度 l 的乘积成正比。当光程一定时，吸光度 A 与溶液浓度 c 呈线性关系，如图 3-3-2(b)所示。朗伯-比尔定律是对单色光吸收的强弱与吸光物质的浓度 c 和液体厚度 l 之间关系的定律，是光吸收的基本定律，是紫外-可见光度法定量分析的基础。

适用条件：朗伯-比尔定律只适用于平行的单色光，并垂直入射吸收池；另外，它只适用于浓度小于 0.01 mol/L 的稀溶液；浓度高时，吸光粒子间的平均距离减小，受粒子间电荷分布相互作用的影响，它们的摩尔吸收系数发生改变，导致偏离朗伯-比尔定律。

3)半导体无机纳米材料的紫外-可见光谱

纳米 TiO_2、ZnO、Fe_2O_3、ZnS、CdS、SiO_2、Al_2O_3、PbS 等均可吸收紫外-可见光，与金属不同，它们的能带结构是不叠加的，形成分立的能带(图 3-3-4)。其中底部的价带相当于阴离子的价电子层，完全被电子充满；而顶部的价带一般为空带；价带与导带之间有一定宽度的能隙，简写为 E_g，在能隙中不存在电子的能级。当光照在半导体粒子上，其光子能量大于禁带宽度时，光激发电子从价带跃迁到导带产生电子(e^-)和空穴(h^+)，而电子和空穴很容易重新复合或者被纳米粒子中杂质或其他缺陷捕获，并以热能或光的形式释放能量，从而实现吸收紫外-可见光的过程。引发这个过程的光线的最大激发波长可以根据材料的禁带宽度 E_g 求得 $\lambda = hc/E_g$。

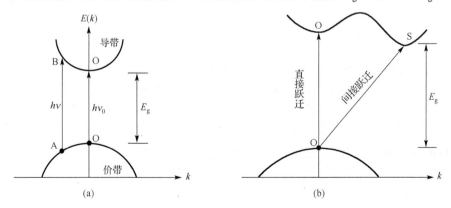

图 3-3-4　半导体的能带结构：(a)直接带隙；(b)间接带隙

　　理论上，波长小于最大激发波长的光都能被半导体无机纳米粒子吸收。因此半导体无机纳米粒子的光吸收谱图应该是宽的吸收带。图 3-3-5 是典型半导体纳米材料 ZnO 和 TiO_2 的紫外-可见吸收光谱。

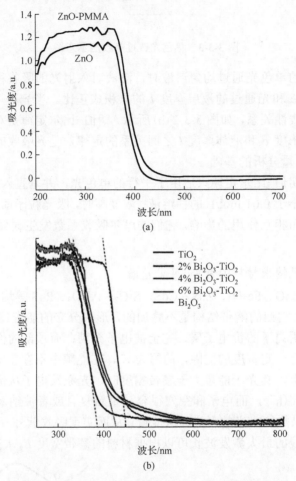

图 3-3-5　(a) ZnO 和 (b) TiO_2 的紫外-可见吸收光谱

　　仔细研究吸收边的结构，会发现一些规律[23]：

　　(1)强吸收区：吸收系数随光子能量 $h\nu$ 的变化为幂指数规律，其指数可能为 1/2，3/2，2 等。其中，直接带隙只单纯吸收光子就能使电子由价带顶跃迁到导带底，其指数为 1/2；间接带隙必须在吸收光子的同时伴随有吸收或发射声子，其指数为 2；而禁戒的直接跃迁仍存在一定的跃迁概率，其指数为 3/2。

　　(2) e 指数区：吸收系数随光子能量 $h\nu$ 为 e 指数变化律。

　　(3)弱吸收区：远离强吸收区，吸收系数较小。

4) 仪器装置

紫外-可见分光光度计由光源、单色器、样品池、探测器以及数据处理系统等部分组成。结构如图 3-3-6 所示。

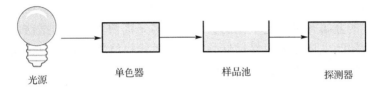

光源 单色器 样品池 探测器

图 3-3-6 紫外-可见光谱仪的基本结构

(1) 光源。

光源的作用是提供激发能，供待测样品吸收。要求光源能够提供足够强的连续光谱，有良好的稳定性和较长的使用寿命，且辐射能量随波长无明显变化。通常使用钨灯或氘灯作为光源。

(2) 单色器。

单色器的作用是从光源发出的光中分离出所需要的单色光。通常由入射狭缝、准直镜、色散元件、物镜和出口狭缝构成。而色散元件通常就是光栅，在阵列式探测器出现之前，光栅需要旋转才可获得每个波长上的信号。

(3) 样品池。

用于盛放试液。石英池用于紫外-可见光区的测量，玻璃池只用于可见光区。按其用途不同，可以制成不同形状和尺寸的吸收池，如矩形吸收池、流通吸收池、气体吸收池等。对于稀溶液，可用光程较长的吸收池，如 5 cm 吸收池。

(4) 探测器。

检测器的功能是检查光信号，并将光信号转变成电信号。简易分光光度计上使用光电池或光电管作为检测器。近几十年来，阵列型光电器件技术的发展和应用促使了全新结构和性能的固定光栅型分光光度计的诞生，使分光光度计的测量速度上了一个新的台阶。阵列型光电探测器的典型代表是电荷耦合器件(CCD)，这类探测器测量速度快，多通道同时曝光，最短时间仅在毫秒量级，也可积累光照，积分时间最长可达几十秒，探测微弱信号，动态范围大。另外，由于固定光栅型分光光度计没有机械运动部件，简化了结构，减小了体积，提供了工作的稳定性，所以分光光度计能走出实验室，进入工作现场，进行在线测量。

3.3.2 红外光谱

1800 年，Willian Herschel 发现了红外辐射现象；1835 年，Ampère 指出红外线具有与可见光一样的性质；1935 年，制造出了第一台红外分光光度计。在 20 世纪 70 年代逐渐发展了傅里叶变换红外光谱仪(FTIR)，使得仪器的分辨率、信噪比都得到明显的改善。之后，红外光谱在材料结构的确定上发挥了非常重要的作用。

红外线从波长上分成三个区域，分别是近红外(0.75～2.5 μm)、中红外(2.5～25 μm)和远红外(25～1000 μm)。化学键振动的倍频和组合频大多出现在近红外区，形成近红外光谱；绝大多数有机物和无机物的化学键的振动跃迁出现在中红外区，而金属有机物中的金属有机物化学键的振动、许多无机物化学键的振动、晶格振动，以及分子的纯转动光谱则出现在远红外区。红外线只能激发分子内振动和转动能级的跃迁，所有红外光谱都是振动/转动光谱的重要部分。

1)分子振动与谐振子

为了更好地理解红外光谱和拉曼光谱中的特征峰与分子振动之间的关系，我们先从经典力学的角度进行介绍。假设有一个双原子分子，它由质量分别为 m_1 和 m_2 的两个原子组成，且两原子由一根没有质量的弹簧连接，如图 3-3-7(a) 所示。两个原子偏离平衡位置的位移分别为 X_1 和 X_2，弹簧的刚度系数为 K。那么，该双原子分子的振动频率为

$$\nu = \frac{1}{2\pi}\sqrt{K/\mu} \qquad (3\text{-}3\text{-}2)$$

其中，$\mu = m_1 m_2 / (m_1 + m_2)$，为折合质量。若用波数 $\bar{\nu}$ (cm^{-1}) 表示，(3-3-2)式可写为

$$\bar{\nu} = \frac{1}{2\pi c}\sqrt{K/\mu} = 1303\sqrt{K/\mu} \qquad (3\text{-}3\text{-}3)$$

(3-3-3)式表明,双原子分子的振动频率是刚度系数 K(取决于化学键的键能)的函数,同时原子的轻重(折合质量 μ)也会影响到分子的振动频率。

从量子力学的角度看，分子的振动能量是离散的，在简谐近似下可表示为

$$E_i = \left(v_i + \frac{1}{2}\right)h\nu, \quad v_i = 0,1,2,\cdots \qquad (3\text{-}3\text{-}4)$$

式中，ν 为振动频率；v_i 为量子数。这表明分子在不同状态下具有不同的量子数 $v_i(v_i = 0,1,2,\cdots)$，它们具有不同的振动能级。

对于分子的简谐振动吸收，要求 $\Delta v_i = \pm 1$，即官能团的基频吸收，见图 3-3-7(b)。在实际分子中，分子振动还存在非简谐振动，不仅可以从低振动能级跃迁到较高的能级（$\Delta v_i = \pm 1$），产生基频吸收，还可以跃迁到更高的能级（$\Delta v_i > \pm 1$），产生倍频吸收。另外，当某一基频与另一基频的倍频（或合频）能量相等时，还会产生费米共振，出现两个吸收带（其中一个吸收带强度高于基频，而另一个比合频低）。定义 $\chi_e v_e$ 为非简谐振动的幅度，非简谐振动的能量可表示为

$$E_v = h\nu\left(v_i + \frac{1}{2}\right) - h\chi_e v_e \left(v_i + \frac{1}{2}\right)^2 \qquad (3\text{-}3\text{-}5)$$

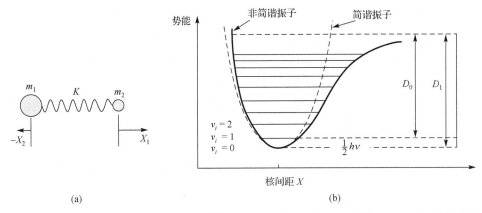

 (a)   (b)

图 3-3-7　(a) 双原子分子的简谐振动模型[24]和 (b) 简谐振子 (虚线) 与非简谐振子 (实线) 的势能示意图, D_0 为打断化学键所需的能量

2) 红外吸收

  吸收频率和分子的电偶极矩是红外吸收中的两个重要组成部分。分子对红外线的吸收是入射光中的频率与分子振动频率 (分子的固有频率) 相匹配时所发生的一种共振吸收现象。分子振动只有改变了分子的电偶极矩, 才能从入射光中吸收特定频率的光子。

  分子的电偶极矩 μ 取决于原子位置 r_i 和电荷 e_i

$$\mu = \sum e_i r_i \tag{3-3-6}$$

  现在我们来考虑入射光 (红外线) 中交变振荡的电场部分, 正电场和负电场随时间交替变化, 如图 3-3-8 (a) 所示。在交变电场的作用下, 电偶极子受迫偏离平衡位置, 电偶极子的间距出现膨胀和收缩的周期性振动, 引起电偶极矩的改变, 见图 3-3-8 (b)。如果分子振动的振幅为 Q, 当电偶极矩的改变量 $\partial \mu / \partial Q \neq 0$ 时有明显的红外吸收现象, 红外吸收峰的强度正比于 $(\partial \mu / \partial Q)^2$。

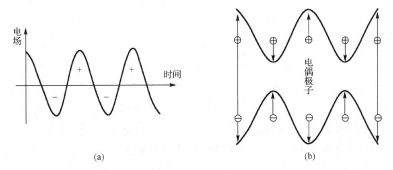

    (a)   (b)

图 3-3-8　(a) 交变振荡的电场随时间的变化关系和 (b) 电偶极子在交变电场的受迫作用下发生极化

3) 仪器装置

1908 年，Coblentz 首先开发出了氯化钠棱镜的红外光谱仪，至今已发展了三代，分别是棱镜色散型红外光谱仪、光栅型色散式红外光谱仪、干涉型红外光谱仪（FTIR 光谱仪）。在此，仅简要介绍 FTIR 光谱仪的基本结构。

FTIR 光谱仪（fourier transform infrared spectrometer）的主要光学部件是迈克耳孙干涉仪[23]，其原理如图 3-3-9(a) 所示。它由光源（source）、动镜（moving mirror）、固镜（fixed mirror）、分束器（splitter）和探测器（detector）等部分组成。在红外光谱测量中，每种光源只能覆盖特定范围的波段，如需全波段测量需配置多种光源，常用光源[24]请参考表 3-3-1。

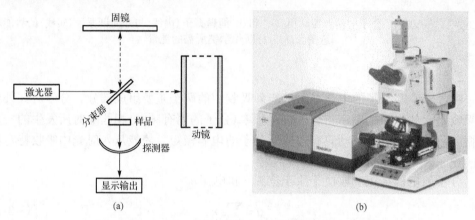

(a)　　　　　　　　　　　　　(b)

图 3-3-9　FTIR 光谱仪的 (a) 结构示意图[23]和 (b) 实物图

表 3-3-1　在红外光谱仪中的常用光源[25]

光源	波数范围/cm^{-1}	特性
钨灯、卤钨灯	15000～4000 近红外	能量高、寿命长、稳定性好
Nernst 棒	4000～400 中红外	含有钇、钍等的氧化锆棒，工作温度在 1400～2000 K，辐射强度集中在短波长处，具有较长的寿命
硅碳棒	4000～400 中红外	能量高、功率大、寿命长、热辐射强，需水冷
金属丝光源	4000～400 中红外	小功率，需风冷
Ever-GLO 光源	4000～400 中红外	大功率、低热辐射，需风冷

动镜和固镜互成 90°，分束器与固镜和动镜互成 45°放置，它能将光源分成等强度的透射光和反射光。透射光经动镜反射回分束器，之后经分束器反射，穿过样品池，进入探测器中；而反射光经固镜反射回分束器，之后透过分束器，穿过样品池，到达探测器。所以，到达探测器的这两束光为相干光。当两束光的光程差是半波长的偶数倍时，为相长干涉，产生明线；当两束光的光程差是半波长的奇数倍时，为相消干涉，产生暗线。当动镜移动到不同位置时，就能得到不同光

程差的干涉光。

FTIR 光谱仪能同时测定所有频率的信息，得到强度随时间变化的谱图，之后再经傅里叶变换得到吸收强度(或透射率)随波数的变化关系。假设入射光的强度为 $B(v)$，干涉光的强度 I 随光程差 x 的变化可用余弦函数表示

$$I(x) = B(v)\cos(2\pi vx) \qquad (3\text{-}3\text{-}7)$$

如果光源为多色光，干涉光的强度为各单色光的叠加，可用积分形式表示

$$I(x) = \int_{-\infty}^{\infty} B(v)\cos 2\pi xv \mathrm{d}v \qquad (3\text{-}3\text{-}8)$$

干涉光包含着光源的全部频率和与该频率对应的强度信息，如果将样品放在干涉仪的光路中，由于样品会吸收某些频率的能量，结果使得干涉图强度发生一些变化但难以分辨。为了从极为相似的干涉图中得到样品在不同波长处的吸收光谱特征，需对干涉图进行傅里叶变换

$$B(v) = \int_{-\infty}^{\infty} I(x)\cos(2\pi vx)\mathrm{d}x \qquad (3\text{-}3\text{-}9)$$

一束连续的红外线与分子相互作用时，若分子间原子的振动频率(固有频率)正好与入射光的某一频率相等就会发生共振吸收，形成吸收峰。在红外光谱图中，横坐标一般用红外线的波长(λ)或波数($\bar{v}$)表示，纵坐标用透光率(T)或吸收度(A)表示，对应的光谱分别称为透射光谱和吸收光谱。

4) 样品制备

为获得高质量的红外光谱，需根据实验目的进行合适的制样。以下为常见样品的主要制备方法[24]。

(1) 气体样品。

把气体样品直接注入玻璃气体吸收池中进行测量。如果气体浓度较低，也可选用较长光程的气体吸收池。如果气体样品在空气中不稳定，需要在惰性气体或真空手套箱中将其注入样品吸收池中，并进行密封。

(2) 液相样品。

液相样品的制备方法比较多。常用方法有：①液膜制样法，把液体夹在两块平整的晶面上，用展开后的液膜层进行测量，要求液膜层的厚度要均匀、无孔洞或破裂等现象；②吸收池制样法，把样品注入密封的吸收池中进行测量。

(3) 固体样品。

固体样品可采用：①选用合适的溶剂，将固体溶于溶剂中(但不与溶剂发生反应)，再将该溶液注入到样品池中进行测量；②把固体样品放在液体石蜡中研磨均匀，

之后把混合物滴到平整的晶面上，再压上另一晶面，待冷却后，用所形成的膜直接测量；③在样品中加入溴化钾，研磨均匀，而后加压成片。在②和③两种制样过程中，也要求膜或压片的厚度要均匀、无孔隙或开裂等现象。

图 3-3-10 是用液体石蜡、溴化钾、液膜和 ATR(attenuated total reflectance，衰减全反射)制样法得到的马铃薯淀粉的红外光谱图[23]。在四种方法中液体石蜡(图 3-3-10(a))得到的光谱图最差，仅有部分吸收带可用于结构分析；相比于液体石蜡，溴化钾(图 3-3-10(b))的光谱数据有了一定的改善，可用于淀粉的识别；把淀粉溶到水中，在 ZnSe 单晶片上制作液膜能得到很好的红外光谱数据(图 3-3-10(c))；ATR 制样能得到很漂亮的红外光谱图(图 3-3-10(d))。

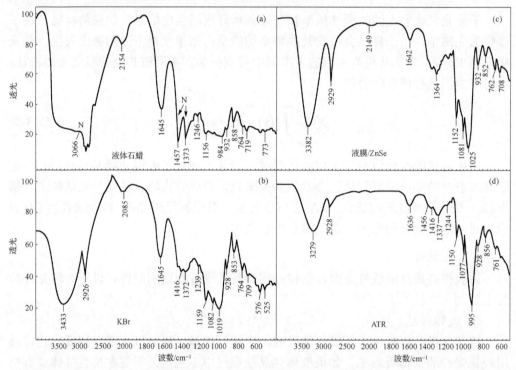

图 3-3-10　不同 IR 制样方法的比较[24]：(a)液体石蜡；(b)溴化钾；(c)液膜；(d)ATR

在实验中应灵活应用各种制样方法，得到尽可能好的红外光谱数据，谱图质量好坏的判断标准如下所述。

(1)吸收带的强度。

谱图中最强吸收带的透光率应在 5%～15%。所制备的样品要厚度均一、组分均匀、无孔隙或开裂的情况。

(2)基线。

谱图的基线应相对平整，基线最高点的透光率应在 95%～100%范围内。

(3) 杂散吸收带。

在谱图中任何不属于样品的吸收带都可能来自样品或测量设备的污染。比如，在测量过程中使用的红外窗口，那么杂散吸收带可能来自前一样品在测量过程中污染了的红外窗口。

(4) 参比谱图。

为了避免杂散吸收带的影响，有必要在相同的实验条件下测量空样品时的红外光谱，作为参比谱图。

5) 定性分析

红外吸收光谱主要用于分析分子振动中伴随有电偶极矩发生改变的化合物。因此，除单原子(如 Fe、Co、Ni 等)和同元素分子(如 O_2、Cl_2 等)外，几乎所有的有机或无机化合物在红外光谱区均有吸收。一般地，结构不同的两个化合物(除光学异构体、某些高聚物，以及分子量相差较小的化合物外)，其红外吸收光谱也不同。说明红外吸收光谱具有"指纹"的特征，可用于材料结构的识别。

(1) 分子结构或化学基团决定了吸收带的位置，可用于结构鉴定或化学基团的识别。比如，图 3-3-11 中，高氯酸钠($NaClO_4 \cdot H_2O$)、钼酸钠($Na_2MoO_4 \cdot H_2O$)、硅胶三个样品中均能检测到频率为 3536 cm^{-1}、3438 cm^{-1}、1632 cm^{-1} 的吸收带，说明这三种样品中均含有水分子；在高氯酸钠样品中，频率为 1135 cm^{-1}、1108 cm^{-1}、1085 cm^{-1}、941 cm^{-1}、626 cm^{-1} 处有吸收带，对应于 ClO_4 基团；在钼酸钠样品中，频率为 904 cm^{-1}、899 cm^{-1}、858 cm^{-1}、834 cm^{-1} 等处有吸收带，对应于 MoO_4 基团；在硅胶样品中，1183 cm^{-1}、1092 cm^{-1} 处出现吸收带，说明有 Si-O-Si 链。

(2) 分子结构或化学基团的浓度决定了吸收带的强度，可用于定量分析或纯度鉴定。

(3) 分子结构或化学基团的原子局域结构、堆垛特征决定了吸收带的形状。比如，在 TiO_2 中，$Ti-O_6$ 八面体畸变越大，吸收带越宽。

红外吸收光谱的定性分析主要包括以下几个步骤。

(1) 选用最佳的制样方法制样，测得高质量的红外吸收谱(样品)和参比图谱(无样品)；

(2) 利用参比图谱，剔除红外吸收谱(样品)中的杂散吸收带；

(3) 确定红外吸收谱中各吸收带的峰位，根据分子基团的振动频率与分子结构间的关系(红外光谱数据库)，识别分子中所含基团或化学键，进而推断出分子结构。

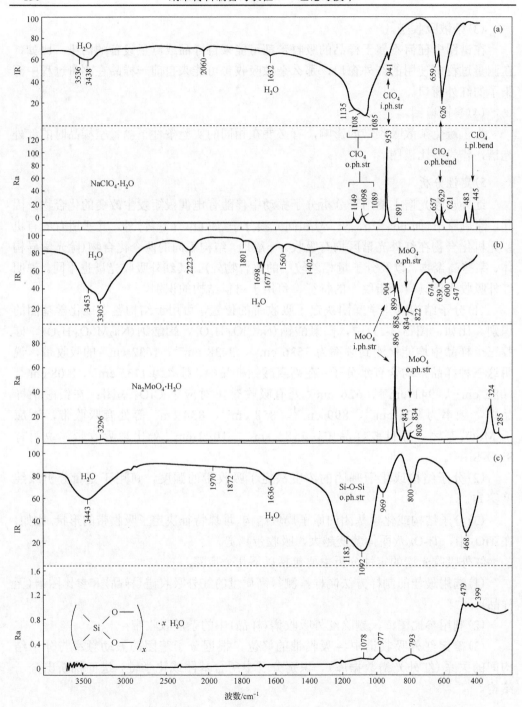

图 3-3-11　(a)高氯酸钠、(b)钼酸钠、(c)硅胶样品的红外吸收光谱(IR)和拉曼散射谱(Ra)。其中，吸收谱的制样采用 KBr 方法[23]

3.3.3　拉曼光谱

1923 年，德国物理学家 Smekal 提出光具有非弹性散射的特征，1928 年，由印度物理学家拉曼(Raman)在苯和甲苯中观察到光的非弹性散射效应，即拉曼散射(Raman scattering)。此后，以拉曼散射为基础，建立了拉曼光谱分析法。20 世纪 60 年代，随着激光技术的兴起，拉曼光谱技术有了很大发展。1986 年，Hischfeld 发展了近红外傅里叶变换–拉曼(FT-Raman)光谱仪，进一步推动了拉曼光谱的发展，使拉曼光谱在无机和有机分析化学、生物化学、高分子化学、石油化学和环境科学等领域得到广泛应用。

1) 基本原理

拉曼光谱为散射光谱。当一束光照射到样品上时，入射光中的绝大部分直接透过样品，少量的入射光(约 0.1%)与样品分子发生非弹性散射。在非弹性散射过程中样品和入射光之间有能量的交换，这种散射称为拉曼散射(Raman scattering)；如果发生弹性散射，样品和入射光之间没有能量交换，这种散射称为瑞利散射(Rayleigh scattering)。在拉曼散射中，入射光把一部分能量传递给样品分子，使得散射光的能量减少，在低于入射光频率处探测到的散射光，称为斯托克斯线(Stokes line)；相反地，若入射光从样品分子中获得能量，在大于入射光频率处探测到散射光，则称为反斯托克斯线(anti-Stokes line)。

拉曼散射光和入射光之间的频率差称为拉曼位移。拉曼位移取决于样品分子的振动能级，与入射光的频率无关。不同的化学键或基态具有不同的振动方式，进而决定了能级间的能量变化。所以，拉曼位移具有"指纹"的特征，这是利用拉曼光谱识别分子结构的依据。散射过程也可以用能级跃迁来描述，如图 3-3-12(a) 所示。图中 E_0 为分子振动能级的基态，E_1 为某一激发态，两者间的能级差为 $h\nu_1$。

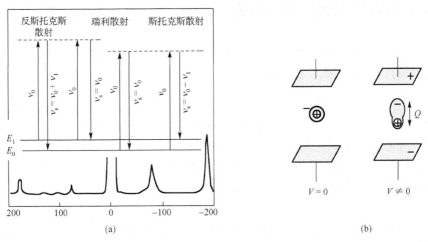

图 3-3-12　(a)拉曼散射原理示意图和(b)交变振荡的电场诱导核外电子云的变形[23]

(1)瑞利散射。

处于基态(E_0)上的分子吸收入射光子的能量$h\nu_0$后被激发到虚态(virtual state)，而后迅速从虚态回复到基态上，同时发射出能量为$h\nu_0$的光子。在该过程中，散射光的频率为$\nu_s = \nu_0$，属于弹性、瑞利散射；另一种情况是，处于激发态(E_1)上的分子吸收入射光子的能量$h\nu_0$后被激发到虚态，而后迅速从虚态回复到激发态E_1上，同时发射出能量为$h\nu_0$的光子。在该过程中，散射光的频率为$\nu_s = \nu_0$，也属于瑞利散射。

(2)斯托克斯散射。

处于基态(E_0)上的分子吸收入射光子的能量$h\nu_0$后被激发到虚态，而后迅速从虚态回复到激发态E_1上，同时发射出能量为$h(\nu_0 - \nu_1)$的光子。在该过程中，散射光的频率为$\nu_s = \nu_0 - \nu_1$，所产生的散射光为斯托克斯线。

(3)反斯托克斯散射。

处于激发态(E_1)上的分子吸收入射光子的能量$h\nu_0$后被激发到虚态，而后迅速从虚态回复到基态E_0上，同时发射出能量为$h(\nu_0 + \nu_1)$的光子。在该过程中，散射光的频率为$\nu_s = \nu_0 + \nu_1$，所产生的散射光为反斯托克斯线。

根据玻尔兹曼定律，在室温下处于基态的分子数远高于处于激发态的分子数。所以，斯托克斯线的强度远高于反斯托克斯线。斯托克斯线和反斯托克斯线对称分布在瑞利线的两侧，且反斯克斯线一般比较弱，通常只测斯托克斯线。

拉曼散射的强度I_R可表示为

$$I_R \propto \nu^4 I_0 N \left(\frac{\partial \alpha}{\partial Q}\right)^2 \tag{3-3-10}$$

式中，ν为激光频率；I_0为入射光的强度；N为辐照范围内拉曼散射分子的数目；α为分子的极化率；Q为分子的振动幅度。(3-3-10)式表明：

(1)拉曼散射峰的强度与处于拉曼散射状态的分子数有关，这为定量分析提供了依据；

(2)短波长的激光或者增大入射光的强度能增强拉曼散射峰的强度；

(3)只有那些极化率发生改变的分子振动才具有拉曼活性。

2)拉曼散射的经典描述

拉曼散射是入射光子与分子碰撞引起分子核外电子云的变形，造成的分子的极化。入射光是种电磁波，是交变振荡的电磁场。对于各向同性的原子，核外电子云均匀地分布在原子核的周围。当入射光辐照到分子上时，入射光中的电场分量E会引起分子核外电子云的变形，从而产生诱导偶极矩

$$\mu = \alpha E \tag{3-3-11}$$

其中，α为分子的极化率，它表征在外电场作用下电子云的变形程度。考虑到电场的交变振荡特征，诱导偶极矩可写为

$$\mu = aE_0\cos(2\pi\nu_0 t) \qquad (3\text{-}3\text{-}12)$$

式中，E_0 为电场的振幅；ν_0 为频率；t 为时间。当频率很小时，极化率随核间距 Q 的变化用泰勒级数展开

$$\alpha = \alpha_0 + \left(\frac{\partial\alpha}{\partial Q}\right)_0 Q + 高次项 \qquad (3\text{-}3\text{-}13)$$

式中，α_0 为平衡时的极化率。当分子以振动频率为 ν_{vib}（分子振动能级的频率）做简谐振动时，即 $Q = Q_0\cos(2\pi\nu_{\text{vib}}t)$，忽略高次项后极化率为

$$\alpha = \alpha_0 + \left(\frac{\partial\alpha}{\partial Q}\right)_0 \left(Q_0\cos(2\pi\nu_{\text{vib}}t)\right) \qquad (3\text{-}3\text{-}14)$$

那么诱导偶极矩为

$$\mu = \alpha_0 E_0\cos(2\pi\nu_0 t) + \frac{1}{2}\left(\frac{\partial\alpha}{\partial Q}\right)_0 E_0 Q_0\left[\cos(2\pi(\nu_0-\nu_{\text{vib}})t) + \cos(2\pi(\nu_0+\nu_{\text{vib}})t)\right] \qquad (3\text{-}3\text{-}15)$$

(3-3-15)式表明：

(1) 当散射光的频率等于入射光频率时（$\nu_s = \nu_0$），$\mu = \alpha_0 E_0\cos(2\pi\nu_0 t)$ 为瑞利散射；

(2) 当散射光的频率等于入射光频率时（$\nu_s = \nu_0 \pm \nu_{\text{vib}}$），$\mu = \frac{1}{2}\left(\frac{\partial\alpha}{\partial Q}\right)_0 E_0 Q_0$ $\left[\cos(2\pi(\nu_0 \pm \nu_{\text{vib}})t)\right]$ 为拉曼散射。

3) 仪器装置

色散型拉曼光谱仪主要由激发光源、外光路系统、多光栅单色器、检测器等系统组成。光源发射出的激光，经单色处理后入射到样品上；散射光经凹面镜收集、通过狭缝照射到光栅上。连续转动光栅使不同波长的散射光依次通过出射狭缝进入探测器，再经放大、显示就能得到拉曼光谱，如图 3-3-13（a）所示。

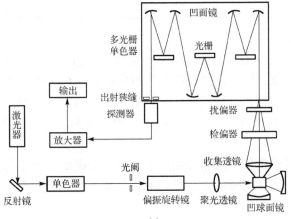

(a)

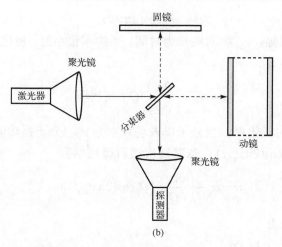

图 3-3-13　(a)色散型拉曼光谱仪和(b)傅里叶变换-拉曼光谱仪的结构示意图[24]

(1)激发光源。

在拉曼光谱仪中用激光作为激发光源。常用的激光器是氩离子激光器，其激发波长为 514 nm 和 488 nm，单线输出可达 2 W。在实验中，根据实验需求可选用 633 nm、785 nm 以及紫外激发光源。不同波长的激发光源(表 3-3-2)，对拉曼散射的位移没影响，但对荧光和其他激发线会产生影响。

表 3-3-2　在拉曼光谱仪中常用激光器

激发光	波长/nm	激光器类型
	514	Ar^+激光器
可见光区	633	He-Ne 激光器
	785	半导体激光器
近红外光区	1064	YAG 激光器
紫外光区	325	He-Cd 激光器

(2)外光路系统。

外光路系统[24]是从激光光源后到多光栅单色器前的所有设备，包括聚焦透镜、反射镜、偏振旋转镜、样品台等。激光照射到样品上有两种方式，一种是 90°方式，可以进行准确的偏振测定，能改善拉曼散射和瑞利散射的比值，有利于测量低频振动部分；另一种是 180°方式，可得到最大的激发效率，适合微量样品的测量。

(3)多光栅单色器。

在色散型拉曼光谱仪中通常使用三光栅或双光栅组合的单色器来削弱杂散光，以提高色散性。使用多光栅的缺点是降低了光通量，也可使用凹面全息光栅来减少反射镜，以提高光的反射效率。

(4)探测器。

位于可见光区的拉曼散射光可用光电倍增管来探测,要求光电倍增管具有量子效率高、热离子暗电流小等特点。在傅里叶变换-拉曼光谱仪中,常用 Ge、InGaAs 或 Si 半导体探测器。其中,Ge 探测器在液氮冷却下可探测 3400 cm^{-1} 的拉曼位移;InGaAs 探测器在室温下可探测 3600 cm^{-1} 的拉曼位移,制冷能降低噪声但探测范围变窄(可探测 3000 cm^{-1} 的拉曼位移);Si 探测器在低温下探测范围较窄,但对反斯托克斯线有良好的响应。这些半导体探测器最好在低温下运行,可降低探测器的噪声,提高探测器的稳定性。在散射光进入探测器前需先滤除瑞利散射。这样可以将瑞利散射的强度降低 3~7 个数量级,以免拉曼散射湮没在瑞利散射中。

傅里叶变换-拉曼光谱仪是目前常用的拉曼光谱仪。傅里叶变换-拉曼光谱仪的主要组件是迈克耳孙干涉仪,它包括分束器、固镜和动镜,其结构如图 3-3-13(b)所示。入射光经准直后入射到分束器上,被分成等强度的两束光。一束光直接照到动镜上,经动镜反射后照到分束器上,经分束后其中一束反射到探测器上;类似地,另一束光被反射到固镜上,经固镜反射后照到分束器上,经分束后直接进入探测器中。

4)样品制备

拉曼散射数据的好坏还与样品制备方法有关,在测试前应采用合适的方法制备样品。常见的样品制备方法有以下几种。

(1)气体样品。

气体样品的拉曼散射很弱,为了提高拉曼散射信号,可以增大样品池中气体的压强(即增大气体分子的数密度)或采用多次反射的样品池。

(2)液体样品。

液体样品可装入玻璃毛细管中,调节毛细管的位置使光束正好对准样品。如果是低沸点、易挥发的样品,建议密封毛细管,以免污染光学器件。

(3)块体样品。

对于块体样品,可直接固定在镀金或镀银的样品台上;而粉末样品,可采用毛细管或样品杯装盛,也可通过压片、旋涂等方式对其进行测量。

5)定性分析

拉曼散射主要用于分析分子振动中伴随有极化率发生改变的化合物。与红外光谱相比较,在散射过程中,受入射光的交变电场的作用,分子周围化学键的电子分布先产生瞬间形变,当化学键回复到正常形态时将所吸收的能量重新释放。在该过程中,分子经历了产生诱导偶极矩、诱导偶极矩消失,以及光发射的过程。比如,单原子(如 Fe、Co、Ni 等)和同质元素分子(如 O_2、Cl_2 等),在振动过程中不会产生偶极矩，也就不会产生红外吸收现象(无红外活性)。但在分子振动过程中，其极化率却是有变化的，因此可以观察到分子的拉曼散射。拉曼散射具有"指纹"的特征，也可用于材料结构的识别。

(1)分子结构或化学基团决定了散射峰的位置，可用于结构鉴定或化学基团的识别。在图 3-3-14(a)中，碳酸钠样品在波数为 1429 cm^{-1}、1081 cm^{-1}、702 cm^{-1} 处出现拉曼散射峰，对应于 CO$_3$ 基团；在图 3-3-14(b)的碳酸氢钠样品中，在波数为 1684 cm^{-1}、1623 cm^{-1} 处有散射峰对应于 CO$_2$ 基团，而 1268 cm^{-1} 处的散射峰对应于 O-CO$_2$ 基团；在图 3-3-14(c)中硝酸钾样品中，在波数为 1360 cm^{-1}、1051 cm^{-1}、716 cm^{-1} 处的散射峰对应于 NO$_3$ 基团。

(2)分子结构或化学基团的浓度决定了散射峰的强度，可用于定量分析或纯度鉴定。

(3)分子结构或化学基团的原子局域结构、堆垛特征决定了散射峰的峰形。

基于上述特征，可对拉曼散射谱进行定性分析，主要包括以下步骤。

(1)确定拉曼散射谱中各散射峰的峰位；

(2)查阅拉曼光谱数据库，根据分子基团的振动频率与分子结构间的关系，识别分子中所含基团或化学键，进而推断出分子结构。

6)定量分析

拉曼散射强度 I_R 可表示为

$$I_R \propto v^4 I_0 N \left(\frac{\partial \alpha}{\partial Q} \right)^2 \tag{3-3-16}$$

在某一激发波长下，样品的拉曼散射截面 $\partial \alpha / \partial Q$ 是个常数。如果激光器的强度 I_0 和拉曼散射截面均为常数，拉曼散射强度 I_R 与样品中辐照范围内拉曼散射分子的浓度成正比。但在实际分析中，拉曼光谱的强度还受仪器(如激光功率、狭缝宽度、样品池的大小等)和样品(如样品的自吸收、不同浓度样品折射率的差异、背底噪声等)等诸多因素影响。所以，最好用内标法进行定量分析，主要包括以下步骤[24]。

(1)根据拉曼光谱中谱线的位置确定样品的组分，比如，包含 A、B 两组分；

(2)选择内标物，要求内标物(不含被测成分的纯相，且化学性质稳定)的某一谱线与分析谱线邻近，但不重叠；

(3)用 A、B 两组分配制近似于待测样品的标准样品，要求在标准样品和待测样品中都加入一定量的内标物；

(4)在相同的实验条件下测定标准样品和待测样品的拉曼光谱；

(5)绘制 C_0/C-A_0/A 的标准曲线，其中，C_0 和 C 是标准样品中被测组分和内标物的浓度，A_0 和 A 是标准样品和内标物的谱线强度；

(6) 测定待测样品中的 A_0/A，即可从标准曲线中得到被测样品的含量。

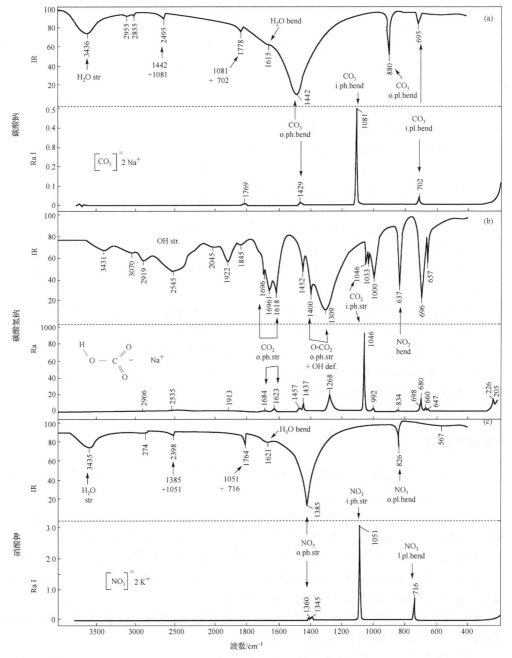

图 3-3-14　(a)碳酸钠、(b)碳酸氢钠、(c)硝酸钾三种样品的红外(IR)和拉曼(Ra)光谱图[24]

【思考题】

(1) 纳米材料有哪些表征方法可用于物相分析？

(2) 请说明 X 射线衍射分析用于物相分析的原理及方法。

(3) X 射线衍射进行物相的定量鉴定可采用哪几种方法？

(4) 从原理及应用方面指出 X 射线衍射、TEM 中的电子衍射在材料结构分析中的异同点。

(5) 说明 TEM 观察中减小选区误差的方法。

(6) SEM 和 TEM 成像的光路有何区别？

(7) SEM 和 TEM 成像原理有何不同？

(8) SEM 有哪些功能？

(9) 试说明二次电子像、背反射电子像各有什么特点。上述两种电子像分别在什么情况下使用好？

(10) 扫描隧道显微镜的基本原理与 AFM 有何不同？

(11) 紫外-可见光谱主要来源于什么跃迁形式？

(12) 近红外、中红外和远红外的频率范围分别为多少？它们分别与分子的什么运动形式相关？

(13) 解释红外活性，并比较水分子和二氧化碳分子的红外活性如何？

(14) 说明红外光谱测量中固体样品的各种制备技术。

(15) 用能级跃迁理论解释拉曼光谱，说明为什么斯托克斯线比反斯托克斯线强？

(16) 说明激发光波长对拉曼光谱的影响，并给出应该如何选择激发光波长的建议。

(17) 说明拉曼光谱相对于红外光谱的优缺点。

(18) 给出两种拉曼增强手段，并简单说明其原理。

【参考文献】

[1] 施洪龙, 张谷令. X-射线粉末衍射和电子衍射：常用实验技术与数据分析. 北京: 中央民族大学出版社, 2014.

[2] Pecharsky V K, Zavalij P Y. Fundamentals of Powder Diffraction and Structural Characterization of Materials. 2nd ed. Berlin: Springer, 2008: 301-302.

[3] 张大同. 扫描电镜与能谱仪分析技术. 广州: 华南理工大学出版社, 2009.

[4] JEOL. Scanning electron microscope A to Z: basic knowledge for using the SEM. JEOL Serving Advanced Technology, 2010.

[5] Williams D B, Carter C B. Transmission Electron Microscopy: A Textbook for Materials Science. New York: Springer, 2009.

[6] Shi H, Luo M, Wang W. Electrondiffraction tools, a digitalmicrograph package for electron diffraction analysis. Computer Physics Communications, 2019, 243: 166-173.

[7] Shi H L, Zeng D, Li J Q, et al. A melting-like process and the local structures during the anatase-to-rutile transition. Materials Characterization, 2018, 146: 237-242.

[8] 进藤大辅, 平贺贤二. 材料评价的高分辨电子显微方法. 刘安生, 译. 北京: 北方工业出版社, 1998.

[9] Shi H L, Zou B, Li Z A, et al. Direct observation of oxygen-vacancy formation and structural changes in Bi_2WO_6 nanoflakes induced by electron irradiation. Beilstein Journal of Nanotechnology, 2019, 10(1): 1434-1442.

[10] 马荣骏. 原子力显微镜及其应用. 矿冶工程, 2005, 25(4): 62-65.

[11] 赵春花. 原子力显微镜的基本原理及应用. 化学教育, 2019, 40(4): 10-15.

[12] Brundle C R, Evans C A, Wilson S. Encyclopedia of materials characterization: surfaces, interfaces, thin films. London: Butterworth-Heinemann, 1992.

[13] 王永纲, 徐克尊. 半球形偏转电子能量分析器的设计和应用. 核电子学与探测技术, 1996, (6): 430.

[14] 郭沁林. X 射线光电子能谱. 物理, 2007(05): 70-75.

[15] Moulder J F, Chastain J, King R C. Handbook of X-ray photoelectron spectroscopy : a reference book of standard spectra for identification and interpretation of XPS data. Chemical Physics Lettes, 1992,220(1): 7-10.

[16] 程红娟, 张胜男, 练小正, 等. β-Ga_2O_3 体单晶 X 射线光电子能谱分析. 人工晶体学报, 2019, 48(01): 13-17.

[17] Naumkin A V, Kraut-Vass A, Gaarenstroom S W, et al. NIST X-ray Photoelectron Spectroscopy Database. 2012; Available from: https://srdata.nist.gov/xps/main_search_menu. aspx # opennewwindow.

[18] XPBASE. Available from: http://www.lasurface.com/database/index.php.

[19] Thompson A C, Vaughan D. X-ray data booklet. 2001.

[20] Wu Y, Pan H, Zhou X, et al. Shape and composition control of $Bi_{19}S_{27}(Br_{3-x},I_x)$ alloyed nanowires: the role of metal ions. Chemical Science, 2015, 6(8): 4615-4622.

[21] 进藤大辅, 及川哲夫. 材料评价的分析电子显微方法. 刘安生, 译. 北京: 北方工业出版社, 2001.

[22] 任晓敏, 黄永春, 杨锋, 等. 基于撞击流—射流空化效应的羟自由基制备工艺优化. 食品与机械, 2018, 34(06): 197-201.

[23] 方容川. 固体光谱学. 合肥: 中国科学技术大学出版社, 2001.

[24] Peter J L. IR and Raman Spectroscopy: Principles and Spectral Interpretation. Amsterdan: Elsevier, 2011.

[25] 柯以侃, 董慧茹. 分析化学手册: 光谱分析. 北京: 化学工业出版社, 1998.

第 4 章　纳米材料制备实验

纳米材料的制备是研究纳米材料的基础。本章在第 2 章——纳米材料的合成与制备方法的理论基础上,从实验原理、实验内容(包括仪器与试剂、实验变量、实验方案)、实验步骤、注意事项等四个方面详细介绍水热法、溶剂热法、溶胶-凝胶法、静电纺丝法、电化学沉积法、化学气相沉积法、直流溅射法、高能球磨法制备纳米材料的实验技术以及聚合物电致发光器件的制备过程。

实验 1　水热法制备 TiO_2 纳米材料

水热法是一种较为普遍使用的制备纳米材料的方法,其本质是化学液相反应法的一种。一般来说,水热反应是在密闭的反应容器中,以水为溶剂,在高温、高压的条件下进行的化学反应。水热法具有产率高、纯度高、结晶良好、粒径均匀、形貌可控、环境污染小等诸多的优点,被广泛地应用于制备无机功能材料、特种结构组成的无机化合物和凝聚态材料,如纳米颗粒、纳米薄膜、溶胶与凝胶、单晶等。

【实验目的】

(1)理解水热法制备纳米材料的基本原理;

(2)掌握水热法制备纳米材料的实验方法;

(3)采用水热法制备 TiO_2 纳米材料,并分析影响产物性质的关键因素。

【实验背景与原理】

1. 水热法制备纳米材料的基本原理

水热法属于液相化学的范畴,是指在特制的密闭反应器(高压反应釜)中,采用水作为反应介质,通过对反应体系加热,形成高温、高压的反应环境,使得通常难溶或不溶的物质溶解并且重结晶,是无机材料合成和材料处理的一种方法。在水热反应中,利用高温、高压的水溶液,为反应前驱物提供了一个在大气条件下无法得到的特殊物理化学环境,促使反应前驱物充分溶解,形成原子或分子生长基元,控制高压反应釜内溶液的温差使其产生对流,并最终形成过饱和状态而析出生长晶体[1]。水热法的基本原理已经在 2.1.3 节中介绍过,在此不做赘述。

在水热条件下，水既是反应溶剂，又是矿化剂，以液态溶剂或溶剂蒸气作为传递压力的媒介，利用高温、高压下绝大多数反应物均能部分溶于水的特性，促使反应在液相或者气相中进行，实现无机材料的制备与改性。影响水热反应过程的因素主要有反应温度、反应时间、升温速率、搅拌速度等。利用水热法，既可以制备单一组分的微纳晶体，也可以制备多组分的特定化合物，而且所制备无机材料通常具有纯度高、分散性好、尺寸均匀、结晶性好、形貌可控等特点。

并非所有的材料都适合在水热条件下生长，判别采用水热法的一般原则如下：

(1) 结晶物质中各组分的溶解度在不同温度和压力条件下不会发生过大的改变；

(2) 结晶物质具有足够高的溶解度；

(3) 溶解度随温度变化较为明显，溶解度的温度系数有足够大的绝对值；

(4) 在温度发生改变时，中间产物容易分解。

2. 水热法制备纳米材料的实验方法

实验室中进行的水热反应大多是在 $100 \sim 240℃$、$1 \sim 20\,MPa$ 的条件下进行的。水热法制备纳米材料的基本实验方法如图 4-1-1 所示。

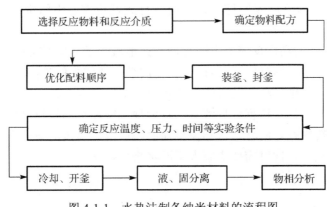

图 4-1-1　水热法制备纳米材料的流程图

3. 影响水热反应最终产物的主要因素

(1) 温度。

温度是影响水热反应过程最终产物的重要因素之一。它不仅影响水热反应速率，还能够影响反应物的活性、生成物的种类以及晶粒粒度。通常情况下，在保持其他反应条件恒定的条件下，反应温度越高，反应速率越快，晶粒平均粒度越大，粒度分布范围越宽。

(2) 压强。

压强是影响水热反应过程最终产物的另一个重要因素。它能够影响反应物的溶解度，从而影响反应过程。在一定的温度和反应前驱物浓度条件下，压强的大小取决于反应釜填充度的大小，填充度越大，压强就越大。在水热反应中，既要保证反应前驱物处于液相传质的反应状态，又要防止过大的填充度导致压力过高而发生爆炸。因此，通常水热反应中的填充度控制在 60%~80%。

(3)溶液的 pH。

溶液的 pH 在水热合成中起着极为重要的作用。不同酸碱度的溶液环境会改变生长基元的结构，并最终影响生成晶体的结构、形状和结晶温度等。另外，pH 还会影响溶质的溶解度及晶体的生长速率等。

(4)反应时间。

水热反应时间越长，体系所吸收的热能就越多，系统就越容易到达平衡态。另外，晶粒粒度也会随着反应时间的延长而逐渐增大。

4. 水热法制备纳米材料的特点

(1)产物的纯度高、结晶性好、粒径均匀，并且形貌、尺寸可控；

(2)在反应过程中，可以通过调节反应时间、温度、原料比例、pH、表面活性剂等因素，达到调控反应的目的，有利于合成低价态、中间价态与特殊价态的化合物；

(3)反应在密闭的高压反应釜中进行，有效地减少了环境污染；

(4)水热合成技术具有简单、易操作、实用性广和成本低等优点。

尽管水热法制备纳米材料具有诸多的优点，但同时也存在一定的局限性。水热反应在密闭的反应容器中进行，导致无法直观地观察晶体的生长过程，使得对其反应机理的研究比较困难。此外，水热反应需要在高温、高压的条件下进行，对设备的可靠性要求比较高，同时需要实验人员严格规范操作。

【试剂与仪器】

1. 试剂

钛酸四丁酯(分析纯)、浓盐酸(分析纯)、丙酮、无水乙醇(分析纯)、金属Al 片、六水合硝酸锌(分析纯)、氨水(分析纯)、去离子水等。

2. 仪器

高压反应釜、电子天平、超声清洗仪、磁力搅拌器、恒温加热箱、离心机、量筒、烧杯。

分析设备包括 X 射线衍射分析仪、扫描电子显微镜、透射电子显微镜等。

【实验内容】

(一)水热法制备 TiO_2 纳米材料

1. 清洗

将实验所需用的容器用清洁剂清洗,并用去离子水冲洗 3 次,放入干燥箱中烘干备用。

2. 配制反应前驱溶液

(1)将 18 mL 的去离子水和 18 mL 的浓盐酸依次加入 100 mL 的烧杯中,并持续搅拌 5 min,使之充分混合;

(2)在磁力搅拌条件下,将 0.6 mL 的钛酸四丁酯缓慢滴入上述混合溶液中,最终得到澄清的反应前驱液。

3. 水热反应

(1)将上述反应前驱液转移到 50 mL 的带聚四氟乙烯内胆的反应釜中,装釜、密封,置于 150℃的加热箱中,保持 3.5 h 后取出,然后自然冷却至室温。

(2)打开反应釜,静置,取出反应釜底部的沉淀产物,分别用无水乙醇和去离子水多次离心洗涤,然后再置于 60℃的恒温加热箱中烘干。

(3)将干燥后的产物置于 450℃的温度下退火 30 min,收集最终得到的 TiO_2 纳米材料。

(4)调控反应温度(120~180℃)和反应时间(0.5~7 h),研究不同反应条件对 TiO_2 纳米材料尺寸和形貌的影响。

(二)Al 衬底上水热法制备 ZnO 纳米片[2]

1. 清洗

(1)**清洗容器**。用清洁剂清洗实验所需用的容器,并用去离子水冲洗 3 次,放入干燥箱中烘干备用。

(2)**清洗 Al 片**。将金属 Al 片(20 cm×3 cm)浸泡在浓度为 3 mol/L 的稀盐酸中 5 min,去除衬底表面的金属氧化物。随后将衬底依次用丙酮、无水乙醇和去离子水超声清洗 10 min,再用 N_2 将衬底表面吹干备用。

2. 配制反应前驱溶液

(1)用电子大平称取一定质量的 $Zn(NO_3)_2·6H_2O$ 药品放入干净的烧杯中,加入一定体积的去离子水置于磁力搅拌器上搅拌 10 min，配制成浓度为 0.25 mol/L 的 $Zn(NO_3)_2 \cdot 6H_2O$ 溶液。

(2)随后，用移液枪取 8 mL 体积分数为 25%的 $NH_3 \cdot H_2O$ 溶液加入 $Zn(NO_3)_2 \cdot 6H_2O$ 溶液中。在烧杯上覆盖保鲜膜，防止氨水的挥发，将混合溶液继续搅拌 5 min 配制成 80 mL 的混合溶液。

3. 水热反应

(1)待溶液配制完成，将金属 Al 片卷曲成卷竖直放置于反应溶液中，用保鲜膜覆盖烧杯，将烧杯静置放在室温环境下，反应 12 h，进行室温水热反应生长 ZnO 纳米结构。

(2)待反应结束之后，将样品取出。用去离子水和无水乙醇对样品表面进行反复清洗，去除表面残留物质。随后，将样品放置在空气中自然干燥。

(3)调控反应温度(120~180℃)和反应时间(0.5~9 h)，研究不同反应条件对 ZnO 纳米材料尺寸和形貌的影响。

4. 生长机理

当金属 Al 衬底浸没在反应液中时，氨水中的 OH^- 会和衬底 Al 发生反应，生成 $Al(OH)_4^-$。另一方面，溶液中的 Zn^{2+} 和 OH^- 反应生成 $Zn(OH)_2$，而 $Zn(OH)_2$ 与氨水作用生成 $Zn(NH_3)_4^{2+}$ 作为 ZnO 的生长基元。$Zn(NH_3)_4^{2+}$ 和 OH^- 相互作用进一步反应生成 ZnO。同时，$Zn(OH)_2$ 也会和 OH^- 反应生成 $Zn(OH)_4^{2-}$，进一步反应生成 ZnO。在此过程中，$Al(OH)_4^-$ 对 ZnO 的生长会有钝化作用，进一步使得生长成的 ZnO 形貌呈现片状结构。反应过程中可能涉及的方程式如下：

$$2Al + 2OH^- + 6H_2O \longrightarrow 2Al(OH)_4^- + 3H_2 \tag{4-1-1}$$

$$Zn^{2+} + 2OH^- \longrightarrow Zn(OH)_2 \tag{4-1-2}$$

$$Zn(OH)_2 + 2OH^- \longrightarrow Zn(OH)_4^{2-} \tag{4-1-3}$$

$$Zn(OH)_2 + 4NH_3 \cdot H_2O \longrightarrow Zn(NH_3)_4^{2+} + 4H_2O + 2OH^- \tag{4-1-4}$$

$$Zn(OH)_4^{2-} \longrightarrow ZnO + H_2O + 2OH^- \tag{4-1-5}$$

$$Zn(NH_3)_4^{2+} + 2OH^- \longrightarrow ZnO + 4NH_3 + H_2O \tag{4-1-6}$$

【注意事项】

(1)如果部分实验器皿长时间未使用或有其他残留物，清洗时需要依次加入洗涤剂、去离子水、无水乙醇，保证实验过程中没有其他杂质引入；

(2)反应釜放入恒温加热箱前，要仔细检查，确认反应釜密封良好，防止加热过

程中反应溶液溢出;

(3)实验过程中应记录几个重要时间节点:放入干燥箱的时间,取样时间,烘干时间等;

(4)样品离心时应将样品对称放置,且尽量让每一只离心管中的溶液体积相等,保证充分离心,同时避免离心过程中发生意外;

(5)样品离心时应根据产物状态,调整离心机合适的转速以及离心时间,尽量让离心后的样品沉积在溶液底部,保证离心充分;

(6)量取少量或微量试剂时,不能直接用量筒量取,要使用规格合适(0~5 mL)的移液枪进行量取;

(7)本实验必须按照单一变量的原则来确定实验中拟调控的反应参数,按照化学计量比配比反应前驱物。

【结果分析与数据处理】

(1)利用 X 射线衍射分析仪对所制备的纳米材料的成分与物相进行表征。

(2)利用扫描电子显微镜和透射电子显微镜对所制备的纳米材料的形貌与尺寸进行表征。

(3)分析不同反应温度和反应时间对所制备的纳米材料的形貌与尺寸的影响。

【思考题】

(1)水热法制备纳米材料的过程中,哪些因素会影响最终产物的形貌和尺寸?

(2)在本实验中,反应前驱液中加入浓盐酸的作用是什么?

(3)查阅文献资料,简述水热反应中取向生长低维纳米材料的原因。

【参考文献】

[1]　孙玉绣, 张大伟, 金政伟. 纳米材料的制备方法及其应用. 北京: 中国纺织出版社, 2010.

[2]　李文强. ZnO 纳米材料的水热法合成及光催化性能研究. 哈尔滨: 哈尔滨工业大学, 2017.

实验 2　溶剂热法制备 CdS 纳米材料

在制备碳化物、氮化物、磷化物等体系的无机材料时,由于其反应前驱物对水溶剂非常敏感,在制备过程中无法采用传统的水热法。溶剂热法是水热法的扩展,该方法采用有机溶剂替换水作为反应媒介,利用非水溶剂的一些特性,采用类似于水热法的原理,以制备在水热条件下无法生长,易氧化、易水解以及对水敏感的材料。到目前为止，溶剂热法已得到很快的发展，在纳米材料制备中具有越来越重要的作用。

【实验目的】

(1) 理解溶剂热法制备纳米材料的基本原理；

(2) 掌握溶剂热法制备纳米材料的实验方法；

(3) 采用溶剂热法制备 CdS 纳米材料，并分析影响产物性质的关键因素。

【实验背景与原理】

1. 溶剂热法制备纳米材料的基本原理

溶剂热法的基本原理与水热法类似，只是采用有机溶剂代替水作为反应媒介。采用非水溶剂代替水，可以极大地扩展水热技术的应用范围[1]。非水溶剂在溶剂热反应过程中作为一种化学组分参与反应，既是溶剂，又是矿化剂，同时还是传递压力的介质。非水溶剂处于近临界状态下，能够发生大气条件下无法实现的反应，并生成具有亚稳态结构的材料。

在溶剂热反应中，一种或几种反应前驱物可溶解在非水溶剂中，在液相或超临界条件下，反应前驱物分散在溶液中进行反应，产物缓慢生成。该过程相对简单，较易于控制。在密闭体系中进行反应，一方面可以有效地防止有毒物质的挥发，另一方面有利于制备对空气敏感的前驱物。此外，采用此方法可以有效地控制产物的物相、粒径大小、形貌和分散性。目前，采用溶剂热法已实现在较低温度下可控制备多种碳化物、氮化物、硫化物、砷化物、硒化物和碲化物等非氧化物体系的纳米材料。

2. 溶剂热法常用的反应溶剂

溶剂热反应中常用的有机溶剂包括有机胺、醇、氨、四氯化碳或甲苯等。其中，使用最多的溶剂是乙二胺。乙二胺除了用作溶剂外，还可作为配位剂和螯合剂，利用乙二胺中氮的强螯合作用，能够先与离子生成稳定的配离子，然后配离子再缓慢地与反应物反应生成最终的产物。此外，具有还原性质的甲醇、乙醇等作为溶剂时，还可以作为还原剂参与反应。

在溶剂热反应过程中，溶剂本身的性质(如密度、黏度、分散作用等)会发生明显的变化，与通常条件下相差很大，使得反应前驱物在其中的化学反应活性、溶解度、分散性显著提高，促使其在较低温度下就能够发生化学反应。同时，采用溶剂热法制备出的纳米粉体，能够有效地避免表面羟基的存在，减少产物团聚现象的发生。

　　因此，在溶剂热反应中，选用合适的反应溶剂，同时调节反应条件(温度、时间、添加剂等)，可以实现可控合成具有一定形貌、粒径大小均匀、分散性良好的纳米材料。

　　3. 溶剂热法制备纳米材料的特点

　　与水热法相比，溶剂热法制备纳米材料具有如下优势。

　　(1)在有机溶剂中进行的反应能够有效抑制产物的氧化过程或水中氧的污染。

　　(2)非水溶剂的采用使得溶剂热法的可选择原料范围扩大。

　　(3)由于有机溶剂的沸点低，在同样的条件下，它们可以达到比水热合成更高的气压，从而有利于产物的结晶。

　　(4)由于较低的反应温度，反应物中结构单元可以保留到产物中，且不受破坏，同时，有机溶剂的官能团与反应物或产物作用，生成某些新型的在催化和储能方面有潜在应用的材料。

　　(5)非水溶剂本身的特性有助于认识化学反应的实质与晶体生长的特性。

【试剂与仪器】

　　1. 试剂

　　四水合硝酸镉(分析纯)、硫脲(分析纯)、硫代乙酰胺(分析纯)、乙二胺(分析纯)、乙二醇(分析纯)、无水乙醇(分析纯)等。

　　2. 仪器

　　高压反应釜、电子天平、超声清洗仪、磁力搅拌器、恒温加热箱、离心机、量筒、烧杯等。

　　分析设备包括 X 射线衍射分析仪、扫描电子显微镜、透射电子显微镜等。

【实验步骤】

　　1. 清洗实验容器

　　将实验所需用的容器进行超声清洗，并用去离子水冲洗 3 次，放入恒温加热箱中烘干备用。

　　2. 配制反应前驱溶液

　　(1)将 1.5 mmol 四水合硝酸镉加入 30 mL 的乙二胺中，并持续搅拌 30 min，直至完全溶解。

　　(2)将 3 mmol 的硫脲加入上述混合溶液中，继续搅拌直至全部溶解，得到澄清的反应前驱液。

3. 溶剂热反应

(1)将上述反应前驱液转移至 50 mL 的带聚四氟乙烯内胆的反应釜中，拧紧密封，将其转移至加热箱中，在 180℃条件下反应 12 h。

(2)待反应釜自然冷却至室温后，取出反应釜底部的沉淀产物，依次用无水乙醇和去离子水离心洗涤若干次，然后在 60℃的恒温加热箱中干燥 6 h，收集最终产物。

(3)调控反应溶剂和硫源，进行两组对比实验。对比实验 1 采用乙二醇替换乙二胺，对比实验 2 采用硫代乙酰胺代替硫脲。研究溶剂热反应中不同反应溶剂和硫源对 CdS 纳米材料结构和形貌的影响。

【注意事项】

溶剂热法制备纳米材料的实验方法与水热法类似，注意事项详见第 4 章实验 1 中的注意事项。

【结果分析与数据处理】

(1)利用 X 射线衍射分析仪对所制备的 CdS 纳米材料进行物相分析。

(2)利用扫描电子显微镜和透射电子显微镜对所制备的 CdS 纳米材料的形貌与尺寸进行观察。

(3)分析不同反应溶剂和硫源对所制备的 CdS 纳米材料的结构与形貌的影响。

【思考题】

(1)溶剂热法的特点是什么？

(2)溶剂热法制备 CdS 纳米材料的过程中，哪些因素会影响最终产物？

(3)在本实验中，反应溶剂对最终产物的结构与形貌有哪些影响？

(4)根据实验结果，请推测溶剂热反应过程中 CdS 纳米材料的生长机理。

【参考文献】

[1] 刘漫红. 纳米材料及其制备技术. 北京: 冶金工业出版社, 2014.

实验 3　溶胶-凝胶法制备 TiO_2 纳米材料

溶胶-凝胶法起源于胶体化学的研究，是 20 世纪 30 年代至 70 年代发展起来的一种制备玻璃、陶瓷等无机材料的新方法。近年来被广泛用于制备纳米材料。溶胶-凝胶法不仅可用于制备纳米粉体，还可以用于制备纳米薄膜、纳米纤维、纳米块材和纳米复合材料。

【实验目的】

(1)理解溶胶-凝胶法制备纳米材料的实验原理;

(2)掌握溶胶-凝胶法制备 TiO_2 纳米材料的实验方法;

(3)采用溶胶-凝胶法制备 TiO_2 纳米颗粒,并对不同热处理温度下得到的样品的结构与形貌进行分析。

【实验背景与原理】

1. 溶胶-凝胶法的实验原理

溶胶-凝胶法是应用胶体化学原理制备无机材料的一种液相化学法,是指金属有机或无机化合物经过溶液水解直接形成溶胶或经解凝形成溶胶、凝胶而固化,再经热处理(干燥、烧结)而形成氧化物或其他化合物的方法[1],溶胶-凝胶法的化学原理已经在 2.1.4 节中介绍过,在此不做赘述。

2. 溶胶-凝胶法制备纳米材料的基本实验方法

溶胶-凝胶法制备纳米材料一般包括制备溶胶、溶胶-凝胶转化、凝胶的干燥和凝胶的热处理这四个基本工艺过程,如图 4-3-1 所示。

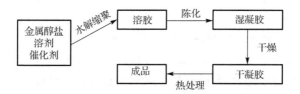

图 4-3-1 溶胶-凝胶法的基本工艺过程

(1)制备溶胶。首先,将反应原料分散在溶剂中。因为金属醇盐在水中的溶解度不大,一般选取醇作为溶剂,如无水乙醇。然后,向溶液中加入适量的水,得到金属醇盐和水的均相溶液,以保证水解反应在分子水平上进行。同时,为了控制水解速率,常在溶液中加入络合剂或抑制剂,如乙酰丙酮、乙二醇胺、冰醋酸等。为保证分散均匀,制备过程中要对溶液进行快速搅拌。调控水解过程中溶液的 pH、加水量、溶剂量和水解温度等,最终形成溶胶。实验中常用盐酸和氨水作为 pH 调节剂。加水量的多少要根据实验目的来确定,加大量水有助于金属醇盐充分水解形成粒子溶胶,而加少量水使得水解产物与未水解醇盐分子可以继续聚合形成聚合溶胶。

(2)溶胶-凝胶转化。溶胶经过陈化可以得到湿凝胶。在陈化过程中,随着溶胶中溶剂的蒸发以及缩聚反应的进行,粒子的平均粒径增加,三维网格结构慢慢形成,溶胶的流动性逐渐降低,逐渐向凝胶转化。陈化的程度可根据实验目的而确定，如果需要提拉涂膜，陈化的程度要轻一些，而对于制备粉末材料，则可以陈化得重一些。

(3)凝胶的干燥。在一定条件下(如加热)，蒸发溶剂，得到干凝胶。湿凝胶内包裹着大量溶剂和水，在干燥过程中，溶剂和水从体系中挥发，产生应力，且分布不均，容易使凝胶收缩甚至开裂，因此要严格控制其挥发速度，降低凝胶收缩和开裂程度。

(4)干凝胶的热处理。热处理过程可以消除干凝胶中的气孔，使得产物的相结构和形貌满足材料的性能要求。由于不同结构的纳米材料具有不同的热稳定性，根据实验目的可在不同温度下进行热处理，最终制备出所需的纳米材料。

3. 溶胶-凝胶法制备纳米材料的特点

(1)化学组分均匀。原料被分散到溶剂中得到反应溶液，各组分在分子水平混合，便于获得均相多组分体系，使得产物能够在分子水平上达到高度均匀。

(2)纯度高。溶胶的前驱物可以提纯，保证了原料的纯度；溶胶-凝胶过程可以在低温下可控进行，不需要机械研磨等过程，制备过程中引入的杂质较少，因而制备的材料纯度较高。

(3)反应条件温和，操作温度较低，制备过程易于控制，可以制备出传统方法无法实现的多种纳米材料。

(4)具有溶胶-凝胶的流变性质，易于结合旋涂、提拉、浸渍、喷射等技术手段制备出块状、棒状、管状、粒状、纤维、薄膜等各种纳米材料。

(5)工艺操作简单，无须使用昂贵的设备，易于工业化生产。

尽管溶胶-凝胶法制备纳米材料具有诸多的优点，且已有一些工业化生产，但仍存在着一定的局限性。该方法所使用的原料价格比较昂贵，多为有机物，对健康有害；整个溶胶-凝胶过程通常需要几天或几周的时间，制备工艺周期较长；凝胶中存在大量的微孔，干燥过程中由于溶剂和水的挥发，材料内部会产生收缩应力，导致材料脆裂。

【试剂与仪器】

1. 试剂

钛酸四丁酯(分析纯)、冰醋酸(分析纯)、浓盐酸(分析纯)、无水乙醇(分析纯)、去离子水等。

2. 仪器

电子天平、超声清洗仪、磁力搅拌器、恒温加热箱、恒温水浴锅、量筒、烧杯等。

分析设备包括 X 射线衍射分析仪、扫描电子显微镜等。

【实验步骤】

(1)将实验所需的容器进行超声清洗,并用去离子水冲洗若干次,然后放入干燥箱中烘干备用。

(2)量取 10 mL 钛酸四丁酯,在磁力搅拌下缓慢滴入 35 mL 无水乙醇中,混合均匀,得到黄色澄清的反应溶液 A。

(3)在磁力搅拌条件下,将 10 mL 去离子水和 4 mL 冰醋酸加入到 35 mL 无水乙醇中,得到反应溶液 B。向反应溶液 B 中滴入 1～2 滴浓盐酸,调节反应溶液的 pH 至≤3。

(4)将上述反应溶液 A 缓慢滴入反应溶液 B 中,得到浅黄色反应混合液。然后将该反应混合液置于 40℃恒温水浴中,反应 4 h 后得到白色凝胶。

(5)将白色凝胶置于 80℃干燥箱中烘干 20 h,得到黄色晶体,研磨,得到淡黄色粉末。

(6)最后,将淡黄色粉末在不同的温度下(200℃、300℃、400℃、500℃、600℃、700℃、800℃、900℃)进行热处理 4 h,得到最终的 TiO_2 纳米材料。

【注意事项】

(1)为保证初始溶液的均相性,在配制反应溶液 A 和反应溶液 B,以及把反应溶液 A 滴入反应溶液 B 时,均需要缓慢滴入,并施以强烈搅拌。

(2)恒温水浴加热处理得到的白色凝胶,要保证倾斜烧瓶凝胶不流动。

【结果分析与数据处理】

(1)利用 X 射线衍射分析仪对产物进行表征,通过不同热处理温度下 TiO_2 纳米材料的结构变化特征,分析产物中锐钛矿和金红石的相含量和晶粒大小。

(2)用扫描电子显微镜对产物进行表征,分析不同热处理温度对 TiO_2 纳米材料结构的影响规律。

【思考题】

(1)溶胶-凝胶法制备纳米材料过程中,需要注意的要点有哪些?

(2)溶胶-凝胶法中,如何选择金属醇盐?

(3)热处理温度对 TiO_2 的结构和形貌有什么影响?

【参考文献】

[1] 黄金开. 纳米材料的制备及应用. 北京: 冶金工业出版社,2009.

实验 4　静电纺丝法制备 TiO₂ 纳米材料

　　静电纺丝法是一种简单、高效、适用性广和成本低廉的一维纳米材料制备方法，被认为是最有可能实现纳米纤维工业应用的制备技术。通过静电纺丝法制备的纳米纤维的直径在几纳米到几微米之间，长径比可达 10^5 数量级。采用该方法可以制得多种功能性纳米纤维，在生物医疗、纳米传感、催化、柔性电子等领域具有广泛的应用前景。

【实验目的】

　　(1) 理解静电纺丝法制备纳米材料的基本原理；
　　(2) 了解静电纺丝装置的基本构造；
　　(3) 掌握静电纺丝法制备 TiO₂ 纳米线的基本实验方法。

【实验背景与原理】

1. 静电纺丝法制备一维纳米材料的基本原理

　　静电纺丝法制备一维纳米材料的过程主要是在高压静电场的作用下使熔融态的聚合物或聚合物溶液形成纳米纤维的过程。在高压静电场中，带有电荷的熔融态聚合物或聚合物溶液经过喷射、拉伸、劈裂、溶剂挥发或固化等一系列过程最终形成前驱体纳米纤维，然后再经过高温煅烧实现一维纳米材料的制备[1]。

2. 静电纺丝实验装置

　　静电纺丝装置包括高压电源、溶液存储装置、喷射装置(如内径 1 mm 的金属针头)和收集装置(如金属平板、铝箔、钛片等)四个组成部分，如图 4-4-1 所示。将一定浓度的高聚物溶液置于连接有金属针头的溶液存储装置上，从金属针头不断推出液滴，当金属针头和收集装置间施加电压时，针头尖端处的液滴表面上会带上电荷，此时液滴既要承受外电场施加的库仑力又要承受电荷之间的静电斥力。在上述电场力的作用下，毛细管尖端液滴被拉伸成圆锥形，形成"泰勒锥"。当电场强度继续增大到某一临界值时，流体表面的静电斥力可以克服液滴自身的表面张力时，带电流体就会从泰勒锥的顶点喷射出来，形成带电射流。带电射流在电场作用下加速喷射到收集装置上纺丝。在这一过程中，随着液滴的不断拉伸和溶剂的不断挥发，液滴会从直径上百微米的球形变为横截面直径只有几十纳米的纤维状，最终集结在接收板上。

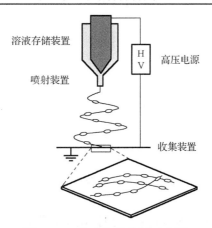

图 4-4-1 静电纺丝装置示意图

3. 静电纺丝法的主要影响参数

(1)溶液的性质，包括浓度、黏度、电导率、表面张力、液体流量等。高分子的选取要考虑其分子量，分子量过高或过低都会影响纺丝液的黏度；纺丝液的黏度会影响液滴的表面张力，最终影响材料的直径；溶剂的选取需考虑蒸气压，它决定着溶剂的挥发性，会影响材料的固化，同时溶剂的电导率也会影响静电纺丝过程中的电荷分布。

(2)纺丝电压。施加的电压要适中，过低时很难使液滴克服表面张力，形成射流。

(3)工作距离，即喷射装置与接收装置的间距。工作距离要合适，间距太近，两级之间容易产生火花，溶剂不易挥发且不安全；间距太远则会使施加的电场强度降低，导致得到的纳米材料的直径过大。

(4)实验环境。静电纺丝过程中环境的温度、湿度、空气流速等也会对所制备的纳米材料造成影响。

4. 静电纺丝法制备一维纳米材料的优势

(1)静电纺丝技术具有成本低廉、操作简便的优点，可以在短时间内制备出大量一维纳米材料。

(2)静电纺丝法制备纳米材料的尺寸易于调控，并且具有较高的比表面积和较大的长径比。

(3)该技术具有较好的普适性，只需要保证所需的材料前驱体能够溶解或分散于合适的溶剂中，形成均匀的纺丝前驱体溶液即可。

【试剂与仪器】

1. 试剂

钛酸四丁酯(分析纯)、乙酰丙酮(分析纯)、乙酸(分析纯)、聚乙烯吡咯烷酮(分析纯)、无水乙醇(分析纯)、去离子水等。

2. 仪器

静电纺丝机、电子天平、超声清洗仪、磁力搅拌器、恒温水浴锅、恒温加热箱、量筒、烧杯等。

分析设备包括 X 射线衍射分析仪、扫描电子显微镜等。

【实验步骤】

1. 清洗实验容器

将实验所需用的容器用清洁剂清洗，并用去离子水冲洗 3 次，放入恒温加热箱中烘干备用。

2. 制备溶胶

(1)在 30℃ 的条件下，磁力搅拌，将 8.5 mL 钛酸四丁酯缓慢滴加到 30mL 的无水乙醇中，同时缓慢滴加 0.5 mL 乙酰丙酮，得到淡黄色反应溶液 A。

(2)在磁力搅拌条件下，将 2 mL 乙酸、3 mL 去离子水滴加到 30 mL 的无水乙醇中，得到反应溶液 B。

(3)在磁力搅拌条件下，将反应溶液 B 缓慢滴加到反应溶液 A 中，得到反应混合溶液。

(4)量取 15mL 上述反应混合溶液，并称量 1.1 g PVP 粉末(Mr=130 万)，在室温条件下将 PVP 缓慢加入反应混合溶液中，持续搅拌直至 PVP 完全溶解且没有气泡，得到淡黄色透明的溶胶。

3. 静电纺丝

(1)实验前，使用无水乙醇清洗注射器(针头、针管)、导管、衬底(钛片或硅片)。

(2)将衬底固定在收丝装置上。

(3)打开静电纺丝机。首先按下静电纺丝机总电源按钮(main power)，启动总电源，然后启动微量泵电源(pump power)，如图 4-4-2 所示。

(4)灌注溶液，将已制备好的溶胶注入注射器，将针头朝上，排出针筒中的空气，用酒精棉擦掉多余溶液。将针筒与导管连接，并安装合适针头，慢慢推动针筒活塞，直至看到注射针头上有液滴流出，擦拭多余溶液。

（5）将注射针筒装入微量泵，导管穿过静电纺丝机外壳，将针头固定在电极上。长按暂停键关闭不用的通道，设定流量大小为 0.4 mL/h。

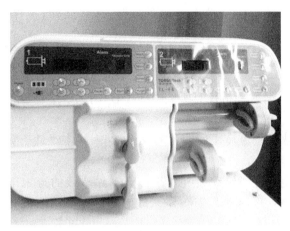

图 4-4-2　静电纺丝机

（6）按下滑台复位按钮（scan home），复位滑台。在触摸屏里设置合适的扫描起点、扫描行程、扫描速度、纺丝时间、滚筒转速和加减速时间（图 4-4-3）。按下"drum start"，启动收丝装置，待滚筒转速达到设定值，按下"scan start"启动滑台。

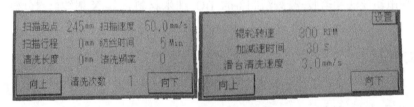

图 4-4-3　触摸屏设置参数

（7）打开 LED 灯电源，按下微量泵的启动按钮"start"，观察针头是否立刻有液体挤出，若针头上立刻有液滴出现，则开启高压模块，设置高压 12～15 kV，低压 −2 kV（电压值作为变量可调整）进行纺丝。若观察不到明显出丝，则可手动按注射泵上的"Purge"键两次，第一次短按、第二次长按，观察到有出丝后松开。

（8）纺丝数分钟后，根据后续实验要求即可停止实验，先关闭高压装置，按下"scan stop"停止滑台运行，再复位滑台，按下"drum stop"使滚筒停止转动。中途若观察到不出丝的情况则按上一步操作手动推动注射器。纺丝结束后，用镊子取下样品，关闭微量泵电源、LED 灯电源，最后关闭静电纺丝机总电源。

（9）将纺丝后的样品在不同温度下（200℃、300℃、400℃、500℃、600℃、700℃、800℃、900℃）热处理 4 h，得到一系列的 TiO_2 纳米线。

【注意事项】

在配制反应溶液 A 和反应溶液 B、把反应溶液 A 滴入反应溶液 B，以及把 PVP 加入混合液的过程中，操作一定要缓慢，同时剧烈搅拌，以防出现沉淀或气泡。

【结果分析与数据处理】

(1) 利用 X 射线衍射分析仪对所制备的 TiO_2 纳米线进行物相分析，在 Mdi Jade 中进行物相识别。

(2) 分析不同热处理温度下所制备的 TiO_2 纳米线中锐钛矿和金红石的相含量、晶粒大小。

(3) 利用扫描电子显微镜观察所制备的 TiO_2 纳米线的形貌与尺寸。

(4) 分析不同热处理温度对 TiO_2 纳米线的结构与形貌的影响规律。

【思考题】

(1) PVP 在溶胶制备中的作用是什么，不同分子量的 PVP 作用一样吗？

(2) 影响静电纺丝的因素有哪些？这些因素对其结构和形貌有什么影响？

(3) 热处理温度对 TiO_2 纳米线的结构和形貌有什么影响？

(4) 静电纺丝法和溶胶-凝胶法制备的 TiO_2 纳米材料，其 X 射线衍射分析结果有什么异同？

【参考文献】

[1] 赵伟杰. 静电纺丝制备钛基异质结复合纳米纤维及其光催化性能研究. 杭州: 浙江理工大学, 2019.

实验 5　电化学沉积法制备 ZnO 纳米阵列薄膜

电化学沉积法是一种在外加电压或电流的作用下，使电解质溶液中的待沉积物质在阳极或阴极生成功能性薄膜或涂层的技术。该方法具有成本低廉、生长温度低、可大面积沉积、生长速度快及环境友好等诸多优点。随着技术的不断发展，应用电化学沉积法已成功制备了金属化合物半导体薄膜、高温超导氧化物薄膜、电致变色氧化物薄膜及纳米金属薄膜等。

【实验目的】

(1) 理解电化学沉积法制备纳米材料的基本原理；

(2)掌握电化学沉积法制备纳米材料的操作过程;

(3)采用电化学沉积法制备 ZnO 纳米阵列薄膜。

【实验背景与原理】

1. 电化学沉积法的基本原理

(1)阴极还原沉积原理。

阴极还原沉积是以导电的金属(或非金属)作为阴极,在含有一定浓度待沉积物质的溶液中,通过控制温度、电解质溶液的 pH、沉积电流和电势,使待沉积物质在阴极还原并沉积到其表面,从而制备出所需要的薄膜材料。

(2)阳极氧化沉积机理。

阳极氧化沉积一般在具有较高 pH 的电解质溶液中进行,一定电压下溶液中的低价金属阳离子在阳极表面被氧化成高价阳离子,然后高价阳离子在电极表面与溶液中的 OH⁻发生反应生成薄膜。

大多数情况下,氧化物的电化学沉积是按阴极还原沉积机理进行的,只有少数氧化物的电化学沉积是按阳极氧化沉积机理进行的。

2. 电化学沉积法的实验装置

采用三电极体系进行电化学沉积,其实验装置示意图如图 4-5-1 所示。沉积不同的材料所采用的沉积条件不同,如沉积时间、沉积电压、沉积电流、沉积温度、沉积液的浓度和 pH 等。对于三电极沉积系统,工作电极(即电化学沉积的阴极)就是产物沉积时的衬底,其本身及表面需要具有良好的导电性,保证电极和电解液界面处电荷转移反应及后续沉积过程的发生。

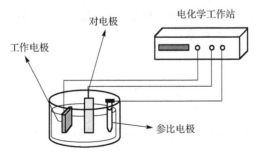

图 4-5-1　三电极电沉积系统示意图

3. 电化学沉积法制备 ZnO 纳米阵列薄膜的反应过程

采用硝酸锌溶液作为电化学沉积液,设置合适的生长温度和沉积电势(相对参比电极)。当进行电化学沉积并在阴极(FTO)施加电压时,溶液中的锌离子在电场的作用下运动到阴极附近，溶液中的硝酸根离子得到电子而发生还原反应，生成亚硝酸根离子，同时在阴极附近生成氢氧根离子，这些氢氧根离子与运动到阴极附近的锌离子发生反应，生成氢氧化锌，氢氧化锌在一定温度下转化为氧化锌[1,2]。具体的电化学反应过程如下：

$$Zn(NO_3)_2 \longleftrightarrow Zn^{2+} + 2NO_3^- \tag{4-5-1}$$

$$NO_3^- + H_2O + 2O_e^- \longleftrightarrow NO_2^- + 2OH^- \tag{4-5-2}$$

$$Zn^{2+} + 2OH^- \longleftrightarrow Zn(OH)_2 \tag{4-5-3}$$

$$Zn(OH)_2 \longleftrightarrow ZnO + H_2O \tag{4-5-4}$$

4. 电化学沉积法制备纳米材料的优势

(1)设备简单，容易操作，原材料利用率高；

(2)材料生长温度低，可以在常温常压下进行操作，生成的薄膜材料中很少存在残余热应力问题，有利于增强薄膜材料与基底之间的结合力；

(3)沉积速率高；

(4)通过控制电压、电流、沉积液组分、pH、温度和浓度等实验参数，可以精确调控材料的化学组分、结构、厚度及孔隙率等；

(5)适合在各种复杂衬底上生长材料；

(6)可以进行大面积的镀覆，适用于批量生产。

【试剂与仪器】

1. 试剂

硝酸锌(分析纯)、聚乙二醇-400(分析纯)、乙二胺(分析纯)、异丙醇(分析纯)、无水乙醇(分析纯)、去离子水等。

2. 仪器

电化学工作站、电子天平、超声清洗仪、磁力搅拌器、恒温加热箱、量筒、烧杯等。

分析设备包括 X 射线衍射分析仪、扫描电子显微镜等。

【实验步骤】

1. 实验器皿预清洗

(1)将实验所需用的容器进行超声清洗，并用去离子水冲洗 3 次，放入干燥箱中烘干备用。

(2)将 FTO 导电玻璃切割成 1.5 cm×4.5 cm 大小，作为材料生长的基底；然后将切割好的 FTO 导电玻璃用去离子水、无水乙醇和异丙醇超声清洗 20 min，以去除基底表面吸附的杂质离子；最后将清洗好的 FTO 导电玻璃保存于密封的异丙醇溶液中备用。

2. 配制电化学沉积液

将一定量的硝酸锌加入 150 mL 的去离子水中，得到 0.0125 mol 的硝酸锌溶液，然后依次加入 200 μL 的聚乙二醇-400 和 50 μL 的乙二胺，持续搅拌 1 h，得到电化学沉积液。

3. 电化学沉积法制备 ZnO 纳米阵列薄膜[3]

(1)采用标准三电极体系进行 ZnO 纳米阵列的电化学沉积实验，其中对电极为铂丝电极、参比电极为 Ag/AgCl 电极、工作电极为预处理后的 FTO 导电玻璃。

(2)电化学沉积过程中，沉积液的温度保持在 70℃，沉积电势设定在–1.1 V 的恒定电势，沉积时间设定为 90 min。

(3)沉积结束后，立即取出工作电极，用镊子取下样品，并置于去离子水中冲洗几次，然后将样品放入 60℃的真空干燥箱中干燥，最终得到 ZnO 纳米阵列。

(4)调控沉积温度(60～90℃)和沉积时间(60～120 min)，研究不同沉积条件对 ZnO 纳米阵列结构和形貌的影响。

【注意事项】

(1)电化学沉积实验前，水浴锅需提前预热至设定温度，保证电化学沉积过程中的温度恒定。

(2)沉积液的体积要适量，既要保证参比电极和对电极浸入沉积液中，也要避免工作电极夹接触到沉积液。

【结果分析与数据处理】

(1)利用 X 射线衍射分析仪对所制备的 ZnO 纳米阵列薄膜进行物相分析。

(2)利用扫描电子显微镜和透射电子显微镜观察所制备的 ZnO 纳米阵列薄膜形貌与尺寸。

(3)分析沉积温度和沉积时间对所制备的 ZnO 纳米阵列薄膜形貌与尺寸的影响。

【思考题】

(1)电化学沉积法制备纳米材料的反应机理是什么？

(2)沉积液中添加聚乙二醇-400 的作用是什么？

(3)影响 ZnO 纳米阵列形貌的主要因素有哪些？

【参考文献】

[1] 徐志堃. 一维 ZnO 纳米结构的制备及其光化学性质的研究. 北京: 中国科学院研究生院, 2012.

[2] 张扬. 电化学沉积技术在电化学传感器和潜指纹显现中的应用. 北京: 北京科技大学, 2016.

[3] Fu S Y, Chen J R, Han H S, et al. ZnO@Au@Cu$_2$O nanotube arrays as efficient visible-light-driven photoelectrod. Journal of Alloys and Compounds, 2019, 799: 183-192.

实验 6　化学气相沉积法制备 ZnO 纳米线

化学气相沉积法是近几十年发展起来的制备无机材料的新技术。该技术最初被用于传统的晶体和薄膜生长，后来逐渐用于制备粉状、块状和纤维等材料，目前也被广泛用于制备碳纳米管、硅纳米线等多种一维纳米材料。化学气相沉积技术对半导体和集成电路技术的发展起着重要的作用。

【实验目的】

(1) 理解化学气相沉积法制备纳米材料的基本原理；

(2) 掌握化学气相沉积法实验装置的基本构造及操作流程；

(3) 采用化学气相沉积法制备 ZnO 纳米线。

【实验背景与原理】

1. 化学气相沉积法制备纳米材料的基本原理

化学气相沉积法是指在远高于临界反应温度的前提下，通过化学反应，反应产物蒸气形成很高的过饱和蒸气压，自动凝聚形成大量的晶核，这些晶核不断长大，聚集成颗粒，随着气流进入低温区，最终在收集室内得到纳米粉体[1]。对于化学气相沉积法，除了单纯的热蒸发外，还可以使用射频、微波等方法产生等离子体来辅助材料生长，这样的方法被称为等离子体增强化学气相沉积(PECVD)法。等离子体增强化学气相沉积法可以在较低温度下完成较难发生的反应，同时易于实现对产物的掺杂。化学气相沉积法的基本原理已经在 2.2.2 节中介绍过，在此不做赘述。

2. 化学气相沉积法实验装置

化学气相沉积法实验装置的主体是由一台温度和气氛可控的管式炉组成的。实验装置示意图如图 4-6-1 所示。化学气相沉积过程就是利用易挥发的原料与其他气体发生化学反应，形成不易挥发的固体产物在基底上沉积下来的过程[2]。

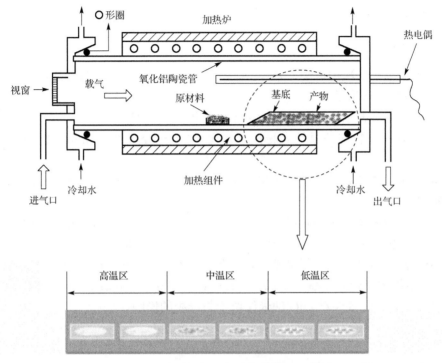

图 4-6-1　化学气相沉积法实验装置示意图

3. 化学气相沉积法制备纳米材料的特点[3]

化学气相沉积技术是原料气或蒸气通过气相反应沉积出固态物质，采用该技术制备纳米材料时具有如下特点。

(1)沉积反应发生在气-固界面，沉积物可以按照基底的形状包覆成膜。

(2)沉积产物可以是成分单一的无机合成物质。

(3)沉积物在基底上达到一定厚度时，容易与基底分离，得到各种特定形状游离的沉积物。

(4)当化学气相沉积反应发生在气相中而不是基底表面时，可以得到细粉状物质或纳米微粒。

【试剂与仪器】

1. 试剂

氧化锌(分析纯)、碳粉、氩气/氧气等。

2. 仪器

电子天平、超声清洗仪、纯水机、管式炉等。

分析设备包括 X 射线衍射分析仪、扫描电子显微镜、紫外-可见分光光度计等。

【实验步骤】

(1)实验前，依次用丙酮、无水乙醇、去离子水超声清洗样品基片，本实验使用单晶硅或石英片作为基片。

(2)利用磁控溅射仪在预处理后的基片上镀一层金膜。

(3)将氧化锌粉与还原性碳粉按摩尔比 1∶1 充分研磨 20 min，然后转移至坩埚中。

(4)将坩埚放置在管式炉的中央，将 3~5 片镀金基片放在坩埚的上风口或下风口方向位置。

(5)关闭管式炉，使用机械泵抽真空 20 min 左右，氩气/氧气按照 90/1 sccm 流量流入，核心区温度 950℃，保温 20 min，然后自然冷却。

(6)待温度冷却后取出样品基片，得到生长在基片上的 ZnO 纳米线。

(7)调控煅烧温度 (900~1100℃，120 min)，得到不同煅烧条件下的 ZnO 纳米线，研究不同煅烧条件对 ZnO 纳米线结构与形貌的影响。

【注意事项】

管式炉的升温速率不能高于 10℃/min。

【结果分析与数据处理】

(1)利用 X 射线衍射分析仪，得到所制备 ZnO 纳米线的晶相、晶格参数等信息。

(2)利用扫描电子显微镜观察所制备 ZnO 纳米线的形貌与尺寸。

(3)利用紫外-可见分光光度计来研究样品的光学性质。测试样品的吸收光谱，得到 ZnO 纳米线的吸收带边，进而推算出 ZnO 纳米线的禁带宽度。

(4)基于上述分析结果，分析煅烧温度对 ZnO 纳米线结构与形貌的影响。

【思考题】

(1)ZnO 一维纳米材料具有哪些用途？

(2)等离子体在 PECVD 中的作用是什么？

(3)ZnO 纳米材料的带隙如何通过实验检测？

(4)ZnO 纳米材料的光致发光谱带有哪些，影响其谱带的因素有哪些？

【参考文献】

[1] 孙玉绣, 张大伟, 金政伟. 纳米材料的制备方法及其应用. 北京: 中国纺织出版社, 2010.

[2] Dai Z R, Pan Z W, Wang Z L. Novel nanostructures of functional oxides synthesized by thermal evaporation. Advanced Functional Materials, 2003, 13: 9-24.

[3] 宋旭波. 等离子体及化学气相沉积法合成一维纳米材料及性能研究. 北京: 北京大学, 2008.

实验 7　直流溅射法制备金属薄膜

直流溅射法是物理气相沉积(physical vapor deposition，PVD)的一种，一般被用于制备金属、半导体、绝缘体等多种类型的材料，具有设备简单、易于控制、镀膜面积大和附着力强等优点，目前已经成为工业镀膜中最主要的技术之一。

【实验目的】

(1)理解直流溅射法制备薄膜的基本原理；
(2)掌握直流溅射法镀膜的基本流程；
(3)利用直流溅射法制备铝和银金属薄膜。

【实验背景与原理】

1. 直流溅射法制备金属薄膜的基本原理[1]

直流溅射法的基本原理如图 4-7-1 所示。将两块金属板平行放置在氩气中(40～250 MPa)，在阴极(蒸发材料靶)和阳极(Al 衬底板)间施加 0.3～1.5 kV 的高电压，利用两级间的辉光放电形成高能 Ar$^+$。Ar$^+$在电场的作用下轰击阴极的蒸发材料靶，通过级联碰撞，使靶材原子或分子从其表面蒸发出来形成超微粒子，并沉积在衬底表面形成薄膜。粒子的大小和尺寸分布主要取决于两电极间的电压、电流和气体压力。直流溅射法只能用于溅射导体材料，不适用于绝缘材料；对于绝缘靶材或导电性很差的非金属靶材，需采用射频溅射法。

2. 辉光放电

辉光放电是气体放电的一种类型。干燥气体通常是良好的绝缘体，但当气体中存在自由带电粒子时，它就变为电的导体。这时如在气体中安置两个电极并加上电压，就有电流通过气体，这个现象称为气体放电。能产生辉光放电最简单的装置是在真空室中放置两个平行相对的电极。先把真空室抽到一定的真空度，然后通入 0.1～10 Pa 的气体，通常为惰性气体，比如氩气，当外加直流高电压超过气体的起始放电电压时，气体被击穿，产生大量的 Ar^+ 和自由电子，气体就由绝缘体变成良好的导体。自由电子在阴阳两极电场作用下被加速，具有较高能量的自由电子在运动过程中使 Ar 原子进入激发态，处于激发态的 Ar 原子返回到基态时引起发光，这时两电极之间就会出现明暗相间的发光层，气体的这种放电就称为辉光放电。辉光放电是一种稳定的自持放电，也就是将原始电离源去掉后放电仍能维持。

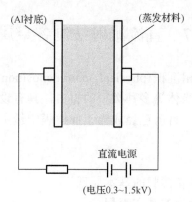

图 4-7-1　直流溅射法的原理图

3. 阴极位降区

辉光放电过程中，阴阳两极间的电势差(电压降)主要集中在阴极附近很窄的区域内，这个区域称为阴极位降区。辉光放电中，电离的气体正离子(Ar^+)和自由电子在这一狭窄的区域内被加速，所以阴极位降区是辉光放电中最重要的区域，实验中的辉光放电现象主要集中在阴极位降区附近。

4. 电荷交换相互作用

在阴极位降区内电场的作用下，Ar^+ 向着阴极靶加速，这些高能 Ar^+ 在向着阴极运动过程中，一部分 Ar^+ 可以直接碰撞阴极，而另一部分 Ar^+ 会与阴极位降区内的 Ar 原子发生碰撞，在这一碰撞过程中，Ar^+ 和 Ar 原子之间发生电荷交换相互作用。高速运动的 Ar^+ 和一个静止的 Ar 原子发生碰撞后会产生一个静止的 Ar^+ 和一个高速运动的 Ar 原子；碰撞后，高速运动的 Ar 原子的运动方向同原来高速运动的 Ar^+ 的运动方向相同，而碰撞后静止的那个 Ar^+ 由于带电，将在碰撞位置从静止开始再次被电场所加速。因此，碰撞阴极靶的高能粒子包括高速 Ar^+ 和高速 Ar 原子。

5. 级联碰撞模型

图 4-7-2 所示为级联碰撞模型的示意图。入射的高能粒子与固体(靶)表面原子或分子发生碰撞时，把能量传递给靶，通过动量转移把靶中处于平衡位置的晶格原子撞出，使其离开其平衡位置；离开平衡位置的原子继续碰撞靶中的其他原子，这种碰撞继续下去形成级联碰撞。当级联碰撞延伸到靶表面，使靶表面原子或分子的能量足以克服它们之间的结合能时，靶表面原子或分子脱离其表面逸出，成为被溅射的原子或分子。

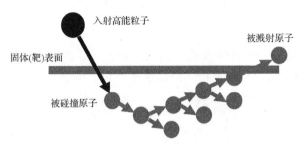

图 4-7-2　级联碰撞模型示意图

6. 直流溅射镀膜设备

直流溅射镀膜设备主要由镀膜室和真空排气系统两大部分组成，如图 4-7-3 所示。薄膜的制备过程需要在镀膜室内完成。真空排气系统主要用于对镀膜室抽真空，真空排气系统通常由机械泵、分子泵，以及必要的管路和阀门组成。

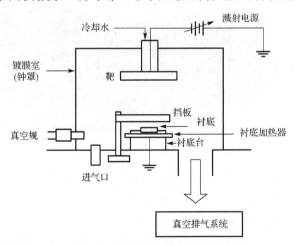

图 4-7-3　直流溅射镀膜设备示意图

镀膜室中的靶作为阴极被加上一个负电势，衬底作为阳极是接地的，这样在靶和衬底之间就形成了高压。氩气从进气口进入镀膜室，在靶材的附近产生辉光放电，

形成 Ar^+，Ar^+ 在阴阳两极电压下被加速轰击靶材，将靶材中的原子或分子溅射出来，溅射出来的分子和原子沉积到衬底表面就形成了薄膜。由于靶的表面受到 Ar^+ 的轰击，所以表面温度很高，需要用冷却水进行冷却。

【试剂与仪器】

1. 试剂

实验中所用到的试剂包括氩气、金属 Ag 靶和金属 Al 靶。

2. 仪器

实验中所使用的是 JPG450 型磁控溅射沉积系统，其实物如图 4-7-4 所示。该系统主要包括镀膜室、真空排气系统、冷却水循环机、电学控制部分、真空控制部分。

图 4-7-4　JPG450 型磁控溅射沉积系统

(1) 镀膜室：提供真空环境，薄膜的制备在镀膜室内进行。

(2) 真空排气系统：用于对镀膜室抽真空。

(3) 冷却水循环机：用于对靶材进行冷却。

(4) 真空控制部分：用于机械泵和分子泵的控制、真空度的测量、样品台的旋转等。

(5) 电学控制部分：用于 Ar 气流量、电流和电压的控制等。

【实验步骤】

本实验采用直流溅射法制备 Al 和 Ag 两种金属薄膜。

1. 实验准备工作

(1)打开总电源,注入冷却水,确认水压开关已经打开;

(2)打开进气阀 V4,向真空室内部进空气,然后打开真空室;

(3)放入试验样品,关闭进气阀 V4,以及保证进气阀均处于关闭状态。

2. 抽真空

(1)打开真空计,并打开机械泵,随即打开旁边的抽角阀 V1(拧到底再回两圈);

(2)当真空计小于 20 Pa 时,将电磁阀打开;

(3)先打开闸板阀 G,后关闭旁边的抽角阀 V1;

(4)当压强降为 3~5 Pa 时,打开分子泵,抽至需要的压强($5.0×10^{-4}$ Pa)。

3. 准备氩气

(1)关闭电离规真空计;

(2)打开气瓶,调节副表至一个小格左右;

(3)缓慢打开进气阀 V3,消耗掉剩余气体;

(4)打开进气阀 V6;

(5)调节流量显示仪至"阀控"位置,调节旋钮至 40 sccm 左右(Al)/15 sccm 左右(Ag);

(6)打开溅射靶电源预热 2 min。

4. 溅射

(1)调节闸板阀 G,将气压调至 3~5Pa,起辉,调节直流溅射电源,调整工作功率(Al 为 150 W,Ag 为 60 W);

(2)然后调节闸板阀 G 至工作压强(一般为 1Pa 左右),开始溅射,溅射时间根据所需薄膜厚度进行调节;

(3)用软件控制样品转动,溅射其他样品。

5. 关机

(1)先将功率调节至 0,关闭溅射电源(关闭加热及自转);

(2)将流量显示仪调至关闭状态,关闭显示仪电源;

(3)将 G 阀开到最大,用分子泵 T 直接为溅射室抽气,进入高真空状态;

(4)关分子泵，关掉气瓶；

(5)20 min 后，关闭 G 阀，关闭电磁阀与机械泵，关掉总电源。

6. 取样

(1)打开接钢瓶的放气阀 V4，充分暴露大气；

(2)电动提升真空室上盖，戴上洁净手套，取出样品。

【注意事项】

(1)实验前检查确认真空室内样品、工件架等是否按要求放置稳妥。

(2)镀膜完成后，要关闭电子枪和离子源等开关，待设备冷却后关闭电源。

【结果分析与数据处理】

(1)利用扫描电子显微镜观察所制备的 Ag 和 Al 膜的表面形貌。

(2)利用紫外-可见分光光度计分析所制备 Ag 和 Al 膜的光学性质。

【思考题】

(1)直流溅射过程中对薄膜生长速度和形貌产生影响的参数有哪些？

(2)如何分析薄膜的质量和厚度？可用哪些分析手段？

【参考文献】

[1]　李群. 纳米材料的制备与应用技术. 北京: 化学工业出版社，2008.

实验 8　高能球磨法制备 Bi_2Te_3 纳米材料

　　高能球磨法是机械球磨技术中应用最为广泛的一种方法。由于该方法是利用机械能达到合金化，而不是利用热能或电能，所以也称为机械合金化。与传统的低能球磨法相比较，该方法球磨的运动速度较大，不受临界转速的限制，能够通过磨球将动能传递给作用物质，能量利用率较高，目前已成为制备纳米材料的重要方法之一。

【实验目的】

(1)理解高能球磨法的基本原理；

(2)掌握高能球磨法制备纳米材料的基本工艺；

(3)采用高能球磨法制备 Bi_2Te_3 纳米材料，探究其微观生长机理。

【实验背景与原理】

1. 高能球磨法制备纳米材料的基本原理

高能球磨法是制备纳米材料的一种重要途径，它不仅被广泛用来制备新金属材料，而且被用来制备非晶材料、纳米材料及陶瓷材料等，成为材料研究领域内一种非常重要的方法。它是一种通过机械力的作用使原料粉末合金化的技术[1]。高能球磨的基本过程是将单质粉末或者混合粉末与球磨介质(如钢球)一起装入高能球磨机中进行机械研磨，粉末不断经历磨球的碰撞、挤压而反复变形、断裂、冷焊，最终达到断裂和冷焊的平衡，形成表面粗糙、内部结构精细的超细粉体。机械合金化方法是在固相下实现原料粉末间的合金化，无须经过气相或液相反应，不受物质的蒸气压、熔点、化学活性等因素的影响，能够制备成分均匀、组织细小的材料。高能球磨法的基本原理已经在 2.3.1 节中介绍过，在此不做赘述。

2. 高能球磨法制备纳米材料的基本工艺

高能球磨法制备纳米材料的基本工艺通常由以下几个部分组成。

(1)根据所制备纳米材料的元素组成，选择两种或多种单质或合金粉末组成初始粉末。

(2)选择球磨介质，根据所制纳米材料的性质，选择钢球、刚玉球或其他材质的球作为球磨介质。

(3)将初始粉末和球磨介质按一定的比例放入球磨罐中进行球磨。在球磨过程中，通过球与球、球与球磨罐壁的碰撞制成粉末，并使其发生塑性形变，形成小颗粒粉体。随着球磨时间的延长，粉体颗粒进一步细化，并发生扩散和固态反应，形成单质或合金纳米粉体。

(4)球磨时一般需要使用 Ar、N_2 等惰性气体进行保护。

(5)对于塑性非常好的纳米粉体，需要加入一定量的过程控制剂，如无水乙醇或硬脂酸，防止粉末出现严重的团聚、结块和黏壁现象。

3. 高能球磨法的主要影响因素

高能球磨法是一个无外部热能供给的高能球磨过程，是一个由大晶粒变成小晶粒的过程，高能球磨所需的设备很少，工艺相对简单，但影响球磨产物的影响因素却很多。

(1)**球磨容器**。球磨容器的材质和形状对球磨产物有着重要的影响。球磨容器的材料通常为淬火钢、工具钢、不锈钢等。在球磨过程中，球磨介质对球磨容器内壁的碰撞和摩擦，会导致内壁的部分材料脱落而污染球磨粉体。同时，球磨容器的形状，特别是内壁的形状设计会影响球磨介质的滑动速度，改变介质间的摩擦作用。

(2) **球磨转速**。球磨机的转速越高，就会将更多的能量传递给球磨粉体，但不是转速越高越好。因为随着球磨机转速的提高，球磨介质的转速也会提高，当离心力大于重力时，球磨介质会紧贴容器内壁，球、粉体与容器相对静止，球磨作用停止，严重影响了塑性变形和合金化进程；同时，转速过高会使球磨体系的温升过快，温度过高也会影响球磨过程。

(3) **球磨时间**。球磨时间直接影响球磨产物的组分、粒径和纯度。不同的材料体系具有不同的最佳球磨时间。在一定条件下，随着球磨时间的增加，合金化程度越来越高，颗粒尺寸会逐渐减小并最终形成一个稳定的平衡状态。但球磨时间越长，造成的原料污染也越严重，影响产物纯度。

(4) **球磨介质**。为避免球磨介质对球磨样品的污染，高能球磨中一般选用不锈钢球作为球磨介质。对于一些易磨性较好的材料，也可以选用瓷球。

(5) **球料比和装球容积比**。球料比是指球磨介质与球磨原料的质量比，球料比影响粉体颗粒的碰撞频率，球料比越高，合金化速率越快、越充分，但球料比过大，生产率会大大降低。装球容积比过大，球运动的平均自由程减小，微粒变形量减小，效率降低。

(6) **球磨温度**。球磨温度升高，球磨所得到的纳米粉体的有效应变减少，晶粒尺寸增大，会影响粉末制成块体材料的力学性能。

(7) **球磨气氛**。在球磨过程中，粉体粒子会产生新生表面，其表面能较高，极易被氧化而重新结合在一起，因此，球磨过程一般在真空或惰性气体保护下进行。

(8) **过程控制剂**。在球磨过程中，为了较好地控制粉末成分，提高出粉率，可以通过添加过程控制剂，如硬脂酸、无水乙醇、固体石蜡等，来防止粉体出现严重的团聚、结块和黏壁现象。

【试剂与仪器】

1. 试剂

实验中所用到的试剂包括碲粉(分析纯)、铋粉(分析纯)、无水乙醇(分析纯)、去离子水等。

2. 仪器

实验中所用到的仪器包括全方位行星式球磨机、球磨罐(带不锈钢球)、电子天平、超声清洗仪、纯水机、恒温加热箱等，球磨机结构简图如图4-8-1所示。

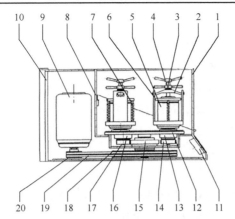

1．机罩　2．扁担　3．锁紧螺母　4．压紧螺杆　5．球磨罐　6．拉马套　7．罐夹
8．安全开关　9．电机　10．机座　11．控制器　12．大盘　13．行星轮系　14．行星齿轮
15．固定齿轮　16．过渡轮系　17．过渡齿轮　18．大带轮　19．大三角带　20．小带轮

图 4-8-1　球磨机结构简图

实验中所用到的分析设备包括 X 射线衍射分析仪、扫描电子显微镜等。

【实验步骤】

(1)实验前，依次用无水乙醇和去离子水球磨清洗球磨罐 20 min，然后在 60℃
的干燥箱中烘干。

(2)按照设定的配料比计算出 Bi 粉和 Te 粉的反应用量。然后精确称取反应原料，
并依次加入球磨罐中，拧紧密封。

(3)将封好的球磨罐放入球磨机的拉马套内，拧紧螺杆，挂上棘轮(防止球磨过
程中螺杆松动)，盖好保护罩。

(4)根据实验方案中预设的相关参数(转速和球磨时间)，设置球磨机程序，启动
球磨机。

(a)球磨机由变频器控制，共有五种运行模式：①单向运行，不定时停机；②单
向运行，定时停机；③正、反向交替运行，定时停机；④单向间隔运行，定时停机；
⑤正、反向交替间隔运行，定时停机。

(b)调速方式：变频器调速 0～60 Hz，分辨率 1 Hz，本机限制最高频率 43.7 Hz。

(c)控制方式：0～43.7 Hz(0～550 r/min)可设置转速，亦可随时手动调节，0.1～
100 h 定时运行，0.1～50 h 定时正、反转，0.1～100 h 定时间隔运行，0～100 次。

(d)重启动运行。

(5)待反应完成后，卸下球磨罐，取出反应物，装入样品瓶中备用。

注意：具体操作参数见附表。

【操作实例】

实例一　单向运行，不定时停机

球磨某试样，要求单向长时间不定时运行。转速选定 400 r/min。设定：

(1) cd02 运行方式设定为单向运行"0"；

(2) cd03 运行定时控制设定为不定时"0"；

(3) 按 复位 键，显示器闪烁显示；

(4) 按 运行 键，球磨机开始运行；

(5) 按 >> 键，至两红灯亮，显示球磨机自转转速；

(6) 按 ∧ 或 ∨ 键，调转速至 400 r/min；

(7) 长时间运行后，按 停止 键，手动关机；

(8) 关闭电源，球磨结束。

实例二　单向运行，定时停机

球磨某试样，要求单向运行 10 h 后停机，选定 40 Hz 频率运转。设定：

(1) cd02 运行方式设定为单向运行"0"；

(2) cd03 运行定时控制设定为定时控制"1"；

(3) cdl2 运行时间设定为"10.0" h；

(4) cdl6 运行重启动次数设定为"0"；

(5) 按 复位 键，显示器闪烁显示；

(6) 按 运行 键，球磨机开始运行；

(7) 按 >> 键，至 Hz 红灯亮。显示器显示频率；

(8) 按 ∧ 或 ∨ 键，调整频率至 40 Hz；

(9) 球磨 10 h 后自动停机；

(10) 球磨结束，关机后切断电源。

实例三　正、反向交替运行，定时停机

某试样要求每隔 1.5 h 正、反交替运行，15 h 后自动停机。设定：

(1) cd02 运行方式设定为交替运行"1"；

(2) cd03 运行定时控制设定为定时控制"1"；

(3) cd04 交替运行时间设定为"1.5" h；

(4) cdl2 运行时间设定为"15.0" h；

(5) cdl4 交替运行间隔时间设定为"0.0" h；

(6) cdl6 运行重启动次数设定为"9"；

(7) 按 复位 键，显示器闪烁显示；

(8) 按 运行 键，球磨机开始运行；

(9)同上例，按要求设定转速或频率；

(10)15 h 后自动停机，关机后切断电源。

说明： 运行时功能码 cdl6 倒计数显示，例如，本例显示 9～0 倒计数。

实例四　单向间隔运行，定时停机

某试样要求运行 0.5 h 后停机 1 h，再同方向运行 0.5 h，再停机 1 h，如此循环运行 10 次后停机。设定：

(1)cd02 运行方式设定为单向运行"0"；

(2)cd03 运行定时控制设定为定时控制"1"；

(3)cdl2 运行时间设定为"0.5"h；

(4)cdl5 运行间隔停机时间设定为"1.0"h；

(5)cdl6 运行重启动次数为"9"次；

(6)按复位键，显示器闪烁显示；

(7)按运行键，球磨机开始运行；

(8)同上例，按要求设定转速或频率；

(9)循环 10 次后自动停机，关机后切断电源。

说明： 运行时功能码 cdl6 倒计数显示，例如，本例显示 9～0 倒计数。

实例五　正、反向交替间隔运行，定时停机

某试样要求正向运行 0.8 h 后停机 0.5 h 再反方向运行 0.8 h，如此循环 20 次后停机。设定：

(1)cd02 运行方式设定为交替运行"1"；

(2)cd03 运行定时控制设定为定时"1"；

(3)cd04 交替运行时间设定为"0.8"h；

(4)cdl4 交替运行间隔停机时间设定为"0.5"h；

(5)cdl6 运行重启动次数设定为"19"次；

(6)按复位键，显示器闪烁显示；

(7)按运行踺，球磨机开始运行；

(8)同上例，按要求设定转速或频率；

(9)交替运行循环 20 次后自动停机，关机后切断电源。

【注意事项】

(1)球磨时，由于物料、不锈钢球与磨罐之间相互撞击，长时间球磨后罐体内的温度和压强都很高，球磨完毕需冷却后再拆卸，以免磨粉被高压喷出。

(2)对某些活泼金属粉末进行球磨时，配料和取样均应该在真空手套箱中操作。

【结果分析与数据处理】

利用 X 射线衍射仪和扫描电子显微镜对产物进行表征，明确合金化的程度，观察其微观结构，并探究其微观生长机理。

【思考题】

(1)影响球磨工艺的因素有哪些？分别对球磨实验产生何种影响？

(2)如何判断产物的合金化程度？可用哪些分析手段？

【参考文献】

[1] 倪星元, 姚兰芳. 沈军, 等. 纳米材料制备技术. 北京: 化学工业出版社, 2008.

【附表】

附表 1　各种规格磨罐的配球数

罐容积/mL		500	1000
球(粒)	ϕ 6mm(直径)	400	800
	ϕ 10mm	100	200
	ϕ 20mm	8	15

注：最佳配球数应根据磨料性质及要求细度，用户自行在球磨实践中得出经验数据。

附表 2　变频器功能码表

功能码	功能说明	设定范围	出厂值
cd01	电动机极数	2~14	4
cd02	运行方式 说明："0"，单向运行；"1"，交替运行	0~1	0
cd03	运行定时控制 说明："0"，不定时(连续)；"1"，定时	0~1	0
cd04	交替运行时间设定 说明：以 h 为单位	0.1~50.0	0.5
cd05	上限频率 说明：以 Hz 为单位	1~60	43.7
cd06	下限频率 说明：以 Hz 为单位	1~60	1
cd07	加速时间 说明：以 s 为单位，从 0.5 Hz 到 50 Hz 的时间	1~5	10
Cd08	减速时间 说明：以 s 为单位，从 50 Hz 到停止 0.5 Hz 的时间	1~50	15
cd09	被拖动系数传动比设定	0.10~200.00	0.42
cd10	显示方式 说明："0"，上电显示频率；"1"，上电显示转速	0~1	0
cd11	运行方式： 说明："0"，正转；"1"，反转	0~1	0

续表

功能码	功能说明	设定范围	出厂值
cd12	定时运行时间 说明：以 h 为单位	0.1～100.0	0.1
cd13	电流显示校正 说明：以 A 为单位	0.1～1180.0	7.5
cd14	交替运行间隔停机时间 说明：以 h 为单位，正反转交替间隔时间	0.～100.0	0.1
cd15	运行间隔停机时间 说明：以 h 为单位，单向运行时循环启动时间	0.1～100.0	0.1
cd16	运行重启动次数	0～100	0

实验 9　聚合物电致发光器件的制备及性能表征

有机电致发光器件是一种以有机半导体材料作为发光层或功能层，可实现大面积发光的光源，其作为一种平面光源，具有高的发光效率、良好的温度稳定性和色彩稳定性等优势，引起了人们极大的兴趣，也掀起了照明光源从点光源、线光源到面光源的革命[1]。特别是，有机电致发光器件较低的驱动电压(<30V)使其能与集成电路匹配，拓宽了其在发光显示等领域的应用。聚合物材料因其长链分子结构，形成的薄膜结合柔性衬底，可制备得到柔性高分子发光二极管(PLED)器件，为工业生产中设计制备柔性屏提供了新思路。本实验主要以聚合物聚[2-甲氧基-5-(2-乙基己氧基)-1,4-苯乙炔](MEH-PPV)作为发光层，利用旋涂和磁控溅射工艺制备一种三明治结构的聚合物电致发光器件，并测试其发光性能。

【实验目的】

(1)利用旋涂法制备 MEH-PPV 聚合物发光层；
(2)利用磁控溅射法制备发光器件的阴极——铝层和银层；
(3)测定器件的 V-I 曲线图，并利用光谱仪测试器件的发光光谱。

【实验原理】

1. 聚合物电致发光器件的结构[2-4]

有机电致发光材料主要分为有机小分子发光材料和发光共轭聚合物两大类。其中有机小分子发光材料因其成膜难度大，需真空蒸镀，造成器件制备成本较高等缺点，实用性较低。而聚合物发光材料来源广泛，可旋涂、喷墨打印成膜，大大降低了器件的制作成本，也可通过设计分子结构调节发光颜色，实现全色显示。典型的聚合物电致发光器件结构是三明治结构。在研究初期，电致发光器件以单层结构为主，随着研究的深入以及对器件性能要求的不断提高，又出现了双层、多层结构器件等。单层结构器件由阴极、发光层、阳极三部分组成。单层结构器件制备最为简单，可用来测量聚合物发光材料的发光光谱。阴极一般是比较活泼的金属，如 Al、Mg、Ca、Ba 等，这些金属材料功函数较低，可提供电子。然而功函数低的金属在大气中的稳定性差，抗腐蚀的能力也不好，有易被氧化或剥离的难题。为了克服这个难题，可利用各种低功函数金属与抗腐蚀性金属的合金如镁铝合金、锂铝合金，而且此类合金一般都具有较好的成膜性与稳定性。掺杂的金属功函数越低，合金的注入势垒就会越小。阳极材料首先需要具备几个先决条件：①良好的导电性；②良好的形态稳定性；③功函数要与空穴注入材料的最高占有分子轨道(HOMO)能级匹配。阳极材料需要提供空穴，所以必须是功函数较高的材料，一般可采用导电氧化物或金属。金属具有较好的导电性，但是不透光，若作为阳极则其厚度要足够薄，一般来说厚度要小于 15 nm 才可在可见光区有足够的穿透度。导电氧化物有氧化铟锡(ITO)、ZnO、AZO(Al:ZnO)等，导电氧化物在可见光区是透明的，最常用的阳极为 ITO。

　　2. 聚合物电致发光机理[5]

　　聚合物电致发光是指发光聚合物材料在一定的电场作用下激发而产生的发光现象，是一种光电转换的现象。聚合物电致发光属于注入型发光。当器件被加上外电压后，空穴和电子分别从阳极和阴极注入，在外加电场下发生迁移，在发光层中形成激子，激子通过辐射跃迁释放光子，或通过非辐射跃迁释放热量(图 4-9-1)，具体的发光过程主要分为 5 个阶段。

　　(1)载流子的注入：聚合物共轭链中的 π 分子轨道，有一半是成键 π 分子轨道，另一半是反键 π 分子轨道，这些轨道按能量高低依次排列。电子率先填充于能量较低的成键分子轨道，而能量较高的反键分子轨道一般是空的。在外加电场下，阴极电子被注入最低未占有分子轨道(LUMO)中形成负极子，阳极注入空穴到 HOMO 形成正极子。

　　(2)载流子的传输：载流子在进入聚合物发光层后，在外加电场的作用下，在发光层中迁移。

　　(3)激子的形成：空穴和电子在发光层中相互俘获发生复合，形成激子。

　　(4)激子的迁移：激子形成后并不是立即发生跃迁释放能量，而是在发光层中迁移。三线态激子的寿命要比单线态激子的寿命长，迁移长度可达 100 nm 左右。迁移状态中的激子极易被俘获而失去能量。

　　(5)激子的跃迁：迁移中的激子运动过程中遇到发光分子链，会将能量传递给分子链，激发分子链中的电子从基态跃迁到激发态，处在激发态的激子极不稳定，容易回迁到基态，在回迁过程中，可通过辐射跃迁产生光子，也会通过弛豫振动、系间窜越等转化为热量被消耗。

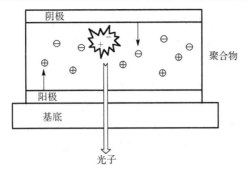

图 4-9-1　聚合物电致发光机理示意图

【试剂与仪器】

1. 试剂

丙酮(99.5%)、无水乙醇、四氢呋喃(99%)、三氯甲烷(99%)、PEDOT:PSS(2.8%，质量分数)、MEH-PPV(分子量 40000～70000)。

2. 仪器

旋涂机(KW-4A)、磁控溅射仪(JPG450)、超声清洗仪(KQ2200DE)、海洋光谱仪(QE65000)、台阶仪(Dektak XT)、磁力搅拌器。

【实验步骤】

本实验制备的聚合物电致发光器件结构如图 4-9-2 所示,制备步骤包括阳极 ITO 的处理、发光层的旋涂及阴极的溅射。

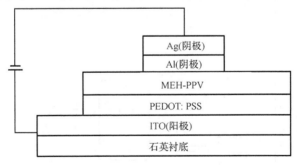

图 4-9-2　聚合物电致发光器件结构示意图

1. ITO 的处理

实验中用的 ITO 是已给刻蚀好的，图案为长条形，宽度为 2 mm，如图 4-9-3 所示，方块电阻 $R_s \approx 8~\Omega$，透过率 $\geqslant 84\%$。ITO 在运输过程中会有一定程度的污染，为保证器件性能，首先需对 ITO 进行清洗。清洗过程：先用棉球蘸取清洗剂小心擦洗 ITO 玻璃片，然后放入干净的清洗剂中超声 15 min，以去除油污、浮尘等污染物。然后用丙酮冲洗，放入干净丙酮中超声 15 min，拿出并放入无水乙醇中超声 15 min，取出并用去离子水冲洗干净后在去离子水中超声清洗 15 min。最后用过氧化氢溶液处理 ITO 表面用以提高 ITO 功函，混合溶液比例为水：过氧化氢：氨水=5：1：1。如需保存，将玻璃片放入洁净的无水乙醇中即可。使用前用氮气吹干。

图 4-9-3　ITO 玻璃图案

2. 发光层的旋涂

MEH-PPV 是由在聚对苯乙炔侧链接入烷氧基等基团得到的聚合物材料，易溶于三氯甲烷等有机溶剂，可使用简单的旋涂法得到光学质量的薄膜。在旋涂发光层之前，需要先旋涂一层 PEDOT:PSS，可为 ITO 电极形成光滑表面，降低 LED 设备短路的可能性；另外，PEDOT:PSS 的能级为 5.1 eV，可与 MEH-PPV 能级更好地匹配（HOMO 能级为 5.3 eV），器件能级图如图 4-9-4 所示。首先制备浓度为 5 mg/mL

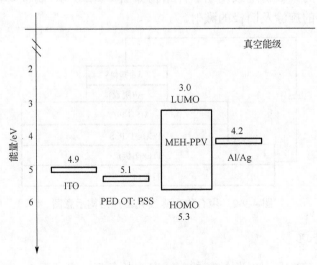

图 4-9-4　器件能级图

的发光层溶液，取 40 mg MEH-PPV 粉末，溶于 8 mL 三氯甲烷($CHCl_3$)与四氢呋喃(THF)的混合液中(体积比为 $CHCl_3$：THF=3∶1)，超声 20 min，使粉末分散均匀，磁力搅拌 6 h。后将溶液用 45 μm 的过滤嘴过滤，并通过涂膜机均匀旋涂于 ITO 玻璃上。成膜条件为：Ⅰ级转速 1000 r/min，旋涂时间 18 s；Ⅱ级转速 3000 r/min，旋涂时间 30 s。用台阶仪测得膜厚约为 200 nm。

3. 阴极溅射

器件阴极使用磁控溅射的方式生长在发光层上。磁控溅射的工作原理是：在磁控溅射仪的真空腔中充入一定量的氩气，电子在电场 E 的作用下，在飞向基片过程中与氩原子发生碰撞，使其电离产生出 Ar^+ 和新的电子，新电子飞向基片，Ar^+ 也在电场作用下加速飞向阴极靶，并以高能量轰击靶表面，使靶材发生溅射，被轰击出的中性靶原子或分子沉积在基片上形成薄膜，也就是器件的阴极。溅射过程中可通过控制真空腔的真空度、溅射功率、溅射时间等参数制备不同厚度的薄膜。为了使阴极能级与发光层的 LUMO 能级更好地匹配，我们采用了金属铝作为阴极。溅射条件为：本底真空度 8×10^{-5} Pa，溅射真空度 1 Pa，溅射功率 160 W，溅射时间 10 s，溅射完成后使用台阶仪测得 Al 膜厚度约 20 nm。因为 Al 较活泼，在空气中极易氧化，我们多溅射一层银作为封装层，溅射厚度约 100 nm。器件发光面积 2×2 mm^2。后将器件放入真空干燥箱中 180 ℃干燥 1 h，可优化器件性能，延长器件寿命。

4. 器件性能测试

器件的电致发光光谱由海洋光谱仪测得，如图 4-9-5(a)所示。由图可看出，MEH-PPV 的电致发光区在 530～700 nm，峰的半高宽约为 100 nm，最高峰位于 585 nm。图 4-9-5(b)是器件的 V-I 曲线，可以看到器件的启亮电压约为 12 V，发光性能稳定，在低于 20 V 的驱动电压下，寿命较长，具有一定的实际应用意义。

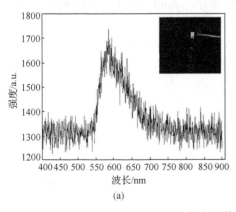
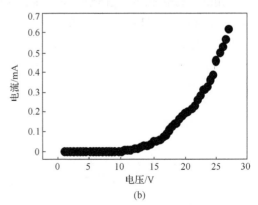

(a)　　　　　　　　　　　　　　　(b)

图 4-9-5　(a)基于 MEH-PPV 发光器件的电致发光光谱，插图为发光器件实体图；
(b)基于 MEH-PPV 器件的 V-I 曲线图

【实验结论】

相比无机小分子和有机小分子材料，聚合物材料可以通过旋涂、喷墨打印、纳米压印等方式快速简单地制备高质量的薄膜。以聚合物为发光材料的聚合物电致发光器件因体积更小、驱动电压更低、能耗小、制备简易、造价低、主动发光等优势，具有巨大的市场前景。本实验采用共轭聚合物 MEH-PPV 作为发光层，使学生了解并掌握聚合物电致发光器件每一层的制备工艺，并对器件的发光性能进行了测试，得到了 MEH-PPV 的电致发光光谱及其 *V-I* 曲线。

【思考题】

(1) 聚合物电致发光的机理是什么？
(2) 简述磁控溅射的工作原理。
(3) 为什么磁控溅射铝层后还要再溅射一定厚度的银层？

【参考文献】

[1]　Burroughes J H, Bradley D D C, Brown A R, et al. Light emitting diodes based on conjugated polymers. Nature, 1990, 347: 539-541.

[2]　Han C W, Han M Y, Joung S R, et al. Stack-3 color white OLEDs for 4K premium OLED TV. SID Symposium Digest of Technical Paper, 2017, 48(1): 1-4.

[3]　Jan M D, Alejandro F V, Ching T, et al. Patternable polymer bulk heterjunction photovoltaic cells on plastic by rotogravure printing. Solar Energy Materials and Solar Cells, 2009, 93(4): 459-464.

[4]　Yuan Y B, Giri G, Ayzner A L, et al. YUltra-high mobility transparent organic thin film transistors grown by an off-centre spin-coating method. Nature Communications, 2014, 5(1): 3005.

[5]　Magliulo M, Mulla M Y, Steingart D A. Energy Technology, 2015, 3(4): 305.

第5章 纳米材料表征实验

从宏观到微观不同层次对纳米材料的结构与性能的各种测试与表征技术构成了纳米材料与技术的一个重要部分，也是联系纳米材料设计与制造工艺直到获得具有优异性能的纳米器件之间的桥梁。为了从组成(材料的元素组成、物相含量等)、结构(材料的形态、相性、几何态等)和性质(化学性质、力学性质、光学性质等)等方面诠释纳米材料的性能，本章详细介绍了X射线粉末衍射、扫描电子显微镜、选区电子衍射、表面增强拉曼散射、纳米材料比表面积测定、原子力显微镜、光电催化、紫外-可见分光光度计和接触角等9个表征实验的基本原理、实验步骤、结果分析与数据处理。

实验1 X射线粉末衍射实验

X射线衍射技术通过对材料进行X射线衍射，分析其衍射图谱，获得材料的成分、材料内部的结构或形态等信息，是研究纳米材料的物相和晶体结构的主要方法之一[1]。

【实验目的】

(1)了解X射线衍射仪的结构及工作原理；

(2)掌握X射线衍射实验的样品制备方法；

(3)掌握X射线衍射仪的操作方法、实验参数设置，独立完成一个衍射实验测试；

(4)掌握利用MDI Jade软件进行物相分析、粒径分析、相含量分析、择优取向分析的方法。

【实验背景与原理】

1. X射线衍射原理[2]

X射线是一种波长较短的电磁波，波长在$10^{-10} \sim 10^{-12}$ m。X射线一般由X射线光管产生。X射线光管是一根封闭的真空管，在管子的阴极和阳极施加一个高电压，从阴极发射出的电子流在高压作用下被加速,高速电子流轰击阳极金属靶产生X射线。当一束单色的X射线照射到晶体上时，由于晶体是由规则排列的原子构成的，原子间的距离与X射线波长相当，经不同原子散射的X射线相互干涉，X射线在某些特殊方向上被加强，衍射线方位和强度的空间分布与晶体结构密切相关，不同晶体结构的物质具有各自独特的衍射花样。X 射线衍射的基本原理已经在 3.1.1 节中介绍过，在此不做赘述。

2. X 射线衍射的物相分析[3]

任何一种晶体都有自己特定的点阵类型、晶胞大小、晶胞中原子的位置和占有率等结构参数，这些特定的结构与 X 射线的衍射角 θ 和衍射强度 I 存在某种对应关系。因此，当 X 射线在晶体中发生衍射时，不同的晶体对应不同的衍射花样，不存在衍射花样完全相同的两种物质。对于自然界中存在的结晶物质，在一定的测试条件下，粉末衍射标准联合委员会(JCPDS)对所有物质进行 X 射线衍射测试，得到所有物质的标准 X 射线衍射花样(即 I-2θ 曲线)。已知晶体的 X 射线衍射花样的收集、校订、编辑和出版工作由粉末衍射标准联合委员会负责，制成一整套卡片，其称为粉末衍射卡(简称 PDF 卡)，X 射线物相分析就是利用 PDF 卡片进行物相检索和分析的。

3. X 射线衍射仪的基本结构

X 射线衍射仪可大致分为 X 射线光管、测角仪和探测器三部分。由灯丝发射出来的电子经电场的加速后形成高能电子，高能电子轰击阳极靶产生 X 射线，如图 5-1-1 所示。需要注意的是，高能电子轰击阳极靶产生 X 射线的效率很低，其能量大部分以热能的形式耗散，所以阳极靶上必须连接冷却水以免阳极靶烧坏。X 射线光管、样品、探测器三者共同形成聚焦圆，当 X 射线光管绕着样品辐照时，探测器也将以相同的速率转动来探测衍射信号，如图 5-1-2 所示。

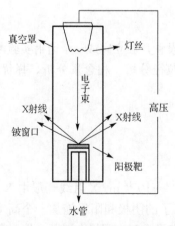

图 5-1-1　X 射线光管的结构示意图

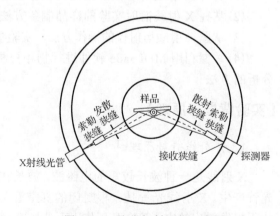

图 5-1-2　聚焦衍射几何示意图

4. 试样准备

粉末 X 射线衍射仪可测粉末样品和块材。为了得到尽量准确的衍射强度，要求所测样品的微粒数要尽量多，这些微粒在空间中的分布要尽量随机分布。一般地，需要将块材或粉末样品研磨到几微米量级；如果要进行定量分析，还需尽量消除样品的择优取向。

把研磨好的粉末填入样品槽中，用毛玻璃片压实。样品尽量填满样品槽，确保样品正好位于样品槽中心，样品的上表面正好与槽的上表面齐平，避免样品过薄、过厚或溢出，如图 5-1-3 所示。

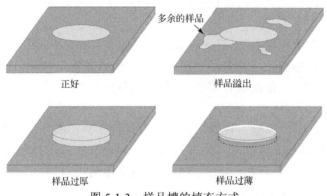

图 5-1-3 样品槽的填充方式

【试剂与仪器】

1. 试剂

第 4 章中制备出的块材或粉末状纳米样品。

2. 仪器

D-MAX 3 X 射线衍射仪。

【实验步骤】

1. 样品制备

将待测样品研磨成细粉(无颗粒感)放在样品槽中，并用玻璃板压平实，使样品上表面与样品槽齐平，将多余或撒漏的粉末用棉球擦拭干净。

2. 操作过程

(1)开机。

打开配电箱上的"冷却循环水"和"衍射仪"两个开关；打开电脑→开启循环

水，冷却到 19℃后开 X 射线衍射仪钥匙（向右旋转）。

（2）升高压/电流。

打开电脑桌面上"XD-3"软件单击"射线控制"图标→在弹出窗口中设置电压为 15 kV，电流为 6 mA，功率设定为 1.5 kW；单击"开 X 射线"→5 min 后，设置电压为 36 kV，电流为 20 mA，功率设定为 1.5 kW；单击"开 X 射线"。当"管压"和"管流"达到预设值 36 kV 和 20 mA 时，说明高压/电流设置完毕。

（3）放样。

将制好样的样品台平直安装在衍射仪的测角台上，如有粉末撒漏，需用带少量酒精的棉球进行擦拭→关闭衍射仪的屏蔽门（开、关门时须小心轻拉）。

（4）测量。

点击"叠扫"图标（图 5-1-4），设置测量的始角和终角（一般为 20°～80°）→单击"确定"按钮开始测量→测量结束后，单击"保存数据"按钮，保存为*.txt 的文件。如有多个样品，则依次执行第（3）、（4）步即可。

（5）关机。

单击"射线控制"图标→在弹出窗口中设置管压和管流分别为 15 kV 和 6 mA，单击"X 射线降"→5 min 后单击"关 X 射线"→10 min 后关闭循环水→关衍射仪（钥匙左旋)→关闭"冷却循环水"、"衍射仪"两个电闸。

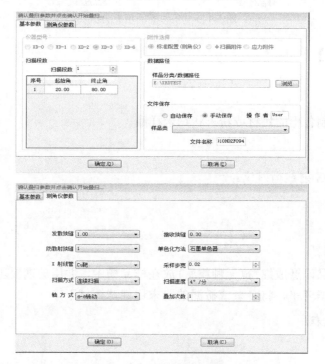

图 5-1-4　实验参数的设定

(6)整理实验室。

整理实验室，保持室内、桌面整洁干净，在记录本上做好实验记录(如仪器出问题，需做好详细的故障记录并及时报告给指导老师)。

【注意事项】

(1)不规范的样品制备方法会明显影响衍射数据的有效性和数据质量，甚至会有多峰、少峰现象，衍射强度高低等差异。

(2)衍射仪工作会散发大量热量，因此开机前必须确保冷却水工作正常，否则会烧毁阳极靶。

(3)待测样品需研磨成细粉放在样品槽中，并用玻璃板压平实，使样品上表面与样品槽齐平；若待测样品量很少，则应尽量在正中间位置压平实。

(4)在测量前确保关闭衍射仪的门窗，以防泄漏 X 射线；测量过程中严禁打开衍射仪门窗。

(5)升降高压时尽量慢，否则将缩短灯丝寿命。

(6)测样品前需进行仪器零点校正。

(7)测量角度范围要合理(一般在 20°～80°)，否则 X 射线光管和探测器可能相撞。

【结果分析与数据处理】

(1)物相识别。

(2)在 Origin 中按科技论文要求作图，添加 PDF 卡片峰，标明主要峰的(hkl)指数。

(3)在 Mdi Jade 中进行定量分析，分析出各物相的相含量。

(4)测标样(硅粉)的 X 射线衍射，作半峰全宽(FWHM)曲线，在 Mdi Jade 中进行粒径分析。

【实例分析】

以第 4 章实验 3 中溶胶-凝胶法制备的 TiO_2 纳米材料为例，对不同烧结温度下 TiO_2 的 XRD 数据进行分析研究。

1. 物相识别

图 5-1-5 为溶胶-凝胶法制备的 TiO_2 在不同烧结温度下的 XRD 图谱。可以看出，烧结温度为 200～500℃时只呈现出锐钛矿的物相，随着烧结温度的逐渐升高，在角度为 25° 左右的峰逐渐消失；烧结温度达到 600℃时，角度 27.5° 左右出现了一个很小的峰，并随着温度的升高而逐渐增大；通过对 Mdi Jade 中的 PDF 卡片进行对比，发现其为金红石的物相，即产物逐渐从锐钛矿相到金红石相的转变。

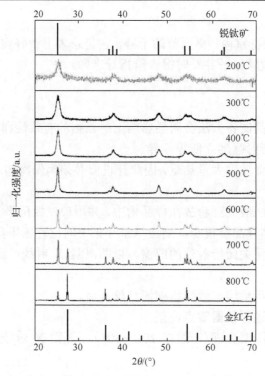

图 5-1-5　溶胶-凝胶法制备的 TiO_2 的物相分析

2. 定量分析

通过 Mdi Jade 中的相含量分析，得知其锐钛矿的含量为 92.1%，金红石的含量为 7.9%。同理，烧结温度达到 700℃时，其锐钛矿的含量为 69.7%，金红石的含量为 30.3%；烧结温度达到 800℃时，其锐钛矿的含量为 27.1%，金红石的含量为 72.9%。基于以上分析，我们可以得出结论，对于该溶胶-凝胶法制备的 TiO_2 纳米颗粒，烧结温度在 200～500℃时为锐钛矿的生长和稳定阶段，而 600～800℃则是锐钛矿到金红石的转变状态，即两者共存，并且金红石的含量逐渐增加，如图 5-1-6(a)所示。

为了进一步确定锐钛矿转变为金红石的临界点，我们使用了插值拟合的方法，如图 5-1-6(b)所示，得出在 T=587℃时开始出现金红石的物相，在 T=893℃时，金红石的相含量达到了 100%。

3. 晶格常数分析

为了进一步给出更多的有关溶胶-凝胶法制备 TiO_2 的信息，还可以使用 Mdi Jade 计算出该样品的晶格常数。计算结果如下，烧结温度 T 为 200～800℃时均属于四方晶系(tetragonal)。以 T=200℃为例，经过物相识别以及以上分析得知产物为锐钛矿物相。

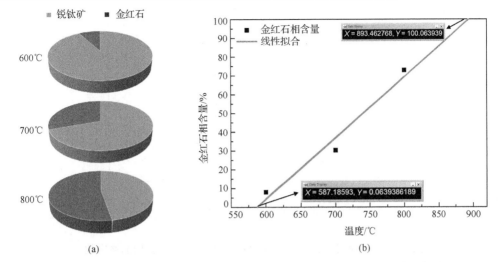

图 5-1-6　(a)不同烧结温度下 TiO_2 的物相含量分析和(b)物相含量变化趋势图

并且,粗略地消除了仪器零点后,经过计算,其晶格常数如图 5-1-7 所示,其中 $a=b\neq c$,$\alpha=\beta=\gamma=90°$，因此属于四方晶系。

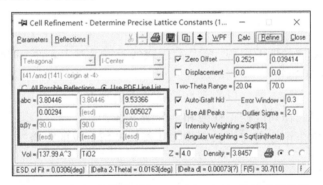

图 5-1-7　溶胶-凝胶法制备 TiO_2(T=200℃时)的晶格常数

而其余温度下虽然晶格常数有所不同,但其晶系均保持不变；并且,随着烧结温度的升高,晶格常数在烧结温度 T 为 200~500℃时稳定在 $a=b$=3.80 Å,c=9.50 Å 左右,而在烧结温度 T 为 600~800℃时稳定在 $a=b$=4.60 Å,c=3.95 Å 左右,如图 5-1-8 所示。

经过查阅资料得知,金红石和锐钛矿的晶型均属于四方晶系,与 Mdi Jade 中分析出的结果相符合。其中金红石相 TiO_2 的晶格中心是一个钛原子,周围是 6 个氧原子,六个氧原子正位于八面体的棱角处,并且两个 TiO_2 分子组成一个晶胞；其晶格常数为 $a=b$=4.584 Å,c=2.953 Å；而锐钛矿相 TiO_2 则是由四个 TiO_2 分子组成一个晶胞,其晶格常数 $a=b$=3.776 Å,c=9.486 Å。由于锐钛矿相 TiO_2 在低温情况下较为稳定,因此在以上分析中,600℃前只有锐钛矿的物相,晶格常数也与锐钛矿相吻合；

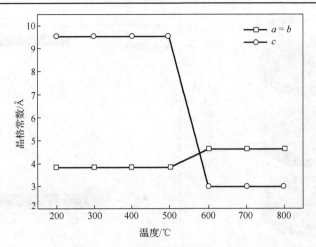

图 5-1-8　溶胶-凝胶法制备 TiO_2(T 为 200～800℃时)的晶格常数

而在烧结温度达到 610℃时锐钛矿物相便开始缓慢转化为金红石型。其晶格常数在 600℃发生较大的变化，这是因为出现了金红石物相，理论上锐钛矿物相在 915℃可完全转化为金红石型。

【思考题】

(1)样品偏离样品槽的中心、样品高于或低于样品槽上表面、样品量过少对衍射数据分别有什么影响？

(2)如何设置实验参数，以得到高质量的衍射数据？

(3)为什么要制作角度校正曲线和半高宽曲线？

(4)从仪器安全角度考虑，如何操作才能延长衍射仪的寿命？

【参考文献】

[1]　施洪龙，张谷令. X 射线粉末衍射和电子衍射——常用实验技术与分析方法. 北京：中央民族大学出版社，2014.

[2]　王中林. 纳米材料表征. 曹茂盛，李金刚，译. 北京：化学工业出版社，2005：10-29.

[3]　周公度，郭可信. 晶体和准晶体的衍射. 北京：北京大学出版社，1999.

实验 2　扫描电子显微镜实验

扫描电子显微镜(scanning electron microscope，SEM，简称扫描电镜)是通过高能电子束在样品表面逐点扫描，扫描时高能电子与样品相互作用产生各种电子或 X

射线，这些信号经探测器接收、放大、调制后在荧光屏上显示出来，可用于观察样品的形貌、表面的细微结构、材料的分布情况以及粒径分布等[1,2]。

【实验目的】

(1) 了解 SEM 的基本结构和原理；
(2) 掌握 SEM 的操作方法；
(3) 掌握 SEM 样品的制备方法；
(4) 学会从 SEM 图像中提取粒径分析图。

【实验背景与原理】

1. SEM 工作原理

SEM 的基本原理已经在 3.1.2 节中介绍过，在此不做赘述。SEM 具有景深大、图像立体感强、放大倍数范围大、连续可调、分辨率高、样品室空间大且样品制备简单等特点，是进行样品表面微结构研究的有效分析工具。

2. SEM 的基本结构

SEM 包括照明系统、成像系统、观察记录系统和真空系统四部分，如图 5-2-1 所示。从灯丝上发射出来的电子(热发射或场发射)经加速电压(一般为 1～30 kV)的加速形成高能电子，经多级电磁透镜的聚焦，形成聚焦电子束(束斑可小到几纳米)，常被称为电子探针。电子探针在扫描线圈的驱动下，在样品表面做光栅状扫描。此时，高能电子与样品相互作用产生诸如二次电子、背散射电子、俄歇电子、X 射线等信号。由于这些信号的强度和分布与样品的表面形貌、成分、晶体取向以及表面状态等因素有关，通过探测和分析这些信号就可以获得表征样品微观结构和化学组分的信息。详细描述参见 3.1.2 节中的仪器装置部分。

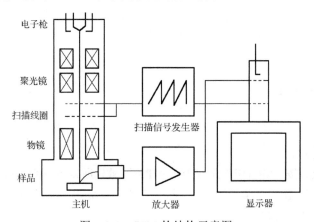

图 5-2-1　SEM 的结构示意图

3. 试样制备

正确的样品制备在电子显微术中占有重要的地位，它直接影响到实验结果与数据的正确解释；否则，即使仪器性能再好也不会得到好的观察效果。SEM 样品的特点是：

(1)样品一般为尺寸小于数厘米的固体(块状、薄膜、颗粒、粉末等)；

(2)样品应具有良好的导电性能，通常导电较差的样品需在表面镀一层导电薄膜，如镀金、镀碳等；

(3)无磁样品。

用导电胶将切割好的样品(或超声分散)粘在样品托上，用压缩气体轻吹样品表面后在红外灯下烘烤 10 min 以防污染真空系统(确保样品干、净)，调节样品托上的固定螺丝至合适的样品高度，如图 5-2-2 所示。

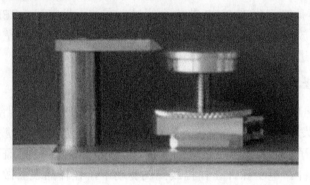

图 5-2-2　样品托高度的调整

【试剂与仪器】

1. 试剂

第 4 章中制备出的块材或粉末状纳米样品。

2. 仪器

Hitachi S-4800 SEM。

【实验步骤】

(1)实验前检查。

打开前面板，按"MODE"读取 IP1～IP3 示数，通常情况都是 IP1 显示"0E-8"，IP2 显示"0E-8"，IP3 显示"0E-8"或"aE-7"，1<a<9。开启冷却循环水电源，循环水温度应该在 15～20℃。

(2)制样与放样。

将待观测的样品用导电胶粘在样品托上，用氩气轻吹样品表面后在红外灯下烘烤 10 min 以防污染真空系统，调节样品托上的固定螺丝至合适的样品高度。

(3)装样与抽真空。

如图 5-2-3 所示，按下"AIR"往过渡仓充气→听到"嘀"提示音后打开样品仓门，在"UNLOCK"状态下把样品托安装到样品杆上(图 5-2-4，为方便装样，可以把样品杆稍稍推出)→装上样品托后把样品杆拉到底，轻轻合上仓门→按下"EVAC"，过渡仓开始抽真空→听到"嘀"提示音后，按下"OPEN"，打开样品室，径直(不旋转)推入样品杆把样品托完全卡到样品台上,然后完全拉出样品杆(不旋转)→按下"CLOSE"，关闭样品室抽真空→听到"嘀"提示音后，说明真空已抽好。

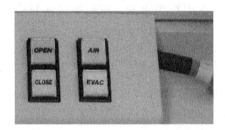

图 5-2-3　进/出样过程中常用按钮　　图 5-2-4　样品杆上的 LOCK 和 UNLOCK 旋钮

(4)加高压/电流。

如图 5-2-5 所示，当 HV 界面黄蓝闪烁时表明可以加高压→在"Vacc"处选择所需要的高压→在"Set Ie to"处选择灯丝电流→单击"SET"，设置好高压和电流→单击"ON"，自动加高压和电流。

(5)电镜合轴。

如图 5-2-6 所示，包括电子束合轴、光阑合轴、消像散等过程，详见操作手册。

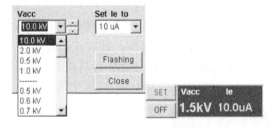
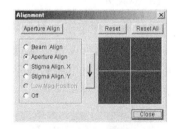

图 5-2-5　高压/电流设置界面　　　　　图 5-2-6　合轴界面

(6)样品观察。

在低倍下用轨迹球将感兴趣的样品移入荧光屏中央，在合适的放大倍数下对样品进行聚焦、物镜消像散，记录保存数据。

(7) 取样。

按下"HOME"，使样品回到参考位置→单击"OFF"，降高压和灯丝电流→按下"OPEN"，打开样品室→在"UNLOCK"状态下径直推入样品杆，旋转样品杆到"LOCK"状态径直拉出样品杆，到头→按下"CLOSE"，关闭样品室→听到"嘀"提示音后，按下"AIR"往过渡仓充气→听到"嘀"提示音后，拉开仓门，卸下样品托→合上仓门，按下"EVAC"，开始抽真空。

(8) 整理好 SEM 实验室，做好实验记录。

【注意事项】

(1) 确保循环水正常运行，否则可能烧坏磁透镜；

(2) 确保样品"干"，以防破坏真空，尽量少用有机溶剂，以防腐蚀密封设备；

(3) 确保样品"净"，以防污染真空系统，甚至会损坏分子泵；

(4) 确保样品无磁，以防吸到物镜极靴(电镜心脏)上；

(5) 确保样品在规定范围内，以防碰到物镜极限；

(6) 待测样品一般为尺寸小于数厘米的固体；

(7) 待测样品应具有良好的导电性能，导电较差的样品，通常需在表面镀一层导电膜。

【结果分析与数据处理】

(1) 在 Nano Measure 软件中利用频率统计的方法进行粒径分析；

(2) 在 Photoshop 中把数据按科技论文的要求排版、添加标尺；

(3) SEM 图片的简单分析。

【实例分析】

1. 形貌分析

SEM 是一种用于高分辨率微区形貌分析的仪器。其放大倍数变化范围大，且能连续可调，因此可以根据需要选择大小不同的视场进行观察，同时在高放大倍数下也可获得一般透射电镜较难达到的高亮度的清晰图像。图 5-2-7 是利用 SEM 获得的形貌各异的纳米材料图像。

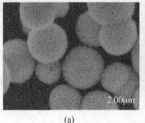

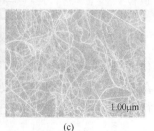

　　　(a)　　　　　　　　　(b)　　　　　　　　　(c)

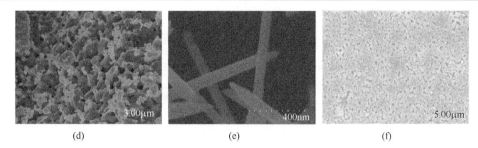

(d)　　　　　　　　　　　(e)　　　　　　　　　　　(f)

图 5-2-7　形貌各异的纳米材料图像：(a) BiOI 纳米球；(b) Ag 纳米花；(c) TiO$_2$ 纳米线；
(d) Bi$_2$WO$_6$；(e) ZnO 纳米棒；(f) ZnO 纳米线阵列

2. 粒径分析

SEM 不仅可以表征纳米材料的形貌，还可以给出粒径以及大小的分布。利用 Nano Measure 软件对不同温度、厚度退火后的金纳米薄膜进行表征，其粒径分布如图 5-2-8 所示。由于金属粒子不是明显的球状，而是分散的椭圆和锥形，所以粒径分布范围比较大，但是平均粒径的变化还是非常明显的。

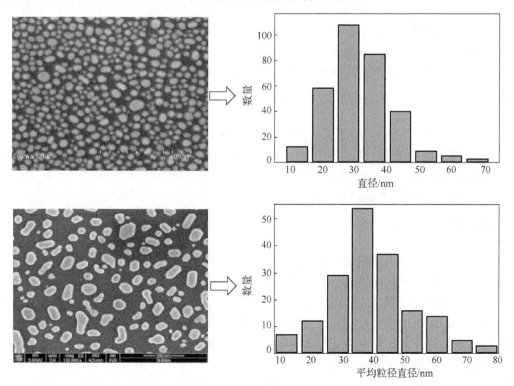

图 5-2-8　不同形状金纳米粒子的形貌图及其粒径统计分布

【思考题】

(1) SEM 为什么需要高真空？
(2) 制样时如何影响到 SEM 结果？
(3) 如何观察样品的端面？
(4) 磁性样品如何观察？

【参考文献】

[1]　王中林. 纳米材料表征. 曹茂盛, 李金刚, 译. 北京: 化学工业出版社, 2005.
[2]　黄惠忠. 纳米材料分析. 北京: 化学工业出版社, 2003.

实验 3　选区电子衍射实验

电子衍射可以给出材料的诸多结构信息。当电子束沿晶体的带轴方向入射时，其衍射点呈二维周期性排布，且各衍射点的强度以透射斑为中心对称分布，该电子衍射通常称为带轴电子衍射(zone axis pattern，ZAP)。由于实验过程中通常需要插入选区光阑，常称为选区电子衍射(selected-area electron diffraction，SAED)。在本实验中，我们主要介绍利用选区电子衍射进行已知结构晶体的物相识别[1,2]。

【实验目的】

(1) 掌握选区电子衍射的操作流程；
(2) 理解实验变量(样品高度 z、物镜焦距、第二聚光镜、第二聚光镜光阑、选区光阑等)对选区电子衍射的影响；
(3) 学会选区电子衍射的指标化方法。

【实验背景与原理】

图 5-3-1(a) 为透射电镜中的电子衍射示意图。当一束平行电子束入射到样品上并与之发生衍射时，未被样品散射的直射束平行于主轴，通过物镜后聚焦在主轴上的一点，形成透射斑点(在物镜后焦面上)；被样品中某一晶面散射后的衍射束平行于某一副轴，通过物镜后聚焦于该副轴与物镜后焦面的交点上，形成衍射点。在物镜后焦面上的透射束和衍射束经中间镜、投影镜的放大、投影，最终在荧光屏上观察到放大了的电子衍射花样[3]。

在物镜后焦面上，(hkl) 衍射点到透射点的距离为 r，该晶面的衍射角为 2θ，物镜焦距为 f_0，那么 $\tan 2\theta = r/f_0$。由于透射电镜中常发生小角散射，则 $\tan 2\theta \approx 2\sin\theta$。根据布拉格定律 $2\sin\theta = \lambda/d$，可得

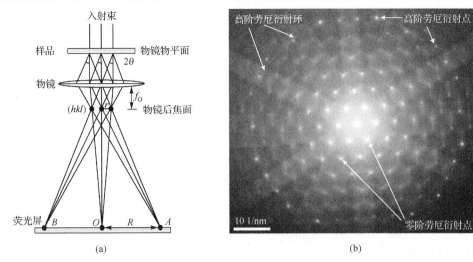

图 5-3-1　(a)电子衍射示意图和(b)选区电子衍射中的各种衍射信号

$$rd = f_O \lambda \tag{5-3-1}$$

假设在电子衍射花样上测量的(hkl)衍射斑点 A 到透射点 O 的距离为 R。由于受中间镜和投影镜的放大，$R = r \times M_i M_p$，其中，M_i 和 M_p 为中间镜和投影镜的放大倍数。由此，公式(5-3-1)可转化为 $Rd = \lambda \times f_O M_i M_p$。定义相机长度 $L = f_O M_i M_p$，相机常数 $K = \lambda \times f_O M_i M_p$，那么

$$Rd = L\lambda = K \tag{5-3-2}$$

在实验过程中如果选用较长的相机长度，此时的选区电子衍射仅含有零阶劳厄衍射(zero-order Laue diffraction)，如图 5-3-1(b)所示。零阶劳厄衍射是晶体的三维倒易格子的二维截面的放大像。也就是说，只含有零阶劳厄衍射的选区电子衍射，需要至少两张不同带轴的电子衍射以及带轴间的夹角，或者至少三张不同带轴的电子衍射，才能唯一确定晶体结构。如果在实验过程中选用较短的相机长度，此时的衍射花样中不仅含有零阶劳厄衍射还包含高阶劳厄衍射。由于高阶劳厄衍射含有三维晶体结构信息，只需一张含有高阶劳厄衍射的选区电子衍射也能唯一确定晶体结构。所以，在同一晶粒上记录两张不同带轴的电子衍射及其夹角，或者三张不同带轴的电子衍射，或者一张含有高阶劳厄衍射的带轴电子衍射，就能唯一地确定三维晶体的布拉维格子(Bravais lattice)，上述方法常称为未知结构晶体的倒易空间重构。

对于大多数样品，可预先利用 X 射线衍射等方法判断样品的结构，在电镜中可利用选区电子衍射来确定是否为预判结构，即已知结构晶体的物相识别。如果所记录的电子衍射仅含有零阶劳厄衍射，此时在同一晶粒上用同一晶体结构至少指标三张带轴的电子衍射才能唯一地识别晶体结构。该方法涉及对衍射点的指标化，常称为电子衍射的指标化方法(pattern indexing)。需要注意的是，在很多文献中仅用一

张或两张仅含零阶劳厄衍射的选区电子衍射来识别物相是不严谨的，因为这种衍射花样仅为三维倒易格子的二维截面。

【试剂与仪器】

1. 试剂

第 4 章中制备出的块材或粉末状纳米样品。

2. 仪器

JEOL JEM-2100 透射电镜。

（1）实验设备。

透射电镜开机、装入样品、升高压、加好灯丝电流。

（2）找样品。

找到感兴趣的样品，并移到荧光屏中心。要求样品的厚度适中、衬度均匀（无杂质颗粒或污染物），样品要比选区光阑大。如果样品厚度适中，比如 50～100 nm，能观察到清晰的菊池线，便于倾转带轴；如果待观察区域比选区光阑小，则失去"选区"的作用。

（3）转带轴。

观察菊池线的分布特征，倾转晶体将目标菊池极倾转到透射斑上形成正带轴衍射条件。目标菊池极最好是由一些较窄的菊池带相交而成，且这些菊池带以菊池极为中心呈较高的对称分布，这样的带轴通常为低指数带轴。比如，图 5-3-2 中 1#的菊池极是由三个较窄的菊池带呈 120°对称分布，而组成 2#和 3#的菊池带相对较宽、对称性较差。通常，在实验中应优先选择 1#为目标菊池极。

（4）设置物镜标准电压、调节样品高度。

设置物镜标准电压以定义物镜焦距、物镜物平面、物镜后焦面。以 JEOL JEM-2100 透射电镜为例，只需按下"STD Focus"按钮就能定义物镜标准电压。之后调节样品高度，若在荧光屏上得到清晰的图像，则说明样品正好处于物镜的物平面上。在设置好物镜标准电压、调节好样品高度后，最好先记录一张该微区的形貌像。

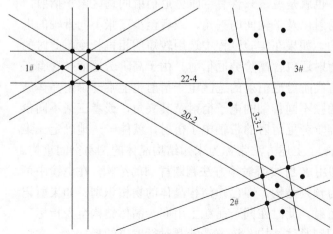

图 5-3-2　单晶硅[111]带轴附近的菊池极分布特征

(5)插入选区光阑、对中。

选用合适孔径的选区光阑，观察区域略大于光阑为最佳。调节选区光阑的 X 和 Y 旋钮使选区光阑正好与光轴对中。

(6)衍射聚焦。

将电子束散开到最大，按下"SA Diff"按钮进入衍射模式，用"Diff Focus"旋钮对衍射聚焦。衍射点的直径正比于入射光的会聚角，散开电子束可减小会聚角，有利于得到明锐的衍射点。

(7)记录电子衍射。

设置合适的曝光时间，记录电子衍射。重复步骤(3)～(7)，在同一晶粒上记录多张不同带轴的电子衍射。

在倾转晶体时，最好沿着某一菊池带依次倾转，则所记录的电子衍射必含相同的衍射晶面。比如在图 5-3-2 中，从菊池极 1# 出发，沿着 $(20\bar{2})$ 菊池带倾转得到菊池极 2#，再沿 $(3\bar{3}\bar{1})$ 菊池极倾转得到菊池极 3#。其中，菊池极 1# 和 2# 共有 $(20\bar{2})$ 菊池带，菊池极 2# 和 3# 共有 $(3\bar{3}\bar{1})$ 菊池带。这三个菊池极形成菊池三角，在指标化时可用于消除电子衍射的 180° 不唯一性。

【选区电子衍射的指标化】

选区电子衍射的指标化方法已在 3.1.3 节讲解过，在此不再赘述。现以单晶硅在 [111]带轴附近的电子衍射为例来介绍已知结构晶体的指标化过程，如图 5-3-3 所示。

(1)先指标化低指数带轴的电子衍射。

在图 5-3-3 的三张电子衍射图中，图 5-3-3(a)的衍射点呈 120° 对称分布且衍射点比较密集，估计该图为低指数带轴。

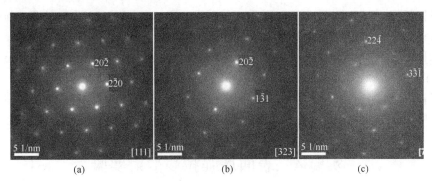

图 5-3-3　单晶硅[111]带轴附近的电子衍射图

测量图 5-3-3(a)中的二维初基胞，值为 d_1=1.97 Å，d_2=1.97 Å，θ=60°。查阅单晶硅的 d 值表对其指标化，其带轴为[111]。

(2)充分利用重位衍射点和共有菊池带。

在实验中，以图 5-3-3(a)中的[111]带轴为参考，沿($20\bar{2}$)菊池带倾转得到图 5-3-3(b)的衍射图。所以，在图 5-3-3(b)的衍射图中必含($20\bar{2}$)衍射点。

测量图 5-3-3(b)中的二维初基胞，值为：d_1=1.97 Å，d_2=1.65 Å，$\angle AOB$=90°。其中 d_1=1.97 Å 对应于($20\bar{2}$)衍射点，查阅 d 值表对其指标化，其带轴为[323]。

(3)菊池三角应自洽。

再以图 5-3-3(b)中的[323]带轴为参考，沿($3\bar{3}\bar{1}$)菊池带倾转得到图 5-3-3(c)的衍射图；另外图 5-3-3(c)与图 5-3-3(a)也共用菊池带($22\bar{4}$)。所以，图 5-3-3(c)的带轴为[756]。

由于同一晶粒上的三张不同带轴的电子衍射都能被同一结构(单晶硅)指标化，表明所测晶粒确为单晶硅。

【思考题】

(1)在用选区电子衍射进行物相识别时为什么需要至少三张不同带轴的电子衍射？

(2)在做选区电子衍射实验时为什么要将晶体倾转到低指数带轴？高指数带轴的电子衍射在指标化时存在哪些困难？

(3)在做选区电子衍射实验时，第二聚光镜的强度、聚光镜光阑的大小、物镜聚焦状态、样品高度等参数对衍射花样分别有什么影响？

(4)菊池三角的优点是什么？

【参考文献】

[1] Williams D B, Carter C B. Transmission Electron Microscopy: A Textbook for Materials Science. New York: Springer, 2009.

[2] Fultz B, Howe J M. Transmission electron microscopy and diffractometry of materials. Graduate Texts in Physics. Berlin, Heidelberg: Springer-Verlag, 2013.

[3] 施洪龙，张谷令. X-射线粉末衍射和电子衍射: 常用实验技术与数据分析. 北京: 中央民族大学出版社, 2014.

实验 4　表面增强拉曼散射实验

拉曼散射强度非常弱，仅为瑞利散射光强的千分之一，严重限制了拉曼光谱的广泛应用。表面增强拉曼散射(SERS)现象自发现以来，取得了很大进展，在纳米金属颗粒和增强基底的制备与表征、生物化学分子的微量检测、增强机理的理论探究等方面引起了广泛的关注，已经成为一项强大的、高灵敏的无标记分析检测技术，在微量目标分子检测领域有广泛的应用潜力。

【实验目的】

(1) 了解拉曼光谱仪的工作原理，掌握其使用方法；

(2) 掌握银纳米颗粒表面 R6G 分子的表面增强拉曼散射的检测与表征；

(3) 了解表面增强拉曼散射在微量分子检测领域的应用。

【实验背景与原理】

1. 拉曼散射的基本原理

光照射物质时发生弹性或非弹性散射。其中和激发光波长相同的是瑞利散射光；而比原波长更长或更短的非弹性散射为拉曼散射。拉曼散射可以提供分子以及点阵的振动与转动特征，用于分子结构分析。拉曼散射的基本原理已经在 3.3.3 节中介绍过，在此不做赘述。

2. 表面增强拉曼散射机理[1]

拉曼散射光非常弱，强度只有入射光的 $10^{-6} \sim 10^{-9}$。1974 年，Fleischman 等在粗糙电极表面上观察到表面增强效应。1977 年，Jeanmaire 和 van Duyne 证明，散射物吸附或者靠近一个粗糙的贵金属基底上可以使得拉曼信号得到很大程度的增强，SERS 的增强效果一般为 $10^{4} \sim 10^{6}$，甚至达到 10^{8}。这一效应的发现在很大程度上克服了拉曼光谱的局限，有效地解决了拉曼光谱在表面科学和痕量分析中存在的低灵敏度问题。

SERS 的增强机理一直是 SERS 研究领域中引人关注的问题。目前，普遍被认同的是化学增强机理、电磁场增强机理和表面增强共振拉曼散射。

(1) 化学增强机理。

化学相互作用主要表现为拉曼散射过程中光电场作用下电子密度分布发生变化。当分子化学吸附于基底表面时，表面、表面吸附原子和其他共吸附物种等都可能与分子有一定的化学作用，这些因素对分子的电子密度分布有直接的影响，即对体系极化率的变化影响其拉曼散射强度。化学增强机理主要包括以下 3 类：由于吸附物和金属基底的化学成键导致的非共振增强；由于吸附分子和表面吸附原子形成表面络合物(新分子体系)而导致的共振增强；激发光对分子-金属体系的光诱导电荷转移的类共振增强。

(2) 电磁场增强机理。

在电磁场增强机理中，表面等离子体共振(surface plasmon resonance，SPR)引起的局域电磁场增强被认为是最主要的贡献。表面等离子体是指当入射光同金属表面存在的自由振动的电子相互作用时，会产生沿着金属表面传播的电子疏密波。当电磁波作用于等离子体时，就会使等离子体发生振荡；而当电磁波和等离子体振荡频率相同时，共振就产生了，即表面等离子体共振。表面等离子体通常被分为传导型表面等离子体(propagating surface plasmon，PSP)和局域表面等离子体(localized surface plasmon，LSP)。在金属或金属氧化物纳米材料中，一般激发出的是局域表面等离子体共振(LSPR)，对共振电磁辐射进行选择吸收和散射，产生的热点效应(hot spot)使粗糙表面上的电磁场急剧增加，从而产生增强的拉曼散射，如图 5-4-1 所示。电磁场增强机理中，必须考虑纳米结构基底材料的粗糙度(尺寸、形状等)和材质，这些特点决定了金属纳米结构中传导电子的共振频率和拉曼散射的增强因子。

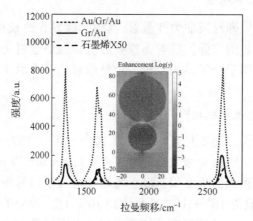

图 5-4-1　电磁场增强拉曼散射效果

(3)表面增强共振拉曼散射。

在普通的 SERS 实验中，使用的激发光波长远离化合物的电子吸收光谱带。当激发光的波长基本落在化合物的电子吸收光谱带内时，某些拉曼光谱带的强度将会大大增强，可达到 $10^2 \sim 10^6$，这种现象称为共振拉曼效应。SERS 与共振拉曼效应结合被称为表面增强共振拉曼散射(SERRS)，它能提供低至单分子水平的超灵敏和非破坏性检测。SERRS 理论认为：首先，增强来源于与入射光能量耦合的电子共振，当激发光源频率靠近电子吸收带时，其散射截面异常增大，导致某些特定的拉曼散射强度增强，并且共振拉曼光谱的谱峰强度随着激发线的不同而显现出与普通拉曼光谱不同的变化；其次，增强来源于与入射光的等离子体共振耦合，基本原理等同于上述的电磁场增强机理。

图 5-4-2 总结了当入射激光频率 ω_L 不同时，可能发生的四种拉曼散射类型，其中 ω_{ri} 是初始态 i 到激发态 r 的能量差频率。

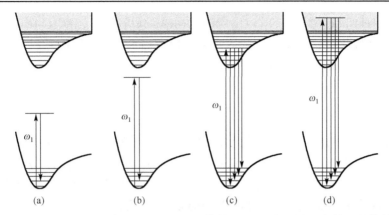

图 5-4-2　四种类型的拉曼散射模型：(a)正常拉曼散射($\omega_L << \omega_{ri}$)；(b)预共振拉曼散射($\omega_L \rightarrow \omega_{ri}$)；
(c)分离共振拉曼散射($\omega_L \approx \omega_{ri}$)；(d)连续共振拉曼散射($\omega_L \rightarrow \infty$)

3. SERS 基底

　　贵金属基底的选择和制备是实现高性能 SERS 测试的关键[2]。因为 SERS 的强度取决于 LSPR 的激发，为了使信号的强度取得最大值和保证可再现性，控制所有会影响 LSPR 的因素至关重要，包括尺寸、形状、纳米粒子间隔和周围介电环境，确保有效地激发 LSPR。传统的 SERS 基底包括通过氧化还原得到的粗糙电极、岛状的薄膜、纳米颗粒的胶体以及有限表面的纳米结构，其中氧化还原得到的粗糙电极提供了可再现的、原位的 SERS 基底，可以提供稳定的 10^6 的增强因子；金属岛状薄膜基底容易制备，通过改变薄膜的厚度和聚合度可以调控 LSPR 的波长，然而这种由薄膜提供的增强因子普遍较低，为 $10^4 \sim 10^5$。研究人员不断开发新奇的 SERS 基底，以延长基底的使用寿命，提供稳定的和最佳的增强因子。

　　通过计算 SERS 的增强因子(EF)来评估某种基底的增强能力，是一种非常典型的方式。EF 的计算公式为

$$EF = \left(\frac{I_{SERS}}{I_{bulk}} \right) \left(\frac{N_{bulk}}{N_{SERS}} \right) \tag{5-4-1}$$

式中，I_{bulk} 和 I_{SERS} 分别是正常拉曼光谱中的信号强度和 SERS 的信号强度；N_{bulk} 和 N_{SERS} 是在上述情况中相应地参与了拉曼激发的分子数目。通常使用的拉曼光谱仪的激光光斑面积是 $1 \ \mu m^2$，$100\times$物镜，而且假设被测分子均匀地吸附在基底的表面，单个分子的表面积是 $1 \times 10^4 \ nm^2$。

【试剂与仪器】

1. 试剂

制备银纳米粒子所需要的试剂包括：硝酸银($AgNO_3$，分析纯)；葡萄糖($C_6H_6O_6$，

分析纯）；罗丹明 6G（$C_{28}H_{31}N_2O_3Cl$，简称 R6G，分析纯），乙醇（C_2H_6O，分析纯），所用试剂未经纯化直接使用，实验用水为二次蒸馏水。所选用的基材为硅片，使用前将其切割为 0.5 cm×0.5 cm 的基片，先将基片用乙醇、超纯水依次超声清洗 5 min，以确保硅片表面的清洁。

2. 仪器

采用 LabRam HR800 显微激光共聚焦拉曼光谱仪（图 5-4-3）进行测试。配备激光器：532 nm、633 nm、785 nm。该系统包括一个 800 mm 焦长的 Czemy-Tumer 型光谱仪，采用反射模式（反射式光学元件）。在全光谱甚至紫外范围具有高光谱分辨率（在 633 nm 处用 1800 gr/mm 的光栅：0.3 cm^{-1} 像元）。

主要性能如下。

光谱分辨率：可见全谱段≤0.48 cm^{-1}（测量 585 nm 氖灯线半高宽）；

共焦性能：针孔孔径范围为 50～500 μm 时，硅一阶峰强度比值为 85%；

低波数性能：75 cm^{-1}；

配备 xyz 自动平台，精度为 0.1 μm。

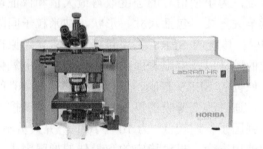

图 5-4-3　LabRam HR800 显微激光共聚焦拉曼光谱仪

【实验步骤】

1. 银纳米颗粒的制备

在 50 mL 的烧瓶中，2 g 葡萄糖加入 40 mL 的纯水中，磁振子搅拌 20 min，并将其置于 60℃的油浴中预热 10 min，然后将 10 mL 的 $AgNO_3$ 溶液（浓度为 0.05 mol/L）快速注入烧瓶中，油浴加热 30 min 取出，自然冷却，并用 5000 r/min 转速离心并干燥。

2. 银纳米颗粒 SERS 活性基底的制备

取少量银纳米颗粒粉末加入 2 mL 的乙醇中，超声振荡至纳米颗粒在乙醇中均匀分布，用移液枪取 20 μL 制备的溶液滴在硅片上，再用移液枪取 20 μL 不同浓度的 R6G 溶液滴在硅片上，将硅片放入 60℃的烘箱中干燥。

注意：

(1) 如何保证银纳米粒子均匀地分散在硅基底上？R6G 溶液如何均匀地分散到粒子表面？

(2) 如果将银纳米颗粒先分散到目标浓度的 R6G 溶液，然后取吸附了 R6G 溶液的银纳米颗粒分散到硅基底上是否更好？

(3) 银纳米粒子铺展到硅基底上时最好单层致密覆盖，保证实验之间的可比性和可重复性。多层排列不可控以及基底裸露都会影响实验的准确性！

3. 拉曼增强测试

主要实验内容如下：

(1) 成功制备出 1 种参数(粒径均匀)的银纳米颗粒；

(2) 配制不同浓度的 R6G 溶液，浓度分别为 10^{-3} mol/L、10^{-6} mol/L、10^{-7} mol/L、10^{-8} mol/L、10^{-9} mol/L、10^{-10} mol/L；

(3) 制备银纳米颗粒的 SERS 基底，至少能观察到 10^{-6} mol/L 的 R6G 溶液的拉曼信号；

(4) 计算所制备 SERS 基底的增强因子。

【注意事项】

(1) 实验测试前做好规划，充分利用样品，不要浪费。

(2) 若样品太少，则可从所需检测的液体中从低浓度到高浓度逐渐累加，但要更换移液枪前的塑料枪头。

(3) 保存数据时需要保证仪器参数完全相同，并且可以适当多存几次数据。

(4) 无信号时不要放弃或者盲目更换待检液体浓度，而是先检查有无操作失误的地方。

【结果分析与数据处理】

以不同粒径的银纳米粒子为例[3]。

将样品 1、样品 2、样品 5 所制备的银粒子通过自组装的方式制备 3 个 SERS 基底。由图 5-4-4 可以看出，样品 1 中的银纳米颗粒的直径为 10～60 nm；样品 2 中的银纳米颗粒的直径也为 10～60 nm，但粗糙度降低；样品 5 中的银纳米颗粒的直径约为 300 nm，且银纳米颗粒的表面相对光滑。

以 10^{-6} mol/L 的 R6G 溶液为探针分子，测试三种粒子的拉曼性能，拉曼图谱如图 5-4-4 所示，制备的纳米银对 R6G 分子的拉曼散射增强比较明显，R6G 在 605 cm^{-1}、767 cm^{-1}、1122 cm^{-1}、1178 cm^{-1}、1305 cm^{-1}、1354 cm^{-1}、1503 cm^{-1}、1567 cm^{-1} 和 1641 cm^{-1} 处出现了 SERS 的散射峰，其中 605 cm^{-1} 为 C—Ⅱ 面内弯曲振动引起的，

而 1641 cm^{-1}、1567 cm^{-1}、1503 cm^{-1}、1354 cm^{-1}、1305 cm^{-1} 和 1178 cm^{-1} 来自于完全对称、面内的 C—C 的伸缩振动。从图中可以看出，样品 2 的增强效果最好，样品 5 的增强性能略强于样品 1。在文献[3]中提到，大尺寸花状银粒子也能够进行电磁耦合，并且表面粗糙度高的单个银粒子拉曼增强性能强于表面粗糙度低的单个银粒子，但是基底的整体拉曼增强的主要来源还是粒子与粒子之间的耦合电磁增强。在本实验中，样品 2 的颗粒表面粗糙度中等，颗粒与颗粒之间紧密排列时能够很好地耦合，造成基底上有足够多且强度高的热点，因此样品 2 有着很好的拉曼增强效果；而样品 5 的颗粒表面光滑，单个颗粒表面的增强效果相比样品 2 较弱，因此样品 5 整体的增强效果弱于样品 2；对于样品 1 的颗粒，由于颗粒表面极其粗糙，表面的凸起部分在增强附着在颗粒表面上的探针分子的拉曼信号的同时，也隔开了颗粒与颗粒之间的距离，减弱了颗粒之间的耦合，造成基底整体增强性能的降低，虽然样品 1 单个颗粒的增强效果比样品 2 强，但由于整体上热点强度的降低，样品 1 的拉曼性能相比样品 2 较弱。

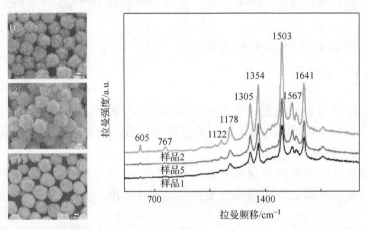

图 5-4-4　三种不同大小、形貌的银纳米粒子对 10^{-6} mol/L R6G 的增强拉曼图

【思考题】

(1) 银为什么有 SERS 效果？

(2) 怎样提高基底材料的 SERS 效应？

(3) 简述 SERS 在生物、医药、环境等方面的应用，并举出实例。

(4) 探讨 SERS 基底用于便携式拉曼光谱仪的应用前景及注意事项。

【参考文献】

[1] Eric L R, Pablo E, Principles of surface-enhanced Raman spectroscopy, Elsevier, 2008.

[2] 杨开青. 尺寸形貌可控纳米银粒子的制备及其 SERS 研究. 开封: 河南大学, 2016.

[3] Liang H, Li Z, Wang Z, et al. Enormous surface-enhanced raman scattering from dimers of flower-like silver mesoparticles. Small, 2012, 8(22): 3400-3405.

实验 5　纳米材料比表面积的测定

纳米材料比表面积是指单位质量的纳米材料所具有的表面积，由于本实验中所研究的纳米材料一般是有孔或多孔的材料，所以这里的表面积既包含外表面积，也包含材料的内表面积。纳米材料比表面积的国际单位为 m^2/g。纳米材料的比表面积是评价其吸附能力、化学稳定性、催化性能、热力学性质等物理和化学性质的重要指标之一，在科学研究和工业生产中，往往需要对相关纳米材料进行比表面积测量。纳米材料比表面积测定方法主要分为动态法和静态法，其中动态法又可以分为直接对比法和多点 BET(Brunauer-Emmett-Teller)法。

【实验目的】

(1) 理解 BET 理论；
(2) 掌握氮吸附法测定纳米材料比表面的实验方法和操作过程；
(3) 理解并掌握加热、抽真空和液氮装置的使用方法和注意事项。

【实验背景与原理】

BET 吸附理论是 1938 年由 Brunauer、Emmett 和 Teller 三位科学家解释气体分子在固体表面的吸附现象而建立的理论方法。该理论是颗粒表面吸附科学和对固体表面进行分析研究的重要理论基础，广泛应用于颗粒表面吸附性能研究和数据处理过程中[1,2]。

吸附理论认为，纳米材料表面一般都有吸附气体分子的能力，通常认为氮气是适宜的吸附气体。在外界环境为液氮温度(77 K)下，处于氮气氛围中的纳米材料表面会对氮气产生物理吸附；而当外界环境为室温条件下时，吸附的氮气会全部脱附出来。BET 吸附理论在 Langmuir 的单分子吸附模型的基础上，基于以下三条假设拓展到多分子层吸附的情况：①气体分子可以在固体上吸附无数多层；②吸附各层的吸附热均为气体的液化热；③Langmuir 吸附理论对每一单分子层都适用成立。由此得出 BET 吸附等温式如下：

$$\frac{p/p_0}{V(1-p/p_0)} = \frac{C-1}{V_m C}\frac{p}{p_0} + \frac{1}{V_m C} \tag{5-5-1}$$

这里，p 为气体气压；p_0 为在液氮温度下氮气的饱和蒸气压；V 是所吸附的气体总体积；V_m 是指吸附剂的整个表面完全被单层气体分子层覆盖时所需要的吸附气体体积，又称单层吸附体积；C 为 BET 常数。

对 (5-5-1) 式可以作如下简化：令 $X=p/p_0$，$Y=X/[V(1-X)]$，$A=(C-1)/V_mC$，$B=1/V_mC$，就可以得到一个斜率为 A，纵轴截距为 B 的直线方程 $Y=AX+B$。实验上，相对压强 p/p_0 通常在 $0.05\sim0.35$ 范围内。通过测量一系列相对压强 p/p_0 和吸附气体量 p/p_0，用最小二乘法计算出直线斜率 A 和截距 B，由实验测量的斜率和截距就可以得到常数 V_m 和 C 的数值，即 $C=1+A/B$，$V_m=1/(A+B)$。理论上 C 约等于 $e^{(E_1-E_L)/RT}$，这里 E_1 是第一层吸附气体的吸附热，E_L 为液化热。BET 常数 C 表示了吸附剂(adsorbent，吸附测量气体的固态物质)和吸附质(adsorbate，吸附剂表面上富集的吸附气体，一般采用氮气)之间的相互作用大小，是表征纳米材料吸附特性的一个重要的物理量。

通过单层吸附体积 V_m(单位为 mL)和每个氮气分子在一个完整的单层上所占有的平均面积(分子横断面积)，就可以计算出纳米材料的总表面积为

$$S = \frac{V_m}{V_0} N_A \cdot \sigma \tag{5-5-2}$$

这里，N_A 为阿伏伽德罗常数 $6.022\times10^{23}\,\text{mol}^{-1}$；$\sigma$ 为在液氮温度下氮气作为吸附气体分子的横断面积(这里取为 $0.162\,\text{nm}^2$)；V_0 为标准状况下理想气体的摩尔体积。将上述常数代入(5-5-2)式，整理后得到纳米材料的比表面积：

$$S_W = \frac{4.36V_m}{m} \tag{5-5-3}$$

这里，m 为纳米材料的质量(单位为 g)。

总之，在氮气氛围中的纳米材料表面将发生物理吸附。当吸附达到平衡时，测量相对压强 p/p_0 和吸附气体量 V，根据 BET 方程求出样品的单层吸附体积，计算出样品的比表面积。

【试剂与仪器】

1. 试剂

比表面积标准样品(B-8，F-8)、P25、活性炭等。

2. 仪器

比表面积孔径分析仪(JW-BK 122F)、分析天平、超声清洗仪、纯水机等。

【实验步骤】

1. 称量实验样品[3]

预习实验时大致调研一下实验样品的比表面积,比表面积大的样品少称量一些,比表面积小的样品多称量一些,具体称量范围可参考表 5-5-1。

表 5-5-1　比表面积测量的样品称重范围

预估的样品比表面积/(m²/g)	<1	1~10	10~100	>100
建议的样品质量/g	>3.0	3.0~0.8	0.8~0.2	<0.2

用分析天平称量空样品玻璃管的质量 M_0,然后用称量纸大致称取实验样品,该样品的质量应符合表 5-5-1 列出的建议质量。用专用长颈漏斗将样品装入玻璃管,称量管和样品的总质量 M_1。需要注意的是,M_1 包含样品中水分等的质量,并不是准确的总质量。在整个实验完成,样品玻璃管恢复到常温后,需将管壁外的冷凝水擦拭干净,严格按照操作规范取下玻璃管,重新称量管和样品的总质量 M_2。样品质量取为 $m=M_2-M_0$。

2. 密闭气路系统的准备

首先打开比表面积孔径分析仪的电源。然后打开氮气钢瓶阀门,先松开总气阀,再旋紧减压阀至 0.3 MPa 左右。最后打开真空泵电源。

3. 测试前的预处理

4. 样品加热

将已经装入样品的玻璃管按先后顺序套上钢制接头、密封钢环和密封胶圈,然后将防飞溅的玻璃芯棒缓慢地放在玻璃管口处。最后将玻璃管插到比表面积孔径分析仪上,检查玻璃管安装妥当后,套上加热包并打开电源开关开始加热。加热套温控表的设置流程见本实验附录。

5. 密闭气路系统抽真空

左键双击"BKsoft"图标,出现"选择通信通道"对话框,USB 通道选择"1","确定"后进入测试界面。为避免系统内气压变化较快时样品被抽走,污染真空系统,需要通过测试界面勾选 1、2、3 和 5 号阀门,单击"重置"进行抽真空。待测试页面的"当前气压"小于 20 kPa 后,增加勾选 6 号阀门,还是单击"重置"。屏幕弹出"真空 2 为快速真空专用,为防止样品抽飞请慎用!",单击"确定",之后单击"预抽"。在"当前气压"达到 0.006~0.003 kPa 范围内并且气压数值基本保持稳定时,就认为达到了抽真空的极限,单击"停止预抽"。

　　需要注意的是，预处理中对实验样品加热和密闭气路系统抽真空是同时进行的，之所以要边加热边抽真空，是因为这样能有效地把样品表面的水分都加热成水蒸气并将之抽走。减少甚至消除了样品表面水分的影响，才可以进一步做比表面积测量等实验。

图 5-5-1　系统参数设置示意图

6. 样品自然冷却

　　预处理结束后，关闭加热包电源开关并取下加热包，等样品玻璃管冷却至室温就可以做测试了。自然冷却大概需要 7～10 min。

7. 系统参数设置

　　单击 图标，设置样品质量和文件自动保存路径等参数。本实验的其他固定参数如图 5-5-1 所示。

8. 压力程序设置

　　单击 图标，选择测试类型并设置脱附和吸附气压的参考点，如图 5-5-2 和图 5-5-3 所示。

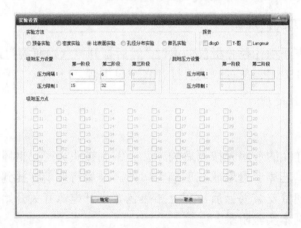

图 5-5-2　压力程序设置示意图

9. 升起液氮装置

　　首先取消测试界面上 1、2、3、5 和 6 号阀门的对钩，单击"重置"，保证所有电磁阀都关闭。关闭所有电磁阀是为了尽可能地减少气路中氮气的残余量，降低其对测量结果的影响。将已经准备好的专用液氮杯放在需要测量样品对应的升降托盘上，务必取下液氮杯盖。单击测试界面的"上升"按钮，液氮杯上升。在上升过程中，控制软件会让液氮杯停顿几次，以防发生意外，上升到指定高度时液氮杯托会自动停止并保持稳定。

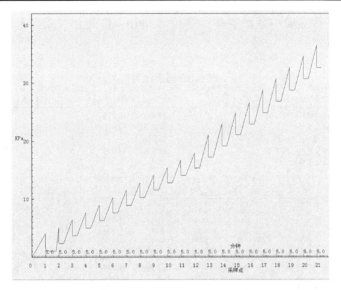

图 5-5-3　BET 比表面测试窗口举例

10.　进行吸附实验

液氮杯上升完成后，在测试界面点"吸附"开始进行样品的比表面积测量。此时控制软件会自动延时等待 5 min 左右，以保证样品的环境温度充分达到液氮温度 (77 K)。5 min 后比表面积孔径分析仪会自动按照之前设定的吸附气压的参考点控制相关硬件设备进行测量和计算。比表面测量大概需要 50 min。实验结束后，液氮杯自动下降。待液氮杯降到底端后小心取下，用专用杯盖盖好，防止液氮大量挥发。单击 图标，保存测试数据。单击 图标，预览实验结果，如图 5-5-4 所示。

11.　更换样品进行新一次测量

液氮杯降到底端后等待 5 min，取消测试界面上所有阀门的对钩，单击"重置"，保证所有电磁阀都关闭。然后单击"充气"按钮。观察"当前气压"数值，当整个气路为无真空状态时，就可以更换样品玻璃管，重复前面的步骤，对新样品进行测量。

12.　关闭实验仪器

整个实验结束后，不需要取下样品玻璃管，要保证整个气路处于真空状态。在测试界面上取消所有阀门的对钩，单击"重置"。关闭控制软件，关闭比表面积孔径分析仪，关闭真空泵和氮气钢瓶(先松开减压阀，再旋紧总气阀)。

13.　操作程序要点

在无真空状态下安装样品玻璃管→抽真空(先 1、2、3、5 后加上 6)→设置参数

→升液氮杯→进行实验→降液氮杯→等待 5 min→打开充气减至无真空状态→更换新的样品玻璃管。

BET比表面测试报告

型号: BK122F　　　　　　　　　　　　　　　　　　　　　　　　第 1 页

送样单位: 理学院	测试单位: 理学院
样品编号:	样品名称: P25
质 量(g): 0.25	测试日期:
操作人员: 理学院	核对人员: 理学院
处理条件:	

序号	Pd	Pcd	P/Po	V	1/[V(Po/P-1)]
6	8.71040	6.03153	0.05882	10.39719	0.00801
7	9.94836	7.29384	0.07113	10.75329	0.00712
8	11.18227	8.54804	0.08336	11.10184	0.00819
9	12.48112	9.82660	0.09583	11.40455	0.00929
10	13.72720	11.08080	0.10807	11.77350	0.01029
11	14.95705	12.35123	0.12046	12.02059	0.01139
12	16.18689	13.59731	0.13261	12.31999	0.01241
13	17.40060	14.83122	0.14464	12.62494	0.01339
14	18.59788	16.04889	0.15652	12.94875	0.01433
15	21.71917	17.88757	0.17445	13.40830	0.01576
16	23.62686	19.74655	0.19258	13.88377	0.01718
17	25.41277	21.58929	0.21055	14.31629	0.01863
18	27.20681	23.40768	0.22828	14.78738	0.02000
19	29.29308	25.31130	0.24685	15.28828	0.02144
20	31.18859	27.21898	0.26545	15.75528	0.02294
21	33.07192	29.11043	0.28390	16.26174	0.02438
22	34.98772	31.00999	0.30242	16.76907	0.02585
23	36.88728	32.91768	0.32103	17.23607	0.02743

斜率	截距	Vm	C	Cc
0.08079	0.00154	12.14640	53.34302	0.99983

比表面积(m2/g): 52.95829

BET比表面曲线

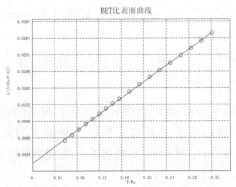

图 5-5-4　BET 比表面测试报告举例

【注意事项】

进入实验室操作之前要认真阅读实验讲义。整个实验过程必须严格按照实验室安全规定进行,实验期间不可以离开。另外,本实验涉及真空气路系统,需要格外注意以下几点。

(1)样品需要边加热边抽真空,所抽真空必须要十分充分。

(2)抽真空时必须处于(1、2、3、5、6)打开的状态。1 号阀门必须打开,不允许在关闭 1 号阀门的情况下抽真空;否则之后 1 号阀门一旦打开,样品将会被抽走,整个真空系统将被污染。

(3)更换样品管必须在无真空状况下进行。

【结果分析与数据处理】

由测试软件自动完成数据处理并给出测试结果。

【思考题】

(1)利用纳米材料的总表面积公式推导出比表面积的计算公式。

【参考文献】

[1]　Brunauer S, Emmett P H, Teller E. Adsorption of gases in multimolecular layers. J. Am. Chem. Soc., 1938, 60(2): 309-319.

[2]　GB/T 19587—2004. 气体吸附 BET 法测定固态物质比表面积. 北京: 中国标准出版社, 2004.

[3]　北京精微高博科学技术有限公司. JW-BK 静态氮吸附仪使用说明书. 2010.

【附录】

加热套温控表的设置流程

打开温控表电源,正确设置预处理的温度和时间,进行加热。温控表控制界面及具体设置如下所述。

(1)开启温控表后,第一行显示为加热包当前实际温度,中间行为默认设定温度及当前状态(通常状态下,中间行显示为"STOP"和上次加热设定温度的交替闪烁),第三行默认显示为设定加热时间(单位: min),如图 5-5-5(a)所示。

(2)设置温度及加热时间时,首先按下向左的箭头"A/M",温控表进入下一个状态。显示屏第一行显示"C01",此时中间行显示为预设加热温度。左箭头调节位数,上下箭头调节数值大小,按"SET"确认。如图 5-5-5(b)所示,本实验预设的"C01"的加热温度为 150.0℃。

(3)按"SET"键确认后,温控表进入下一个状态,显示屏第一行显示"t01",此时中间行显示为预设加热时间。左箭头调节位数,上下箭头调节数值大小,按"SET"键确认,如图 5-5-5(c)所示。本实验预设的"t01"的加热时间为 20.0 min。

(4)再按一下"SET"键,温控表进入下一个状态,显示屏第一行显示"C02",

中间一行的设置与"C01"相同即可("C02"也为150.0℃),如图5-5-5(d)所示。

(5)再按下"SET"键,进入下一个状态,显示屏第一行显示"t02",中间行设置为"−121"(终止代码),至此设置完全完成,如图5-5-5(e)所示。

(6)按住向左的箭头"A/M"同时按下"SET"键,显示屏回到初始界面。温控表第一行为当前温度,中间行为设定温度与"STOP"交替闪烁,第三行为设定时间。

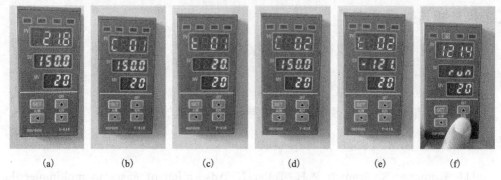

(a)　　　　　(b)　　　　　(c)　　　　　(d)　　　　　(e)　　　　　(f)

图 5-5-5　加热套温控表

(7)按住向下的箭头"R/H",直到显示屏中间显示"run"后手松开,如图5-5-5(f)所示。此时加热开始,显示屏最后一行的显示为剩余时间。

(8)加热时间完成后会有蜂鸣报警,即为加热结束,关闭温控表电源即可。

实验 6　原子力显微镜表征实验

原子力显微镜(AFM)是用一个一端装有探针而另一端固定的弹性微悬臂来检测样品表面信息的测试仪器。当探针与样品的距离小到一定程度时,由于针尖与样品的相互作用(引力、斥力等),所以悬臂发生形变。AFM系统就是通过检测这个形变量,从而获得样品表面形貌及其他表面相关信息。

【实验目的】

(1)掌握 AFM 的结构和基本原理;

(2)掌握 AFM 的操作和调试过程,选择轻敲模式完成样品表征。

【实验背景与原理】

扫描探针显微镜(scanning probe microscope,SPM)是扫描隧道显微镜及在扫描隧道显微镜的基础上发展起来的各种新型探针显微镜,包括原子力显微镜(atomic force microscope,AFM)、磁力显微镜(magnetic force microscope,MFM)、静电子显微镜(electrostatic force microscope,EFM)、扫描隧道显微镜(scanning tunneling microscope，STM)等。其中，AFM 的普及速度远远超过 STM，应用领域也更为广泛，这是因为 STM 无法测定非导体样本，而自然界中存在的物质以及工业产品大多都是绝缘材料。AFM 不仅可以在原子水平测量各种表面形貌，而且可用于表面弹性、塑性、硬度、摩擦力、磁力等性质的研究，极大地推进了纳米科技的发展。

1. AFM 原理

AFM 是通过一端装有探针而另一端固定的弹性微悬臂来检测样品表面信息的。当探针与样品的距离小到一定程度时，由于针尖与样品的相互作用(引力、斥力等)，使悬臂发生形变。AFM 系统就是通过检测这个形变量，从而获得样品表面形貌及其他表面相关信息。AFM 的基本原理已经在 3.1.4 节中介绍过，在此不做赘述。

2. 原子力显微镜的工作模式

AFM 主要有三种工作模式：接触模式(contact mode)、非接触模式(non-contact mode)和轻敲模式(tapping mode)。本实验采用的是如图 5-6-1 所示的轻敲模式，用一个外加的振荡信号驱动探针在样品表面上方振动。探针振动的振幅也可通过光斑位置检测器的上下部分的光强差来确定。当探针未逼近样品时，探针在共振频率附近作自由振动；当探针在样品表面扫描时，由于样品表面的原子与微悬臂探针尖端的原子间的相互作用力，探针的振幅减小。反馈电路测量振幅的变化量，通过改变加在扫描器 Z 方向上的电压，保持探针振幅的恒定，计算机记录这个电压，即反映了样品的表面形貌。具体工作原理参见 3.1.4 节中的操作模式。

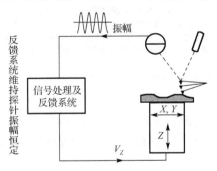

图 5-6-1　AFM 轻敲模式工作原理

【仪器与调试】

CSPM5500 系列扫描探针显微镜(SPM)装置实物图如图 5-6-2 所示。标准配置的功能模块包括 AFM、横向力显微镜(LFM)、MFM、STM 等[1]。

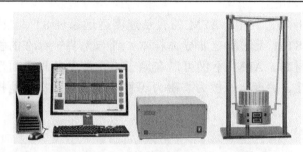

图 5-6-2　CSPM5500 系列 SPM 装置

其主要构成如下所述。

1. SPM 探头

图 5-6-3 为扫描探针显微镜探头示意图。

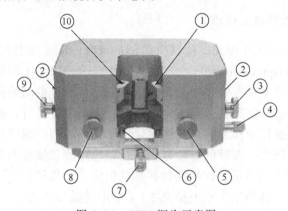

图 5-6-3　SPM 探头示意图

①激光器；②稳定弹簧挂杆；③激光器位置水平调节旋钮；④探头位置水平调节旋钮；⑤激光器位置垂直调节旋钮；⑥探针架安装滑槽；⑦探头位置垂直调节旋钮；⑧光斑位置探测器位置垂直调节旋钮；⑨光斑位置探测器位置水平调节旋钮；⑩光斑位置探测器

SPM 探头由以下主要部分构成。

（1）探针架。

用于夹持固定探针，有两种探针架：STM 探针架和 AFM 探针架，分别用于夹持固定 STM 探针和 AFM 探针，并使系统实现 STM 和 AFM 功能。

（2）激光器（laser）。

用于激光检测原子力显微镜（laser-AFM）的各种扫描模式中。SPM 探头上位于右边的两个旋钮分别调节激光器的水平（X）和垂直（Y）的位置。

（3）光斑位置探测器（PSD）。

用于激光检测原子力显微镜的各种扫描模式中。该探测器是一个四象限的光强计，每个象限均可独立地探测落在上面的光强，从而实现光斑位置的检测。SPM 探头上位于左边的两个旋钮分别调节 PSD 的水平(X)和垂直(Y)的位置。根据不同的操作模式,PSD 可以提供不同的信息:落在光斑位置探测器的四象限上的总光强(SUM)和光斑位置探测器的上下两部分的光强差。这个信号反映了探针上下偏转的形变(Up-Down)。

2. 底座

图 5-6-4 为 SPM 底座示意图。

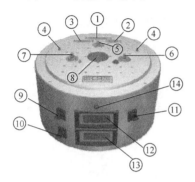

图 5-6-4　SPM 底座示意图

①探头-底座;②扫描器连接插座;③系统预留扩展接口;④稳定弹簧;⑤电机 2 支撑螺杆;⑥电机 3 支撑螺杆;⑦电机 1 支撑螺杆;⑧扫描器安装承座;⑨液晶数字显示器 12 信号选择开关;⑩液晶数字显示器 13 信号选择开关;⑪步进电机手动控制开关;⑫液晶数字显示器(通过开关 9 控制显示的信号);⑬液晶数字显示器(通过开关 10 控制显示的信号);⑭探头连接状态指示灯(当底座与控制机箱正确连接时常亮);⑮探头照明调节开关;⑯系统预留扩展接口;⑰底座与机箱连接插头

SPM 底座与主控机箱连接,控制步进电机进行进针和退针。底座上的两个液晶数字显示器通过左边开关的控制,可以提供不同的信息。右边的开关用于手动控制探针的逼近和退回,向上为探针离开样品(退针),向下为探针逼近样品(进针)。

3. 调节激光光路

单击"激光"键,打开激光器电源;调整激光器位置垂直和水平调节旋钮,使激光束聚焦照射在悬臂背面前端,即针尖的背面(图 5-6-5)。

步骤如下。

(1)顺时针旋转激光器位置垂直调节旋钮,直到激光落到探针架或探针基片上。此时在探头正面观察,可看到一个很亮的激光光点。由于激光完全被遮挡,提起探头观察,探头下方没有透射的激光光斑。

图 5-6-5　激光束聚焦照射在悬臂背面前端示意图

(2)调节水平旋钮,使激光光点落在探针基片的中间位置;调节垂直旋钮,使激光往悬臂方向移动。由于探针基片的边缘是一个梯形，有一定的倾斜度，所以激光落在探针基片的边缘时，反射的激光光点会落在探头的前方，此时，稍微调节垂直旋钮，即可将激光调节到悬臂的区域附近(图 5-6-6)。

若激光落在探针基片或探针悬臂上，激光将反射到位置 A(即探头正面人眼的位置)。此时，在探头正面可观察到激光光点。若激光落在探针基片与悬臂之间的梯形斜面上，则激光将反射到位置 B(即探头前下方)。此时，在探针的前方可观察到激光光点。

(3)将激光调节到针尖的背面。剪一小白纸放置在激光接收器的下方，调节水平方向旋钮(保持垂直方向旋钮不动)，观察反射到白纸上的光斑，可判断激光落在悬臂的位置(图 5-6-7)。

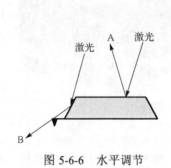

图 5-6-6　水平调节

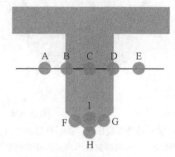

图 5-6-7　激光落在悬臂的不同位置

激光落在悬臂的不同位置观察到的激光图案如表 5-6-1 所示。

表 5-6-1　不同位置观察到的激光图案

激光位置	观察的图案	激光位置	观察的图案	图案解析
A	无光斑	E	无光斑	激光没有落在悬臂上，完全透射
B		D		激光落在悬臂的边缘，部分被遮挡，部分被反射，部分透射过去，因此，可观察到与悬臂垂直的衍射图案，即水平方向的衍射条纹
F		G		激光落在悬臂的单边边缘三角部分，发生衍射，因此，可观察到与悬臂边缘垂直的衍射图案
H				激光落在悬臂的两边边缘三角部分，发生衍射，因此，可观察到与悬臂边缘垂直的十字形衍射图案
C 和 I				激光落在悬臂上面，完全被悬臂反射，可观察到较圆的激光光斑

　　若激光完全落在悬臂上，则可观察到较圆的激光反射光斑。此时可将水平旋钮调节到 C 位置，逆时针旋转 Y 方向的螺杆，直到出现如 F、G 或 H 的衍射条纹（衍射条纹有不同方向或双向的"尾巴"），再顺时针微调 Y 方向的螺杆，使衍射条纹的"尾巴"刚好消失，此时激光即落在悬臂边缘的针尖的背面。此时，若轻微调节水平和垂直旋钮，则出现如表 5-6-2 所示的衍射图案。

表 5-6-2　轻调水平和垂直旋钮出现的衍射图案

	顺时针旋转	逆时针旋转
水平旋钮		
	激光束部分受到探针微悬臂的遮挡，出现与悬臂垂直的衍射花纹	
垂直旋钮		
	激光仍然落在矩形悬臂上	激光部分受到悬臂的遮挡，出现与悬臂边缘垂直的十字形衍射花纹

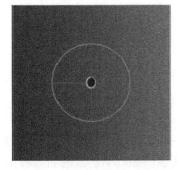

图 5-6-8　激光光斑最佳位置

　　（4）观察"激光光斑"窗口（图 5-6-8），调节"光斑位置探测器" X，Y 方向的螺杆，使光斑处于"十字架"中央的小圆圈中央，信号表 Up-Down 和 Left-Right 读数接近于 0，SUM 读数为极大值（接近但可能不等于最大值）。

　　此时，激光光路的调节就已经完成了。

　　注意：激光光斑窗口显示的只是检测器接收到的激光强度，而与激光实际经过的位置无关。若激光未经过探针微悬臂的针尖部分反射，而是从另外的路径反射进入接收器，则激光光斑窗口同样会显示红色的光斑。若仅从激光光斑窗口有无光斑，即作出光路是否调整好的判断，进而开始进针，则可能会导致探针的损坏！

【实验步骤】

（一）进针前设定

1. 基本扫描参数设定

（1）根据所要扫描的区域设定扫描范围、扫描角度、X 偏移、Y 偏移；

（2）选择图像比例：正方形区域为 1∶1，其他为长方形区域；

(3)设定扫描的速度：扫描频率建议一般设定为 1 Hz；

(4)偏压设定为 0；

(5)输入当前扫描器的畸变校正参数，如不确定，可全部设为 0。

2. 反馈回路参数设定

(1)设定适当的积分增益，建议一般设定为 200(此参数可在后面扫描过程中更改)；

(2)设定适当的比例增益，建议一般设定为 200(此参数可在后面扫描过程中更改)；

(3)设定适当的参考增益，建议一般设定为 0。

(二)设定共振曲线

1. 设定共振曲线

(1)打开激光，调节激光光路，使激光光斑落在光斑窗口中央的圆圈内，此时 Up-Down、Left-Right 读数应为 0。

(2)打开"频率设置"窗口。

(3)选择信号源(选择"振幅、相移"则同时显示两个信号源得到的共振曲线，分别用蓝色和绿色曲线显示)。

(4)设定频率扫描范围，系统将在用户所设定的频率范围扫描探针的共振信号，开始/结束频率设定值和两个黑色的游标是等价的。

(5)设定振动激励信号。

轻敲激励振幅——驱动信号的振幅强度。一开始时可设得小一点(如 0.05V，设得太大可能将探针震断)，采集共振曲线后，如发现探针振荡信号的振幅太小，再适当增大。

(6)定位探针的共振峰。

单击"全范围"按钮，系统采集并显示探针从 50～500 kHz 范围的共振振幅信号。如图 5-6-9 所示为探针在 0.05 V 激励信号驱动下从 50～500kHz 振荡的振幅信号，从图中可以得到，此探针的共振频率约为 300 kHz。

(7)缩小振动曲线的采集频率范围(移动两个黑色的游标或者在"开始频率"和"结束频率"中输入)，精确定位探针悬臂的共振频率与振幅。将开始频率设为 299.8648 kHz，结束频率设为 301.7120 kHz，按下窗口中的"新范围"按钮，得到共振峰附近振幅信号，这样，可更准确地确定探针的共振频率。

(8)若探针的振幅过小，可增大振动激励信号的大小，增加"轻敲激励振幅"的数值，重新采集共振曲线，探针最大共振振幅等于 1～1.5 V 为佳。

2. 设定探针的振动频率与参考点

由于在扫描成像时，用于反馈系统的是探针悬臂振幅的变化量，故探针自由振动的频率应设在振幅最大且变化量最大的地方，即在振动曲线上斜率最大且最接近共振峰的地方；参考点是系统工作时需要维持的振幅恒定量，故也必须设定在共振曲线的斜率最大值处。

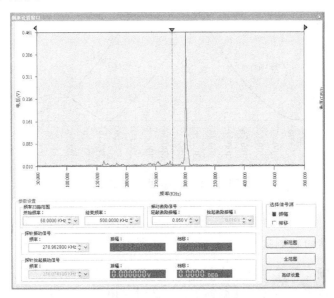

图 5-6-9 共振曲线设置示意图

（1）探针振动频率（即游标的横坐标，也就是"探针振动信号"－"频率"栏中所显示的数值）设在略低于共振频率，使振幅信号为共振峰的 75%～95%，并且频率曲线比较接近于直线处（如图 5-6-10 中 a 段曲线部分）。

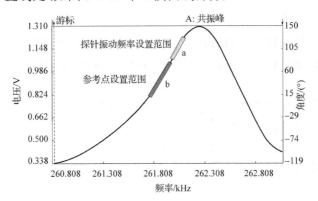

图 5-6-10 振动频率和参考点设置示意图

（2）参考点可设为共振峰振幅 50%～70% 的振幅处（如图 5-6-10 中 b 段曲线部分）。

（3）完成轻敲模式设定后的探针共振曲线如图 5-6-11 所示。

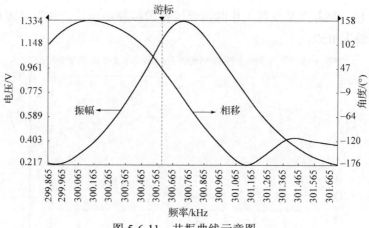

图 5-6-11　共振曲线示意图

(三)进针

1. **数字反馈回路测试**

(1)打开"频率设置"窗口，设定探针共振曲线及参考点；

(2)将游标放置在略低于共振频率处，此时 Z 电压读数为"+180V"；

(3)移动游标，使"电压"指示栏读数小于参考点，此时 Z 电压读数为"−180V"；

(4)以上表明，数字反馈回路工作正常；

(5)将游标重新设在略低于共振频率使振幅信号为共振峰的 75%～95%处。

2. **自动探针逼近**

(1)单击"进针"按钮，打开进针窗口，并打开"自动进针"对话框；

(2)单击"正常进针"按钮，此时探针与样品开始自动逼近，"当前电压"读数为"+180V"；

(3)若样品与探针距离较远，自动进针一段时间后，进针会自动停止，这时再次单击"正常进针"按钮，探针继续自动逼近；

(4)探针逼近样品后，"当前电压"读数小于"+180V"，此时自动逼近停止；

(5)打开"单步控制"对话框，单击"单步前进"或"单步后退"，使"当前电压"读数为 0 V 左右；

(6)单击"完成"按钮，自动探针逼近完成。

3. **确定灵敏度**

灵敏度值与所用的探针的力常数、共振频率、扫描器的 Z 伸缩系数、样品表面的软硬程度及黏附性都有关。对于大部分的样品，若使用常用的轻敲模式探针，则使用 1 μm 扫描器，灵敏度值约为 50；使用 20 μm 扫描器，灵敏度值约为 10。

4. 调节扫描参数

(1)选择"循环"和"双向";

(2)单击"开始"按钮,开始扫描,打开形貌图像窗口,示波器显示 3 条扫描信号线,分别是正向扫描信号线、反向扫描信号线和正向-反向差值信号线;

(3)在形貌图像窗口中,调节"信号放大"参数,使显示器的信号对比度较高,而且不超出可测量的范围;

(4)在形貌图像窗口中,调节"伸缩范围"参数,使伸缩范围指示条指示处于中间的位置,而且尽量不出现红色的范围;

(5)如果噪声水平较高,可选择"低通滤波",进行高频噪声的过滤;

(6)调节"积分增益""比例增益""参考增益""参考点""扫描频率",使示波器上的来回扫描信号线比较重合,并且噪声较低;

(7)单击"停止"按钮,结束扫描参数调节。

5. 开始扫描与保存扫描结果

1)开始扫描

(1)取消选择"双向"和"校准";

(2)单击"开始"按钮,开始扫描;

(3)分别在形貌、振幅、相移图像窗口中调节"信号放大""伸缩范围""信号偏置""低通滤波"等参数。

2)保存扫描结果

(1)一次扫描结束后,扫描结果图像保存在图像缓冲区中;

(2)在希望保存的图像上面单击右键,激活功能菜单;

(3)单击"另存为",将所选的图像使用用户指定的文件名,保存到指定的目录下。

3)结束扫描

(1)单击"停止"按钮,停止扫描过程;

(2)单击"进针"按钮,打开进针窗口,并打开"退针"对话框;

(3)单击"开始",探针自动远离样品;

(4)当探针离开样品足够距离后,单击"结束"按钮,退针完成。

【注意事项】

进入实验室操作之前要认真阅读实验讲义。整个实验过程必须严格按照实验室安全规定进行,实验期间不可以离开。另,实验仪器属于精密仪器,一定按照实验讲义严格操作,如有问题及时询问老师。

【结果分析与数据处理】

保存轻敲模式卜 AFM 扫描的样品图像(图 5-6-12)。

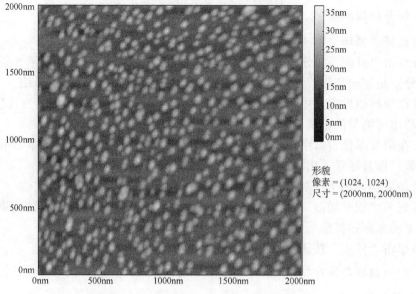

图 5-6-12　GaAs 量子点的 AFM 扫描图像

【思考题】

(1) AFM 轻敲模式的工作原理是什么?

(2) 如何调节 AFM 的激光光路?

【参考文献】

[1]　本原纳米仪器有限公司. CSPM5500 系列扫描探针显微镜使用说明书. 2010.

实验 7　光电催化表征实验

　　半导体光催化技术在解决能源与环境问题方面具有广阔的应用前景,它是一种利用太阳能的可再生能源技术,在环境修复、环境治理、水解产氢、CO_2 还原等方面都有着广泛的应用。相比其他的高级氧化技术,光催化技术能将太阳能转换为化学能,尤其是对水环境内低浓度污染物的降解,能在常温常压下进行而不产生二次污染,且具有反应速度快、能耗低、环境风险小等优点。相比于光催化反应,光电催化反应中的光生电子和空穴会通过外电路实现分离与转移,实现氧化和还原反应的空间分离,进一步提升了光催化反应的活性。

【实验目的】

(1) 了解半导体光催化和光电催化的基本原理;

（2）掌握光电催化测试技术和操作过程；

（3）利用光电化学测试系统，完成样品的光电催化性能测试。

【实验背景与原理】

1. 半导体光催化反应的基本原理

光催化反应是指在光照条件下，光催化材料将光能转换为化学能，在光催化材料表面及其表面吸附物上发生氧化还原反应。光催化技术开发和研究的核心即为光催化材料，一般选用半导体材料作为光催化材料。半导体材料具有特殊的能带结构，即低能价带和高能导带，二者之间存在禁带宽度，也称为带隙。当半导体吸收光子能量大于或等于带隙能的太阳光时，价带上的电子受光激发跃迁至导带，同时相应的价带上留下空穴，在内部形成光生电子-空穴对（光生载流子）。价带上的空穴是强氧化剂，而导带上的电子是强还原剂。在半导体内电场的作用下，一部分电子和空穴会分离，迁移到催化材料的表面，与电子受体和供体发生氧化还原反应，在反应过程中会产生羟基自由基和超氧自由基等活性物种，这些自由基的活性特别强，能进一步降解或矿化有机污染物分子；另外一部分电子和空穴会在半导体表面或内部发生复合，能量会以辐射或热能等形式损失。光生载流子在迁移和复合过程中会在半导体内部相互竞争，实际参与光反应的光生载流子较少，使得半导体量子效率低。因此，提高光生载流子有效的分离和转移并抑制它们的复合，会使更多载流子参与光反应，从而提高光催化效率。半导体材料光催化降解反应的基本原理如图 5-7-1 所示。

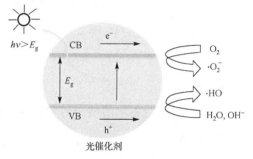

图 5-7-1　半导体光催化原理示意图

2. 半导体光电催化反应的基本原理

半导体光电催化技术是将光催化材料制成薄膜光电极，在电解池中组成回路，利用光催化与电催化的协同作用来实现氧化、还原反应。如图 5-7-2 所示，在光电催化反应体系中，需要将半导体光催化剂作为工作电极连入电解池中，并与外电路相连接，由工作电极、对电极和电解液组成光电化学电池体系。对 N 型半导体而言，光电催化分解水的主要过程如下：①半导体催化剂作为光阳极，吸收能量大于或等于禁带宽度的光子后，价带上的电子被激发跃迁到导带上，产生光生电子-空穴对；②光生电子-空穴对在光阳极内部及电极与电解液界面处发生分离；③光生电子迁移到导电基底处，经由外电路传输到铂对电极，光生空穴迁移到电极与电解液的界面处；④光生电子在铂对电极表面与水发生还原反应，生成氢气，光生空穴在电极与电解液的界面处与水发生氧化反应，生成氧气。在光电催化反应中，通过外电路和施加偏压促进了光生电子和空穴的分离过程，从而延长了光生载流子的寿命，最终提升了光电催化反应效率,通过光电协同作用显著改善了整个体系的光电催化性能。

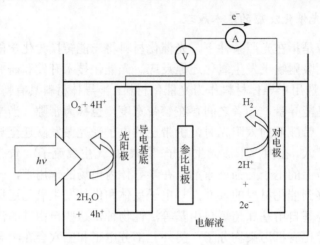

图 5-7-2　半导体光电催化原理示意图

【试剂与仪器】

1. 试剂

第 4 章中所制备出的纳米薄膜样品、硫酸钠(分析纯)、去离子水。

2. 仪器

采用北京泊菲莱科技有限公司的 PEC 1000 型光电化学测试系统进行测试，如图 5-7-3 所示。该测试系统配备有 300 W 氙灯、电化学工作站、数字显示斩波器、一体化三电极反应器、位移平台等,可实现线性扫描伏安(LSV)曲线、电流–时间(i-t)曲线、电化学阻抗谱等光电化学性能测试。

图 5-7-3　PEC 1000 型光电化学测试系统

【实验步骤】

1. 配制电解液

配制 0.1 mol/L 硫酸钠溶液（14.2 mg/mL），混合溶液需要澄清，若电解液放置时间过长，液体浑浊，需要重新配制。

2. 测试前的准备

(1)打开光源并利用辐照计调节至所需光强，保持 30 min（图 5-7-4）。

注：调节斩波器遮挡光源，仅在实验中使光源照射样品。

斩波器(遮光状态)　　　　　　　　　　　　　　辐照计

图 5-7-4　斩波器和辐照计

(2)取出三电极反应器置于铁架台上（图 5-7-5），将配制好的电解液倒入反应器中，待测样品再连接于工作电极之上。

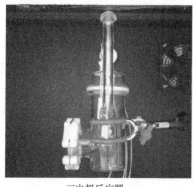

三电极反应器　　　　　　　　　　　　　　　铁架台

图 5-7-5　三电极反应器和铁架台

(3)将三电极反应器放回原位,适当调整位移平台使反应器整体垂直于水平面,并调整工作电极使样品平行于滤光片(图 5-7-5)。

(4)打开电化学工作站、测试电脑,铂对电极、工作电极、参比电极分别与电化学工作站连接(图 5-7-6)。

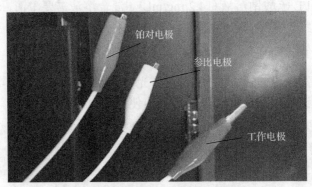

图 5-7-6 电化学工作站和三电极

3. 光电化学测试

(1)单击 CHI 电化学工作站测试软件快捷方式图标 ,打开电化学工作站控制界面。

(2)单击 选择实验方法,单击 进行参数设置。

(a)LSV-linear sweep voltammetry(线性扫描伏安法)。

初始电势(V) 1

结束电势(V) .... −1

扫描速率(V/s) 0.1

采样间隔(V) 0.001

静置时间(s) 2

灵敏度(A/V) 1.e-006

提示:①若测试过程中出现过载现象,调节灵敏度即可;②首先测一下关光的伏安曲线,测试结束后,再调节斩波器至开光,测试开光的伏安曲线,结束后及时调回遮光状态;③初始电势、结束电势及灵敏度根据材料类型进行设置,并在测试中自行调节。

(b)i-t curve(电流-时间曲线)。

施加偏压(V) 0

测试时间(s) 270

静置时间(s) 5

灵敏度(A/V) 1.e-006

提示：①测 *i-t* 时打开斩波器控制，设置 30 s 一次斩光，本测试过程共有三次开光状态；②设置 5 s 的静置时间，因为斩波器的控制开关和测试软件的开关不能同时控制，需要人为操作，数 3 s 后摁下斩波器的开关，使斩波器和测试软件同时运行；③设置初始电势即给样品加偏压，可以根据需要选择加偏压与否；④灵敏度根据材料类型进行设置，并在测试中自行调节。

(c) A.C.impedance（交流阻抗谱测量）。

初始电压（V） .... 实测的开路电压

高频设置（Hz） 1000000

低频设置（Hz） 1

静置时间（s） 2

提示：①记录开路电压，并将起始电压设置成开路电压。每个体系的开路电压均不同；②测试时需要在"Quiet Time"结束前调节斩波器至开光，结束后及时调回遮光状态；③只需要测试开光下的交流阻抗，关光下的交流阻抗一般不测；④测试数据点呈连续状，交流阻抗越低越好。

(3) 确认电极连接完好、参数设置无误后，单击 ▶ 开始测试。

(4) 测试结束后单击 💾 保存测试数据（注：默认格式为.bin，如需要保存.txt，则在保存界面文件类型中选择.txt）。

(5) 实验结束后取出样品，断开连接线，关闭电化学工作站、控制器与光源。

【注意事项】

(1) 电解液需浸没样品，但尽量不要浸没与样品导电面接触的铂片，倾倒电解液时可将三电极置于铁架台上。

(2) 有样品的一面与铂片相接触，否则不通电。

(3) 注意保护光源，光源关闭后 30 min 内不得再次开启。

(4) 铂对电极、工作电极、参比电极分别与电化学工作站连接时，电极头切勿连接错误。

【结果分析与数据处理】

以 CdS-Cu$_2$O 异质纳米棒阵列为例[1]。

图 5-7-7 所示为采用水热法和连续离子层沉积法在 FTO 导电玻璃基底上制备 CdS 和 CdS-Cu$_2$O 异质纳米棒阵列的 SEM 图，从图中可以看出，CdS 纳米棒均为规则的六棱柱形貌，Cu$_2$O 纳米颗粒均匀地沉积在 CdS 纳米棒表面。然后，以所制备的 CdS 和 CdS/Cu$_2$O 异质纳米棒阵列样品作为光电极，在可见光照射下，研究三电极体系中 CdS 和 CdS-Cu$_2$O 异质纳米棒阵列光电极的光电催化分解水性能。

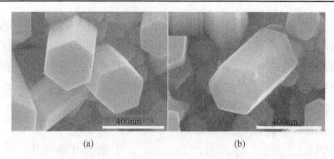

图 5-7-7　(a) CdS 和 (b) CdS/Cu₂O 异质纳米棒阵列的 SEM 图

图 5-7-8(a) 为瞬时光响应和光电流密度(i-t) 曲线。可以看出，在没有光照时，CdS 和 CdS/Cu₂O 异质纳米棒阵列光电极的暗电流几乎为零。可见光开启的瞬间，各个样品电极的光电流迅速升高并达到稳态。所制备的 CdS 纳米阵列光电极的光电流密度为 0.96 mA/cm²。在沉积 Cu₂O 纳米颗粒后，异质纳米棒阵列对可见光的吸收能力增强，使得 CdS/Cu₂O 异质纳米棒阵列光电极的光电流密度增大，其光电流密度上升至 4.2 mA/cm²。本实验还测试了所制备的样品光电极的 LSV 曲线，研究了其光电流密度与所加偏压之间的关系，如图 5-7-8(b) 所示。CdS 纳米棒阵列光电极的光电流密度随偏压升高较为缓慢，而 CdS/Cu₂O 异质纳米棒阵列光电极的光电流密度升高较为显著。同时，在不同偏压下，CdS/Cu₂O 异质纳米棒阵列光电极的光电流密度都明显高于 CdS 纳米棒阵列光电极。

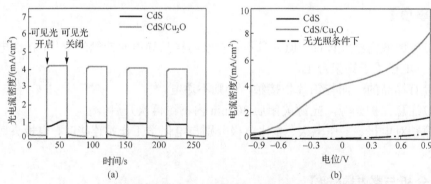

图 5-7-8　CdS 和 CdS/Cu₂O 异质纳米棒阵列的 (a) 瞬时光响应
和光电流密度(i-t) 曲线以及 (b) LSV 曲线

此外，本实验中还测试了 CdS 和 CdS/Cu₂O 异质纳米棒阵列的电化学阻抗谱，如图 5-7-9 所示。电化学阻抗谱中奈奎斯特(Nyquist) 曲线的半圆弧直径与光电极中电荷转移电阻相关，半圆弧直径越小，表示电荷转移电阻越小，光生电荷分离效率越高。从图中可以看出，与 CdS 纳米棒阵列相比，CdS/Cu₂O 异质纳米棒阵列奈奎斯特曲线的半圆弧直径减小，这说明了 Cu₂O 纳米颗粒沉积后，CdS/Cu₂O 异质纳米棒阵列的电荷转移电阻减小，进而促进其光生电荷的分离与传输。

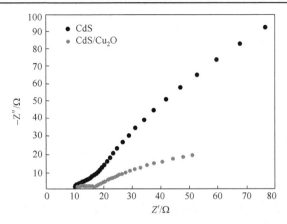

图 5-7-9　CdS 和 CdS/Cu$_2$O 异质纳米棒阵列的电化学阻抗谱

以上结果表明，在 CdS 纳米棒阵列表面沉积适量的 Cu$_2$O 纳米颗粒形成 CdS/Cu$_2$O 异质纳米棒阵列光阳极，不仅可以增强其可见光吸收能力，还能有效地提高其光生电子-空穴对的分离与传输效率，进而显著提高其光电流密度，改善其光电催化分解水性能。

【思考题】

(1) 在半导体光电催化反应中，所施加的偏压如何确定？

(2) 与光催化相比较，光电催化技术具有哪些优势？

【参考文献】

[1]　Wang L J, Wang W Z, Chen Y L, et al. Heterogeneous p-n junction CdS/Cu$_2$O nanorod arrays: synthesis and superior visible-light-driven photoelectrochemical performance for hydrogen evolution. ACS Applied Materials & Interfaces, 2018, 10(14): 11652-11662.

实验 8　紫外-可见分光光度计实验

在半导体光催化领域的研究中，半导体光催化材料高效宽谱的光吸收性能是保证光催化活性的一个必要而非充分的条件，因此对光催化材料吸收光谱的表征是必不可少的。由于固体样品存在大量的散射，所以不能直接测定样品的吸收，通常使用固体紫外-可见漫反射光谱 (UV-Vis diffuse reflectance spectrum, UV-Vis DRS) 测得漫反射谱，并转化为吸收光谱。利用紫外-可见漫反射光谱法可以推算出半导体光催化剂的禁带宽度，是光催化材料研究中的基本表征方法。

【实验目的】

(1) 了解紫外–可见分光光度计的基本构造和工作原理；

(2) 掌握紫外–可见分光光度计的使用方法；

(3) 利用紫外–可见漫反射光谱法分析半导体光催化材料的禁带宽度。

【实验背景及原理】

1. 实验背景

半导体的能带结构一般由低能价带和高能导带构成，价带和导带之间存在禁带。当半导体吸收足够多的光子能量时，价带中的电子会被激发产生电子–空穴对，电子从价带跃迁到导带，同时空穴留在价带。这种由于电子在带间的跃迁所形成的吸收过程称为半导体的本征吸收。本征吸收要求光子能量必须大于或等于禁带的宽度 E_g，即

$$h\nu \geqslant h\nu_0 = E_g \tag{5-8-1}$$

其中，$h\nu_0$ 是能够引起本征吸收的最低光子能量，即当频率低于 ν_0，或波长大于 λ_0 时，不可能产生本征吸收，吸收系数迅速下降。这种吸收系数显著下降的特征波长 λ_0（或特征频率 ν_0），称为半导体材料的本征吸收限。

在半导体材料的吸收光谱中，吸光度曲线短波端陡峻地上升，标志着材料本征吸收的开始，本征波长与 E_g 的关系可以用下式表示：

$$\lambda_0 = \frac{1240}{E_g}(\text{nm}) \tag{5-8-2}$$

因此，根据半导体材料不同的禁带宽度可以计算出相应的本征吸收长波限。

2. 紫外–可见漫反射光谱原理

物质在光照射时，通常发生两种不同的反射现象，即镜面发射和漫反射。对于粒径较小的纳米粉体，主要发生的是漫反射。漫反射满足 Kubelka-Munk 方程式

$$F(R) = \frac{(1-R_\infty)^2}{2R_\infty} = \frac{K}{S} \tag{5-8-3}$$

式中，K 为吸收系数，与吸收光谱中的吸收系数的意义相同；S 为散射系数；R_∞ 为无限厚样品的反射系数 R 的极限值。

事实上，反射系数 R 通常采用与已知的高反射系数（$R_\infty \approx 1$）标准物质（如 $BaSO_4$）比较来测量。如果同一系列样品的散射系数 S 基本相同，则 $F(R)$ 与吸收系数成正比；因而可用 $F(R)$ 作为纵坐标，表示该化合物的吸收带。又因为 $F(R)$ 是利用积分球的

方法测量样品的反射系数得到的，所以 $F(R)$ 又称为漫反射吸收系数。

利用紫外-可见漫反射光谱法可以方便地获得粉末或薄膜半导体材料的禁带宽度。测量的紫外-可见光谱的积分球(原理如图 5-8-1 所示)是一个中空的完整球壳，其内壁为白色的 $BaSO_4$ 漫反射层，且球内壁各点漫反射均匀。入射光照射在样品表面，反射光反射到积分球壁上，光线经积分球内壁反射至积分球中心的检测器，可以获得反射后的光强，从而可以计算获得样品在不同波长的光吸收。

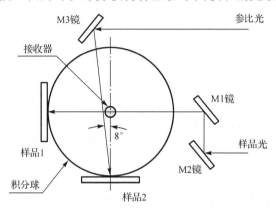

图 5-8-1　漫反射积分球结构示意图

根据材料的紫外-可见漫反射光谱法推算半导体材料的吸收带边或禁带宽度的具体方法，是先对紫外-可见吸收光谱图求导，找到一阶导数最低点，通过这个点作切线，切线与吸光度为零时所对应的横轴交点的波长即为材料的吸收带边，同时也就得到了半导体的禁带宽度。禁带宽度的大小可根据 Tauc 公式计算得出

$$(\alpha h\nu)^n = A(h\nu - E_g) \tag{5-8-4}$$

其中，α 为材料的吸收系数；h 为普朗克常量；E_g 为禁带宽度；$h\nu$ 为入射光子能量；A 为常数；n 的值取决于半导体材料的光跃迁特性，对于直接禁带半导体，n 的值为 2，对于间接禁带半导体，n 的值为 1/2[1]。以光子能量 $h\nu$ 为横轴，$(\alpha h\nu)^n$ 为纵轴作曲线(图 5-8-2)，然后拟合光吸收边所得直线在横轴上的截距即为该半导体材料的禁带宽度 E_g。其中 $h\nu = h \cdot c/\lambda$，$h = 6.626 \times 10^{-34}$ J·s 为普朗克常量，$c = 3 \times 10^8$ m/s 为光速，λ 为相对应的波长，最后把能量单位转化为电子伏特(1 eV=1.602×10^{-19} J)。

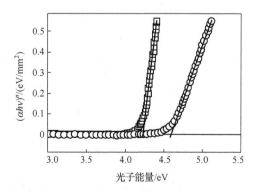

图 5-8-2　半导体材料禁带宽度作图法

3. 紫外-可见漫反射光谱法的应用

通过紫外-可见漫反射光谱法可以获

得半导体材料的吸收带边，而材料制备工艺对其吸收带边有明显的影响。对 4.1 节水热法所制备的 TiO_2 进行紫外-可见漫反射光谱测试，并推算其禁带宽度。图 5-8-3(a) 为不同浓度前驱液中所制备的 TiO_2 样品的紫外-可见吸收光谱图。根据 Tauc 公式，以光子能量 $h\nu$ 为横轴，$(\alpha h\nu)^2$ 为纵轴作曲线，拟合所得直线在横轴上的截距，即为不同浓度前驱液中所制备的 TiO_2 的禁带宽度，如图 5-8-3(b) 所示。

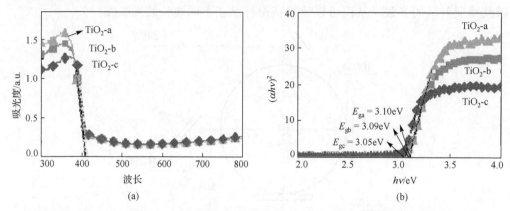

图 5-8-3　不同浓度前驱液中制备的 TiO_2 纳米阵列的(a)紫外-可见吸收光谱和(b) α^2-E_g

　　类似的，水热合成的 Bi_2WO_6 纳米片与固态合成的 Bi_2WO_6 样品的紫外-可见吸收光谱如图 5-8-4 所示[2]。由图可见，样品都有明显的吸收带边，其吸收带边位置可以由吸收带边上升的拐点来确定，而拐点则通过其导数谱来确定，相应地可以计算出其光吸收阈值的大小，从而确定其禁带宽度。从图中可以看出，Bi_2WO_6 纳米片的吸收边要小于固态合成 Bi_2WO_6 的吸收边，这种蓝移趋势可以从量子尺寸效应加以解释。一般认为当纳米材料的粒径小于 10 nm 时才表现出显著的量子尺寸效应，且粒径越小，其带隙越宽，量子尺寸效应越明显。

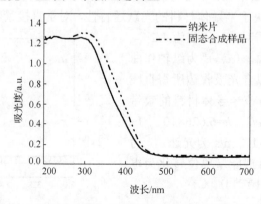

图 5-8-4　Bi_2WO_6 纳米片与固态合成的 Bi_2WO_6 样品的紫外-可见吸收光谱

【试剂与仪器】

1. 试剂

第 4 章中制备出的薄膜或粉末状纳米材料样品。

2. 仪器

采用 Lambda950 紫外-可见分光光度计(图 5-8-5)进行测试，该仪器为双光束、双单色器系统比率式紫外/可见/近红外分光光度计，波长范围为 175～3300 nm(185nm 以下需氮气吹扫)；配备了 150 mm 内径的积分球，可实现直径 1.5～2mm 的小样品测试；在紫外/可见区的波长精度为 0.08 nm，线性范围为 8 A，保证低透射和反射样品的高精度测量；整个光学系统均采用涂覆 SiO_2 的全息刻线光栅；采用先进的四区分段扇形信号收集的斩波器，确保每次得到准确的样品和参比信号。

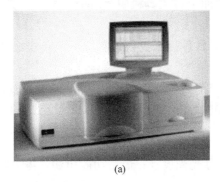

(a)

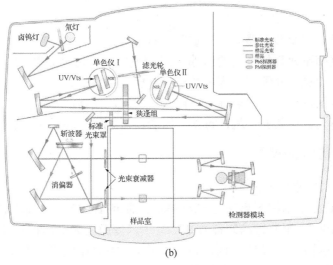

(b)

图 5-8-5　(a)Lambda950 紫外-可见分光光度计及(b)其内部构造图

【实验步骤】

1. 开机前仪器检查，确认样品室无遗留样品。

2. 开机

接通电源，开启电脑。然后先打开分光光度计开关，等待 5 min，在仪器初始化完毕后再打开桌面上的测试软件(注意打开顺序)。

3. 测试

(1)根据实验要求，选择适合待测样品对应的方法并进入该方法进行测试，如没有对应方法，则需新建方法(设置测量波段和测试模式)。

(2)首先测量基线。打开积分球检测器侧面的遮光罩，将标准白板装样品槽上，关闭遮光罩，单击软件界面上方工具栏中"Start"按钮，弹出命令对话框后，单击"Yes"，开始测量。

(3)扫完基线后，根据软件提示更换待测样品；单击命令对话框中"Yes"，仪器自动开始测量。

(4)第一个样品测试完毕后，更换下一个待测样品，重复前一个步骤，依次测量。

(5)待所有样品全部测试完毕后，选择".ASC"格式的文件保存数据。

4. 关机

先关闭软件，再关闭分光光度计；最后切断电源，盖上防尘罩，做好使用登记。

【注意事项】

(1)在更换、安装检测器时，一定要切断电源。

(2)测试电脑不允许插个人的 U 盘，只能使用光盘拷贝数据。

(3)仪器自检过程和测试过程中禁止打开样品室盖。

(4)如仪器间隔很长时间未使用，再次使用时，仪器需要自检后再使用。

(5)仪器不允许频繁开关机，每次关闭后，需等待 5 min 后，才可以重新开启。

【结果分析与数据处理】

以 $BiVO_4$ 纳米薄膜为例[3]。

图 5-8-6(a)为采用溶剂热法在 FTO 基底上制备 $BiVO_4$ 纳米薄膜的 SEM 图像，从图中可以看出，采用此方法制备的 $BiVO_4$ 纳米薄膜由大量形貌与尺寸均匀的纳米颗粒组成，从插图中样品的切面图可以测量出 $BiVO_4$ 纳米薄膜的平均厚度约为 960 nm。图 5-8-6(b)为 $BiVO_4$ 纳米薄膜在高放大倍数下的 SEM 平面图，可以清晰

地看出薄膜样品中的 $BiVO_4$ 纳米颗粒紧密排布，纳米颗粒的表面非常光滑，其颗粒尺寸为 250~300 nm。采用紫外-可见分光光度计测试得到 $BiVO_4$ 纳米薄膜的吸收光谱，如图 5-8-6(c)所示。生长在 FTO 基底上的 $BiVO_4$ 纳米薄膜在紫外光区和可见光区均有光吸收能力，其吸收峰位于 475 nm 附近，吸收边的位置大约在 530 nm。$BiVO_4$ 是直接禁带半导体材料，所以公式(5-8-4)中的 n 取值为 1。材料的禁带宽度由 $(\alpha h\nu)^2$ 与 $h\nu$ 的函数曲线的线性部分反向延长至横轴交点处得到，如图 5-8-6(d)所示，图中曲线的切线与横轴的交点即为薄膜样品的禁带宽度 E_g。经过分析可知，所制备的 $BiVO_4$ 纳米薄膜的禁带宽度为 2.48 eV，与理论值几乎相同。

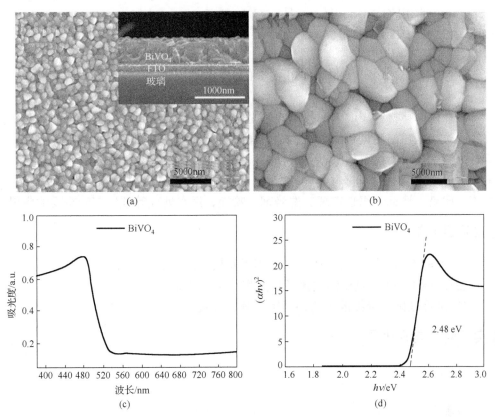

图 5-8-6 (a)，(b) $BiVO_4$ 纳米薄膜在不同放大倍数下的 SEM 图像，插图为其 SEM 侧视图；(c)紫外-可见吸收光谱；(d)禁带宽度

【思考题】

(1)利用紫外-可见漫反射光谱法如何推算出半导体材料的禁带宽度？

(2)对于纳米粉体样品，在测试时如何进行样品预处理？有哪些注意事项？

【参考文献】

[1] Moniz S J A, Zhu J, Tang J W. 1D Co-Pi modified BiVO₄/ZnO junction cascade for efficient photoelectrochemical water cleavage. Advanced Energy Materials, 2014: 1301590.

[2] Zhang C, Zhu Y F. Synthesis of square Bi₂WO₆ nanoplates as high-activity visible-light-driven photocatalysts. Chemistry of Materials, 2005, 17: 3537-3545.

[3] Wang L J, Wang W Z, Zhang W W, et al. Superior photoelectrochemical properties of BiVO₄ nanofilms enhanced by PbS quantum dots decoration. Applied Surface Science, 2018, 427: 553-560.

实验 9　接触角表征实验

液体在固体材料表面上的接触角，是衡量该液体对材料表面润湿性能的重要参数。通过接触角的测量可以获得材料表面固-液、固-气界面相互作用的许多信息。接触角测量技术不仅可用于常见表征材料的表面性能，而且接触角测量技术在石油工业、浮选工业、医药材料、芯片产业、低表面能无毒防污材料、油墨、化妆品、农药、印染、造纸、织物整理、洗涤剂、喷涂、污水处理等领域有着重要的应用。

【实验目的】

(1) 理解液体在固体表面的润湿过程以及接触角的实验原理；
(2) 掌握 JY-82 测量仪测定接触角的相关实验技能；
(3) 掌握准确测量接触角的外形图像分析方法。

【实验背景与原理】

1. 实验背景

1) 表面能的定义

表面能是创造物质表面时对分子间化学键破坏的度量。在固体物理理论中，表面原子比物质内部的原子具有更多的能量，根据能量最低原理，原子会自发地趋于物质内部而不是表面。

表面能的另一种定义是，材料表面相对于材料内部所多出的能量。把一个固体材料分解成小块需要破坏它内部的化学键，所以需要消耗能量。如果这个分解的过程是可逆的，那么把材料分解成小块所需的能量与小块材料表面所增加的能量相等，即表面能增加。但事实上，只有在真空中刚刚形成的表面才符合上述能量守恒，因为新形成的表面非常不稳定，它们通过表面原子重组和相互间的反应，或者对周围其他分子或原子产生吸附，从而使表面能量降低。

2）表面能产生的原因

物体表面的粒子和内部粒子所处的环境不同，具有的能量也不同。例如，在液体内部，每个粒子都均匀地被邻近粒子包围着，使来自不同方向的吸引力相互抵消，处于平衡状态。处于液体表面的粒子却不同，液体的外部是气体，气体的密度小于液体，故表面粒子受到来自气体分子的吸引力较小，而受到液体内部粒子的吸引力较大，使它在向内向外两个方向受到的力不平衡，于是表面粒子受到一个指向液体内部的拉力。因此，液体表面有自动收缩到最小的趋势。

如果把液体内部的粒子迁移到表面，则需要克服向内的拉力而做功。当这些被迁移的粒子形成新的表面时，所消耗的这部分功就转变成表面粒子的势能，使体系的总能量增加。表面粒子比内部粒子多出的这部分能量称为表面能。实践证明，不仅在液体和气体的表面上存在着表面能，而且在任何两相界面上均存在着界面能。在胶体分散体系中，分散质颗粒具有很大的总表面积，故相应地具有很大的表面能。

高表面能意味着高的表面活性（相对于体相）。从化学键模型看，表面能级起源于表面原子朝外方向具有不饱和的价键，称为悬挂键。这些悬挂键可提供电子或吸收电子，相当于半导体中的施主杂质和受主杂质，从而形成与施主能级或受主能级相当的表面能级。表面能级可位于体能带的禁带区内，也可位于允许带内，后者称为共振态。

3）表面能应用

时间久了，物品表面会有灰尘附着，正是因为灰尘附着降低了物体的表面积，从而降低了物体的表面能，物质能量都有自动趋向降低，保持稳定的特点。所以基于此原理，现在很多材料都做成诸如仿生荷叶结构的自清洁表面（图 5-9-1）。

图 5-9-1　荷叶表面微结构

以上是同一种物质或者材料自身体相与表面的不同，表面的能量要高于体相。比表面积越大（如纳米颗粒），其拥有的表面能越高，从能量的角度来讲越不稳定；换句话说，活性越高，也就更容易与其他物质发生反应或者吸附，从而降低表面能（饱和那些悬挂键，或填充一些高能位点）。但对于不同的材料，表面能高低会因为其表面结构的不同而有很大差异。通常高表面能的固体材料很容易被润湿，从而降低表面能。

2. 表面能的测量原理

表面能通过接触角的测量进行估算。图 5-9-2 是气液固界面接触角示意图。

γ 为界面张力，若 $\theta_e < 90°$，则固体表面是亲水性的，即液体较易润湿固体，其角越小，表示润湿性越好；若 $\theta_e > 90°$，则固体表面是疏水性的，即液体不容易润湿固体，容易在表面

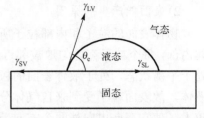

图 5-9-2　气液固界面接触角示意图

上移动。至于液体能否进入毛细管，还与具体液体有关，并非所有液体在较大夹角下完全不进入毛细管。

润湿过程与体系的界面张力有关。一滴液体落在水平固体表面上，当达到平衡时，形成的接触角与各界面张力之间符合下面的杨氏公式（Young equation）：

$$\gamma_{SV} = \gamma_{SL} + \gamma_{LV} \times \cos \theta_e \tag{5-9-1}$$

由它可以预测如下几种润湿情况：

(1) 当 $\theta_e = 0$ 时，完全润湿；

(2) 当 $\theta_e < 90°$ 时，部分润湿或润湿；

(3) 当 $\theta_e = 90°$ 时，润湿与否的分界线；

(4) 当 $\theta_e > 90°$ 时，不润湿；

(5) 当 $\theta_e = 180°$ 时，完全不润湿。

润湿性问题与采矿浮选、石油开采、纺织印染、农药加工、感光胶片生产、油漆配方以及防水、洗涤等都有密切关系。

3. 测量方法[1,2]

接触角测试方法通常有两种：其一为外形图像分析法；其二为称重法。后者通常称为润湿天平或渗透法接触角仪。但目前应用最广泛，测值最直接与准确的还是外形图像分析法。

外形图像分析法的原理为，将液滴滴于固体样品表面，通过显微镜头与相机获得液滴的外形图像，再运用数字图像处理和一些算法将图像中液滴的接触角计算出来。

计算接触角的方法通常基于特定的数学模型（如液滴可被视为球或圆锥的一部分），然后通过测量特定的参数（如宽/高）或通过直接拟合来计算得出接触角值。Young-Laplace 方程描述了封闭界面的内、外压力差与界面的曲率和界面张力的关系，可用来准确地描述轴对称液滴的外形轮廓，从而计算出接触角。

接触角测量方法可以按不同的标准进行分类。按照直接测量物理量的不同，可分为

量角法、测力法、长度法和透过法。按照测量时三相接触线的移动速率,可分为静态接触角、动态接触角(又分前进接触角和后退接触角)和低速动态接触角。按照测试原理又可分为静止或固定液滴法、Wilhemly 板法、捕获气泡法、毛细管上升法和斜板法。

决定和影响润湿作用和接触角的因素很多。如固体和液体的性质及杂质、添加物的影响,固体表面的粗糙程度、不均匀性的影响,表面污染等。原则上说,极性固体容易为极性液体所润湿,而非极性固体容易为非极性液体所润湿。玻璃是一种极性固体,故容易为水所润湿。对于一定的固体表面,在液相中加入表面活性物质通常可改善润湿性质,并且随着液体和固体表面接触时间的延长,接触角有逐渐变小趋于定值的趋势,这是由于表面活性物质在界面上吸附的结果。

4. JY-82 型接触角测量仪工作模式

接触角的测定方法很多,根据直接测定的物理量分为四大类:角度测量法、长度测量法、力测量法和透射测量法。其中,液滴角度测量法是最常用、也是最直接的一类方法,它是在平整的固体表面上滴一滴小液滴,直接测量接触角的大小。为此,可用低倍显微镜中装有的量角器测量,也可将液滴图像投影到屏幕上拍摄图像再用量角器测量。这类方法都无法避免人为做切向的误差。

本测量采用的是液滴高度/宽度法测量,运用圆方程式来拟合液滴的轮廓形状,从而计算出接触角。由于此方法假定了液滴(截面)的形状为圆的一部分,所以适用于球状或接近球状的液滴。严格地讲,由于重力的影响,液滴的形状都偏离球型:偏离的程度随液滴的体积增大而增大;在同样的体积下,液体的比重越大,表面张力越小,偏离的幅度也越大。通常情况下,对于体积小于 5 μL 的水液滴,其所受的重力对形状的影响被认为可忽略不计,此时可用本方法计算。当液滴的体积和比重较大,而表面张力相对较小时,会造成其形状明显偏离球形,此时运用本方法可能会导致很大的测量误差,甚至大至几十度;因此本方法具有一定的局限性。

【试剂与仪器】

1. 试剂

硅片、固体界面样品、聚乙烯薄膜。

2. 仪器

JY-82 测量仪、JY-82 型接触角测量仪。

【实验步骤】

实验流程如图 5-9-3 所示,主要实验内容如下。

(1)考察在硅片上水滴的大小(体积)与所测接触角读数的关系,找出测量所需的最佳液滴大小;

(2)考察水在不同样品表面上的接触角。

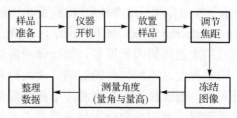

图 5-9-3　接触角测试操作步骤

【注意事项】

(1)测量较容易溶解水的材料需要快速测定，否则误差较大。

(2)光线需调到合适的位置，光线太暗视野太黑看不清，光线太强会曝光。

【结果分析与数据处理】

通过原理我们知道，接触角的大小能反映一个物质的表面活性。实验中，通过样品与水滴的接触角大小来反映样品的被润湿程度。为了排除水滴重力对测量结果造成的影响，我们采用 1 μL 的小水滴进行测量，通过将水滴的形状以及接触角的大小相结合来判断测量的准确性。图 5-9-4 给出四种不同纳米结构表面的接触角测试结果，可以看出它们的接触角均大于 90°，为疏水表面；且接触角越大，疏水性越强。

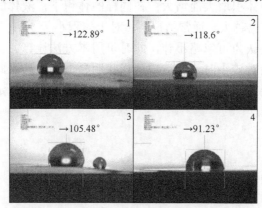

图 5-9-4　不同纳米结构表面的接触角测试

【思考题】

(1)将水滴在洁净的玻璃上，水会自动铺展开来，此时水的表面积不是变小而是增大，这与液体具有缩小其表面的趋势是否矛盾？

(2)在汽车玻璃的表面，即使是刚清洗完的玻璃，从俯视图可以看出，水滴接触角的图也不是一个圆形，为什么？

【参考文献】

[1]　王晓东，彭晓峰，陆建峰，等. 接触角测试技术及粗糙表面上接触角的滞后性Ⅰ：接触角测试技术. 应用基础与工程科学学报，2003(02)：174-184.

[2]　孙莹. 超亲水 TiO_2 薄膜的制备及其油水分离性能研究. 哈尔滨：哈尔滨工业大学，2019.

第 6 章　综合设计类实验

纳米材料的制备与表征是研究纳米材料的命脉，两者相辅相成，缺一不可。第 4 章与第 5 章中的制备与表征实验都相对独立，有针对性地训练学生的基本实验操作技能和数据分析能力；但是，各实验项目的"个体性"或"局域性"使得实践的范围和所获得的经验适用性有限，缺乏各实验之间的交叉与综合。本章是将制备与表征实验打通，紧密围绕纳米材料与器件这一主线，按照先制备、后表征、再应用的顺序，选用了 10 个相互关联、相互组合的综合设计类创新实验案例，对其进行介绍。

实验 1　利用静电纺丝技术制备 TiO_2 纳米线及其结构相变、光催化性能的研究

自从 1972 年 Fujishima 发现 TiO_2 在光照作用下具有光催化特性以来[1]，TiO_2 在光化学电池、半导体光催化剂等方面的研究得到广泛重视。在自然界中，TiO_2 通常以锐钛矿、板钛矿或金红石结晶形态存在，不同晶型的 TiO_2 其物理化学性能往往存在很大差异。本实验利用静电纺丝技术制备 TiO_2 纳米线，并对 TiO_2 纳米线的结构相变和光催化性能进行系统的研究。

【实验目的】

(1) 利用静电纺丝技术制备线径较为均匀的 TiO_2 纳米线；

(2) 在不同温度下烧结 TiO_2 纳米线，研究其结构相变过程；

(3) 研究不同烧结温度下 TiO_2 纳米线的光催化性能。

【实验背景与原理】

在光照条件下，TiO_2 发生氧化还原反应的机理是：当入射光的光子能量大于或等于 TiO_2 禁带宽度时，其价带中的电子可以被激发跃迁到导带上，并在价带上留下对应的空穴。在光生电子与空穴复合之前，二者分别具有与外界发生氧化还原反应的能力[2]。

目前，锐钛矿相和金红石相的 TiO_2 的研究最为广泛[3]。锐钛矿是四方晶系，低温时结构较为稳定，具有良好的光化学活性，禁带宽度约为 3.2 eV；金红石也是四

方晶系，具有良好的热稳定性，禁带宽度约为 3.0 eV。高温烧结会使 TiO_2 从锐钛矿相转变为金红石相[4]。大量研究表明，尽管激发金红石的价带电子所需的光子能量略小于激发锐钛矿的价带电子所需能量，但由于锐钛矿表面存在更多有利于吸附反应物的氧空位，因而锐钛矿表现出更好的光催化性[3]。此外，也有研究表明[5]，TiO_2 经过高温烧结后在发生锐钛矿-金红石的相变过程中会形成混晶异质结，异质结的存在会影响光生电子的输运过程，因而也对其光催化性能产生一定影响。

静电纺丝技术是利用高压将溶胶拉伸成纳米纤维，所制备的纳米线具有线径小、长度长、取向性好等特点，且制备成本低、效率高，因而广泛用于纳米材料的制备[6]。本实验采用静电纺丝技术制备 TiO_2 纳米线，经高温烧结后用于研究 TiO_2 的结构相变过程和光催化性能。

【利用静电纺丝技术制备 TiO_2 纳米线】

1. 实验试剂

乙酸（CH_3COOH）、钛酸四丁酯（$C_{16}H_{36}O_4Ti$）、无水乙醇（C_2H_5OH）、乙酰丙酮（$C_5H_8O_2$）、聚乙烯吡咯烷酮（PVP，Mr=1300 000）以及去离子水等。

2. 仪器设备

电子天平、超声清洗仪、恒温磁力搅拌器、静电纺丝机等。

3. 配制溶胶

(1)配制 A 液：在 30℃磁力搅拌下将 8.5 mL 钛酸四丁酯缓慢滴加到 30 mL 无水乙醇中，同时缓慢滴加 0.5 mL 乙酰丙酮（以防沉淀），得到淡黄色溶液 A。

(2)配制 B 液：在磁力搅拌下将 2 mL 乙酸、3 mL 去离子水滴加到 30 mL 无水乙醇中，形成 B 液。

(3)配制 C 液：在磁力搅拌下将 B 液缓慢滴加到 A 液，形成 C 液。

(4)配制纺丝液：量取 15 mL 的 C 液，称取 1.1 g 的 PVP（Mr=1300 000）。在常温条件下，在磁力搅拌下将 PVP 缓慢加入 C 液中。持续搅拌约 30 min，直至 PVP 溶解且没有气泡，呈淡黄色透明状。

4. 静电纺丝

(1)将制备好的溶胶装入注射器中，排出注射器内的气泡，把导管连接到注射器针头上；将注射器固定在微量注射泵上，将针头连接到静电纺丝机的高压正极。

(2)打开静电纺丝机电源，设置接收滚筒的转速（500 r/min）；根据针头位置调整扫描起始位置，根据接收装置上的拟采集区域设置扫描距离。

(3)开启滚筒加速，设置微量注射泵推速为 0.6 mL/h。待滚筒转速稳定后，开启电压，高压 14.00 kV，低压−2.14 kV。开始纺丝后可以观察到针头处有喷射出的细丝，说明静电纺丝开始。纺丝 30 min 后关闭电压、滚筒、微量注射泵，取下接收滚筒上的纳米线。

【TiO₂ 纳米线的结构相变过程及表征】

1. 仪器设备

箱式电炉(马弗炉)、X 射线衍射仪(XRD)、拉曼光谱仪、扫描电子显微镜(SEM)、透射电子显微镜(TEM)、紫外-可见分光光度计。

2. 实验过程

(1)取一定量的 TiO₂ 纳米线放入坩埚中，将坩埚放入马弗炉中烧结。在 300℃、400℃、500℃、550℃、600℃、650℃、700℃、750℃和800℃分别烧结 6 h，而后自然降温。

(2)对各组样品分别进行 XRD、拉曼光谱、SEM、TEM、吸收光谱的测试分析。

3. XRD 表征

图 6-1-1(a)为 400℃、600℃、800℃烧结后的样品 XRD 谱，根据 XRD 标准图谱 JCPDS No.21-1272 和 No.21-1276，400℃烧结后的样品在 25.3°和 37.7°处的特征峰分别为锐钛矿的(101)和(004)峰；烧结温度为 600℃的样品，除了这两个特征峰外还出现了 54.2°处的金红石(211)特征峰；到 800℃时，最明显的锐钛矿(101)特征峰已观察不到，但可以观察到大量的金红石特征峰。这说明利用静电纺丝技术得到的 TiO₂ 纳米线，当烧结温度高于 600℃时开始从锐钛矿相转变为金红石相。到 800℃时所有的锐钛矿相均转变为金红石相。

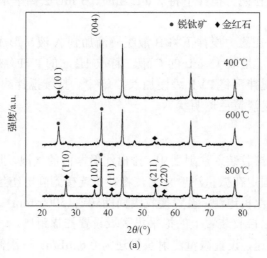

(a)

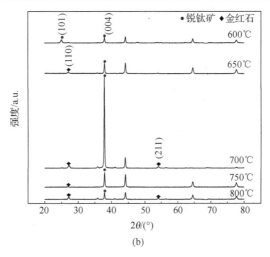

图 6-1-1　不同温度烧结后的 TiO_2 的 XRD 衍射花样

图 6-1-1(b) 为 600～800℃区间内 5 个温度点进行烧结样品 XRD 的比较图，可以观察到与图 6-1-1(a) 类似的特征。但在 700℃烧结的样品中，可以看到锐钛矿 (004) 的特征峰强度明显大于其他样品，说明 700℃烧结的样品具有明显择优生长的特征。

4. 拉曼光谱表征

图 6-1-2(a) 为 300℃、500℃、550℃、600℃烧结后样品的拉曼光谱，在波数为 149.59 cm^{-1}、395.49 cm^{-1}、514.75 cm^{-1}、637.70 cm^{-1} 处出现特征峰，说明当烧结温度低于 600℃时利用静电纺丝制备的纳米线为锐钛矿相，这与 XRD 测试结果一致。当烧结温度较低时，拉曼散射峰比较宽，说明此时样品的结晶性比较差。随着烧结温度的升高，拉曼散射峰逐渐变窄，说明锐钛矿相 TiO_2 晶粒逐渐长大，结晶性不断改善。

图 6-1-2(b) 表明在 650℃烧结的纳米线中已出现少量的金红石相，其特征峰位于 445.40 cm^{-1}、610.80 cm^{-1} 处。当温度升高到 700℃时，锐钛矿相的拉曼散射峰 (位于 144.67 cm^{-1} 处) 明显减弱，而 396.40 cm^{-1}、637.70 cm^{-1} 处的峰几乎完全探测不到，说明此时锐钛矿相的含量明显减少。当烧结温度升高到 800℃时，锐钛矿相的拉曼散射峰 (144.67 cm^{-1}、396.10 cm^{-1}、637.70 cm^{-1}) 完全消失，只剩下 238.11 cm^{-1}、445.40 cm^{-1}、610.80 cm^{-1} 处的拉曼散射峰，说明锐钛矿相完全转化为金红石相。

拉曼散射实验也进一步证实 XRD 的分析结果，由静电纺丝制备的纳米线，随着烧结温度的升高，锐钛矿相纳米晶不断长大，结晶性逐渐变好。当烧结温度高于 600℃时，锐钛矿相开始转变为金红石相，直至烧结温度超过 800℃时锐钛矿相才完全转化为金红石相。

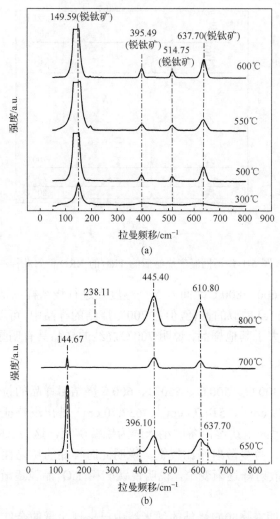

图 6-1-2　不同温度烧结后 TiO₂ 的拉曼光谱

5. SEM 表征

图 6-1-3 为静电纺丝制备的纳米线经高温烧结后的形貌图。未烧结时，所制备的纳米线的线径约为 500 nm，纳米线的表面较为光滑。据报道，未经烧结的 TiO₂ 凝胶并非完全非晶化，而是由粒径为 2～3 nm 的纳米晶组成[7]。也就是说静电纺丝制备的纳米线也可能是由无数多个纳米晶组成，这些纳米晶无明显的择优取向生长。当烧结温度逐渐升高时，这些纳米晶逐渐长大，表现为在 500～600℃的纳米线表面的逐渐粗糙化，此时晶粒为 10～20 nm，如图 6-1-3(b)～(d)所示。当烧结温度为 650℃时，纳米线的表面进一步颗粒化，颗粒间的界面较为清晰，说明此时锐钛矿相

的晶粒明显长大，晶粒可达 50～60 nm。有些晶粒明显择优生长形成"项链"状的纳米线。当温度升高到 700℃时，纳米线上的部分区域出现了"熔融"的特征，这将有助于锐钛矿相向金红石相的转变。当烧结温度升高到 800℃时，晶粒继续长大，部分纳米线仍然具有"项链"状的形貌。

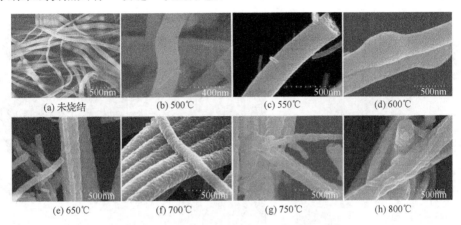

(a) 未烧结　　　　(b) 500℃　　　　(c) 550℃　　　　(d) 600℃

(e) 650℃　　　　(f) 700℃　　　　(g) 750℃　　　　(h) 800℃

图 6-1-3　不同温度烧结后 TiO₂ 的 SEM 表征

6. TEM 表征

图 6-1-4(a)为 400℃烧结纳米线的 TEM 明场像，线径约为 200 nm。该纳米线由很多小晶粒组成，晶粒约为 10 nm。插图为该纳米线的选区电子衍射花样，离透射斑最近的三个完整的衍射环分别为锐钛矿的(101)、(112)和(210)晶面，说明在 400 ℃烧结时生成锐钛矿结构。当烧结温度升高到 500℃时(图 6-1-4(b))，纳米线的线径进一步减小到约为 80 nm，说明在高温烧结过程中 PVP 等聚合物逐渐耗散，纳米线致密性不断增加。此时电子衍射不再是连续的衍射环，说明晶粒进一步长大，晶粒生长出现少量的择优取向特征。

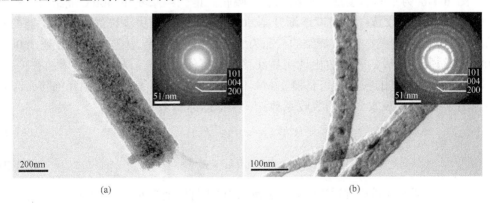

(a)　　　　　　　　　　　　(b)

图 6-1-4　(a)400℃烧结后和(b)500℃烧结后 TiO₂ 的低倍像及电子衍射图

综上，TEM 的表征结果进一步验证了 XRD、拉曼光谱和 SEM 的表征，即该实验条件下制备 TiO$_2$ 纳米线的锐钛矿-金红石相变温度略大于 600℃，到 750～800℃时相变虽未发生完全，但样品中锐钛矿含量已很少；此外，随着烧结温度的增加，纳米线的线径逐渐减小，组成纳米线的纳米颗粒的粒径逐渐增大，如图 6-1-5 所示。

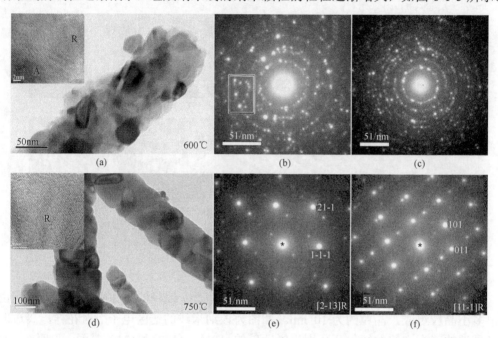

图 6-1-5　(a) 600℃烧结后 TiO$_2$ 的低倍像及高分辨像；(b)，(c) 600℃烧结后 TiO$_2$ 的电子衍射图；(d) 750℃烧结后 TiO$_2$ 的低倍像及高分辨像；(e)，(f) 750℃烧结后 TiO$_2$ 的电子衍射图

7. 紫外-可见吸收光谱表征

图 6-1-6 为不同温度烧结后纳米线的吸收光谱。纳米线在 400℃烧结时，在约 300 nm 处出现吸收边；当温度逐渐升至 600℃时吸收边发生少许红移，这可能与样品结晶性的改善有关；800℃烧结的样品为金红石相，其吸收边在～400 nm 处；600～800℃烧结的纳米线，吸收边出现明显红移，这可能与金红石相的含量增加有关。

利用吸收光谱的吸收边可估测出材料的禁带宽度。由于直接带隙和间接带隙半导体的紫外-可见吸收光谱的吸收系数 α 与禁带宽度 E_g 分别满足：

$$(\alpha h\nu)^2 = A(h\nu - E_g) \tag{6-1-1}$$

$$(\alpha h\nu)^{1/2} = A(h\nu - E_g) \tag{6-1-2}$$

据此，将吸收光谱进行适当的坐标变换，即横坐标转换为 $h\nu$，纵坐标转换为 $(\alpha h\nu)^{1/2}$ 和 $(\alpha h\nu)^2$。之后对其线性拟合，与横坐标的截距即为禁带宽度 E_g，如图 6-1-7 所示。

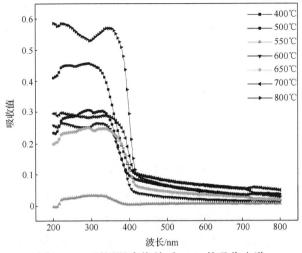

图 6-1-6　不同温度烧结后 TiO$_2$ 的吸收光谱

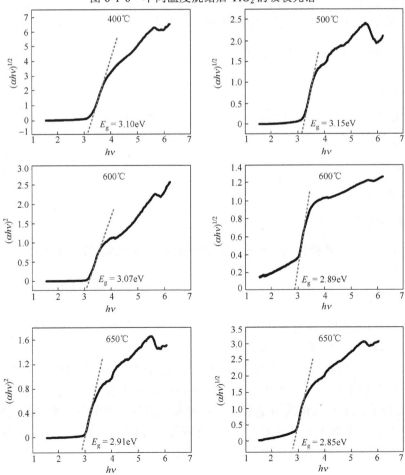

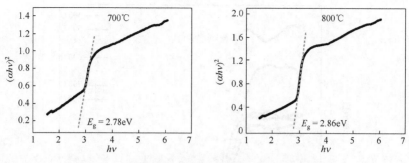

图 6-1-7　不同烧结温度下纳米线的禁带宽度 E_g

考虑到 TiO_2 中锐钛矿为间接带隙型，金红石为直接带隙型，由以上 XRD 与拉曼光谱结果，认为 400℃、500℃样品中大部分为锐钛矿，按照间接带隙处理；而 700℃、800℃样品中大部分为金红石，按照直接带隙处理。估算结果与实际锐钛矿、金红石的带隙有一定偏差，但总体上 700℃、800℃烧结后样品的带隙小于较低温度烧结后的样品，这也是图 6-1-6 中发生吸收边带红移的原因。

【TiO_2 纳米线的光催化性研究】

1. 仪器设备

光降解反应集成箱（氙灯光源、暗反应箱、双层石英冷阱等），循环水冷却系统，紫外-可见分光光度计。

2. 实验试剂

甲基橙、纯水。

3. 配制溶液

称取 0.005 g 甲基橙加入 500 mL 纯水中搅拌，得到浓度为 10 mg/L 的甲基橙溶液，避光保存待用。

4. 操作过程

（1）取 50 mL 配制好的甲基橙溶液加入烧杯中，并加入一定量烧结过的 TiO_2 纳米线，先在避光条件下暗反应 30 min。

（2）打开氙灯光源预热，设置电流 15 A。将双层石英冷阱与循环水冷却系统连接好，下口为进水口，上口为出水口，打开循环水冷却系统，设置温度 0℃。

（3）暗反应结束后将溶液与纳米线一同倒入双层石英冷阱中，并放入光降解集成箱中开始在氙灯模拟太阳光环境下反应。反应每隔 40 min 取样一次，每次取样 5 mL 上清液，并将取出的液体避光保存并按取样顺序标号。

(4)反应进行 200 min 后可以观察到甲基橙溶液颜色变澄清，停止反应。并重复以上步骤，对每个温度烧结后的 TiO$_2$ 纳米线(保持 TiO$_2$ 的质量恒定)都进行相同实验。

5. 实验结果

图 6-1-8 为光降解甲基橙溶液的实物图，随着光降解的进行，甲基橙溶液颜色逐渐变浅直至接近澄清状态。图 6-1-9(a)为 400℃烧结的 TiO$_2$ 纳米线光催化分解甲基橙溶液时，取样溶液在不同降解时间时的吸收谱。图中主峰为 465 nm 的甲基橙吸收峰，随着反应发生，该峰强度逐渐减弱，说明溶液中甲基橙的浓度在不断下降。把吸收谱中 465 nm 处的吸收峰记为起始浓度 A_0，某时刻的取样溶液的吸收峰值记为 A_x，那么$[(A_0-A_x)/A_0]\times100\%$可用于表示甲基橙溶液在某一降解时刻的降解率，如图 6-1-9(b)所示。从图中可看出，400℃烧结的纳米线降解 200 min 后，含 TiO$_2$ 纳米线的溶液其降解率已达 90.40%，而不含催化剂的溶液其降解率仅为 72.54%。

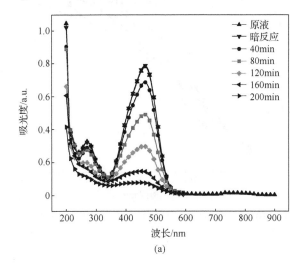

图 6-1-8 随反应时间的增加甲基橙溶液颜色的变化

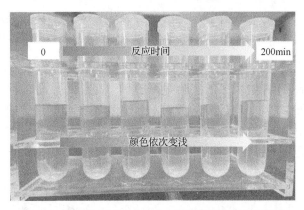

(a)

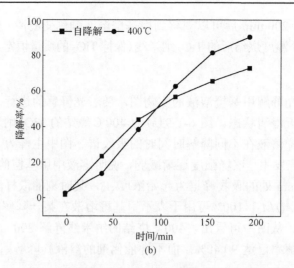

(b)

图 6-1-9 　(a)400℃样品光催化分解甲基橙溶液取样液体的吸收谱；
(b)400℃样品对甲基橙溶液的降解率和无样品时甲基橙溶液的自降解率

　　类似地，将不同烧结温度的 TiO_2 纳米线进行光降解的测试，如图 6-1-10 所示。由图可以看出，含 TiO_2 纳米线的实验组降解率均高于无样品时甲基橙的自降解率，说明这些 TiO_2 纳米线均具有较好的光降解性。但不同温度烧结的 TiO_2 其光催化表现各有不同，其中 400℃烧结后的样品对甲基橙降解率最高，800℃烧结后的样品光催化性最弱，这是由于锐钛矿的光化学性能较强而金红石的光化学性能较弱造成的。

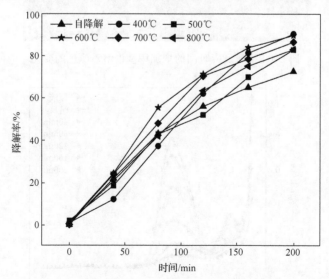

图 6-1-10 　不同温度烧结后的样品对甲基橙溶液的降解率

【结论】

本实验主要研究高温烧结下 TiO_2 纳米线从锐钛矿相到金红石相的结构相变过程以及不同温度烧结的 TiO_2 纳米线对甲基橙溶液的光降解性，并利用 XRD、拉曼光谱分析、SEM、TEM、分光光度计等技术对样品进行表征，主要结论如下。

(1)静电纺丝得到的 TiO_2 纳米线，随着烧结温度的升高，锐钛矿相纳米晶不断长大，纳米线的结晶性逐渐改善。当烧结温度升高到 600℃时，纳米线开始从锐钛矿相转变为金红石相，直到 800℃才完全转变为金红石相。

(2)吸收光谱实验表明，700~800℃烧结后的样品其吸收边带有明显红移。这可能与样品中金红石含量的增加有关。

(3)光降解甲基橙实验表明，TiO_2 纳米线都具有一定的光催化性。其中，400℃烧结的 TiO_2 表现出最佳光催化性，反应 200 min 后对甲基橙降解率达到 90.40%。

【思考题】

(1)在用 XRD 研究 TiO_2 从锐钛矿到金红石的结构相变过程中，如何从有限的实验数据点(不同温度烧结的样品)确定出相变的起始转变温度？

(2)XRD 能估测出晶粒尺寸，而在 SEM 和 TEM 中可直接测出颗粒或晶粒尺寸，这两者有何区别？

(3)在不同烧结温度下 TiO_2 是如何生长的？

【参考文献】

[1] Fujishima A, Honda K. Electrochemical photolysis of water at a semiconductor electrode. Nature, 1972, 238: 5358.

[2] Kim Y, Hwang H, Wang L, et al. Solar-light photocatalytic disinfection using crystalline/amorphous low energy bandgap reduced TiO_2. Scientific Reports, 2016, 6: 25212.

[3] Haggerty J E S, Schelhas L T, Kitchaev D A, et al. High-fraction brookite films from amorphous precursors. Scientific Reports, 2017, 7: 15232.

[4] Asthana A, Shokuhfar T, Gao Q, et al. A real time observation of phase transition of anatase TiO_2 nanotubes into rutile particles by in situ Joule heating inside transmission electron microscope. Microscopy and Microanalysis, 2011, 17(S2): 1688, 1689.

[5] 王秀丽, 沈帅, 冯兆池, 等. 锐钛矿/金红石 TiO_2 相界面电荷分离的时间分辨发光光谱研究. 催化学报, 2016, 37(12): 2059 2068.

[6] Duan Z, Huang Y, Zhang D, et al. Electrospinning fabricating Au/TiO_2

network-like nanofibers as visible light activated photocatalyst. Scientific Reports, 2019, 9: 8008.

[7]　Shi H L, Zeng D, Li J Q, et al. A melting-like process and the local structures during the anatase-to-rutile transition. Materials Characterization, 2018, 146: 237-242.

实验 2　表面增强拉曼基因传感芯片的制备及性能研究

在纳米世界中，表面增强拉曼基底经常用来构建基因检测传感芯片，用于生物、医学领域疾病的早期筛查和诊断，也常在环境领域被用于重金属离子和新型污染物的检测。基于表面增强拉曼技术的生物传感芯片因其具有无损伤、特异性强、检测灵敏度高、便捷等独特优点，在基因的高灵敏、特异性快速检测和分析方面受到研究者的青睐。本实验主要制备一种表面增强拉曼基因检测传感芯片，并测试其传感性能。

【实验目的】

(1) 在表面增强拉曼基底上制备基因传感芯片；

(2) 利用拉曼光谱仪对制备的表面增强拉曼基因传感芯片进行性能测试；

(3) 了解和掌握表面增强拉曼基因传感芯片的制备方法以及传感原理。

【实验原理】

1. 表面增强拉曼基因传感芯片传感机理

表面增强拉曼散射（SERS）是 1974 年 Fleischmann 和他的同事[1]在测量吡啶在粗糙银电极上的拉曼散射时发现的，当分子吸附在粗糙的金属表面时，如金或银纳米颗粒，分子的非弹性散射被极大地增强（增强因子可以到 10^8，甚至更高，能够在某些条件下实现单分子检测）。电磁增强（EM）和化学增强（CM）是两种被广泛接受的机制。人们普遍认为，EM 机制对系统的整体增强起着主导作用，其增强程度为 $10^4 \sim 10^{11}$。虽然 CM 机制的增强程度仅为 10～100 倍，但它可以显著地修改表面增强拉曼散射特性。到目前为止，EM 机制的物理基础比较清晰，并成功地应用于指导实验设计，实现了较高的检测灵敏度。

表面增强拉曼散射是一种将光与金属间相互作用和光与分子间相互作用结合起来的现象，为了理解这两种相互作用关系，有必要明确地理解这两种相互作用的耦合[2]。当入射激光照射在金属和介质界面时，电磁波会驱动金属纳米结构的局域电子产生集体振荡。当入射光的频率与金属中自由电子固有的振荡频率相匹配时，表面等离子体共振（SPR）就会发生。共振频率取决于粒子的尺寸、形状、介电常量、电子密度、有效电子质量等。在金属纳米结构中，SPR 可以被高度局域化到一个特定的位置，这被称为局域 SPR(LSPR)。能够产生强 LSPR 效应的纳米粒子被称为等离子体纳米粒子，通常是 Ag、Au 和 Cu，因为它们在可见光到近红外区域表现出很强的 SPR。LSPR 会导致入射光的共振吸收或散射。因此，入射光可以有效地耦合到金属纳米粒子中，使纳米粒子表面的局部电磁场强度增强几个数量级，这是纳米粒子或纳米结构获得拉曼增强的关键。

当分子被放置在等离子体材料附近时，拉曼散射过程可以得到显著的增强，从而导致表面增强拉曼散射过程。可以通过两个步骤的增强过程来理解表面增强拉曼散射过程[3]。第一步的结果是在激发波长处纳米颗粒周围的增强局域场(近场)。在第二步中，纳米颗粒作为发射光天线，将拉曼信号从近场传输到远场，而拉曼信号的强度随局部电场的增强而增大。最佳的表面增强拉曼散射增强需要在激发波长、发射波长与金属纳米结构的等离子体共振峰之间保持微妙的平衡。当入射激光和斯托克斯拉曼散射信号波长接近时，表面增强拉曼散射增强因子(EF)与增强局部电场的四次方近似成正比。

本实验，我们通过在表面增强拉曼基底上构建生物传感芯片来实现 MicroRNA(miRNA)的检测，选择了三段杂交检测方法构建表面增强拉曼传感芯片来检测 miRNA[4]。表面增强拉曼基因传感芯片构建和检测过程如图 6-2-1 所示[5]。表面增强拉曼基因传感芯片上样品中的 miRNA 部分与固定在基底上的捕获探针 DNA 特异性结合，然后将带有染料的检测 DNA 探针加入表面增强拉曼传感芯片上与样品中检测 miRNA 的另一部分结合，检测 DNA 探针上的染料分子作为拉曼检测信号，通过拉曼检测即可确定 miRNA 的含量。检测的拉曼信号强度随着样品中 miRNA 的含量增加而增高，如果样品中没有检测的 miRNA，则无拉曼信号。

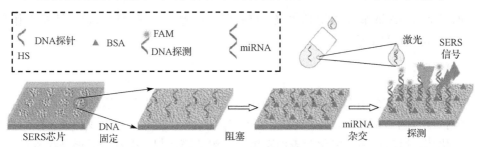

图 6-2-1　利用表面增强拉曼基因传感芯片的三段杂交过程检测 miRNA

2. 表面增强拉曼基因传感芯片的优势

基于表面增强拉曼技术的传感芯片在化学、材料科学、分析科学、表面科学、生物医学研究等领域都有着重要的应用。与传统的生物分析方法相比，表面增强拉曼基因传感芯片在生物分析方面具有独特的优势：

(1)表面增强拉曼基因传感芯片具有极低的灵敏度，甚至低至单个分子水平的检测能力；

(2)表面增强拉曼基因传感芯片的信号耐光漂白和光降解，对监测物无损伤，适合长期监测；

(3)表面增强拉曼传感芯片能够在单波长激励下实现多路检测；

(4)利用具有不同结构、不同种类的生物探针分子，可构建不同种类的生物传感芯片，用于不同目的的检测；

(5)表面增强拉曼基因传感芯片与便携式拉曼谱仪结合，可实现便携式快速无损伤监测。

表面增强拉曼基因传感芯片在生物医学和生物分析等领域已经被成功地用于检测生物分子、病原体、癌细胞、体内肿瘤成像和环境污染物等。

【试剂与仪器】

1. 试剂

表面增强拉曼基底（多孔氮化镓基底）、氮化镓基底、金属金、金属银、草酸溶液、聚二甲基硅氧烷（PDMS）、巯基化 DNA 捕获探针（SH-5'-CCTTAGGGCAC）、待测卡波西肉瘤病毒-miR-K12-5-5p（5'-AGGUAGUCCCUG-GUGCCCUAAGG-3'）、检测探针（CAGGGACTACCT -3'-FAM）、非互补探针 miR-4732（5'-UGUAGAGCAGGGAG CAGGAAGCU-3'）、缓冲液、血清、牛血清白蛋白（BSA）、十二烷基硫酸钠（SDS）、柠檬酸钠、去离子水等。

2. 仪器

Renishaw InVia 显微拉曼光谱仪、电化学工作站、金属蒸镀仪器、洁净工作台、移液枪、200 μL 离心管。

【实验步骤】

本实验主要在多孔氮化镓基表面增强拉曼基底上通过三明治夹心法原理制备表面增强拉曼基因传感芯片，用于癌症的 miRNA 特异性检测。首先我们制备所需要的多孔氮化镓，然后在多孔氮化镓表面蒸镀金、银薄膜，制备得到表面增强拉曼基因传感芯片。

实验步骤如下。

1. 表面增强拉曼基底的制备

所用材料为掺杂浓度在约 10^{18} cm^{-3} 的 n 型氮化镓。在室温草酸电解液（0.3 mol/L）中使用 15V 进行刻蚀，制备出多孔氮化镓样品。简而言之，n 型氮化镓为阳极，铂电极为阴极。蚀刻样品在去离子水中清洗，在 N_2 中干燥。

用热蒸发法在多孔氮化镓样品上沉积 Ag 层，然后用电子束沉积法在银层上沉积薄 Au 层。Au 和 Ag 层的沉积速率约为 0.2 Å/s，通过控制沉积速率和时间，沉积 Ag 层的厚度为 50 nm，Au 层的厚度为 5 nm。Au 层的作用是形成固定 miRNA 探针的 Au—S 键，保护银不被氧化，提高表面增强拉曼散射基底的稳定性。

2. 表面增强拉曼基因传感芯片的制备

将巯基修饰的 DNA 捕获探针通过 Au—S 共价键固定在表面增强拉曼散射基底上。随后用 BSA 占据未结合的活性位点，从而形成高灵敏表面增强拉曼基因传感芯片。

为了制作 PDMS 芯片，将 PDMS 聚合物和固化剂以 10∶1 的质量比例充分混合，并将其倒在厚度约为 2 mm 的培养皿中的裸硅片上。将 PDMS 中所有气泡抽真空后，将含有 PDMS 的皮氏培养皿在 80℃ 下固化 60 min。然后从硅片上剥离 PDMS 层并穿孔作为加样孔。

将表面增强拉曼基因传感芯片与多孔 PDMS 结合制成表面增强拉曼基因传感芯片阵列。

3. 表面增强拉曼基因传感芯片的表征

miRNA 目标分子的检测（以乳腺癌 miR-K-12-5-5p 为例）。

首先，用 TE(Tris-EDTA)缓冲液(10 nmol/L Tris，1nmol/L EDTA，pH 8.0)稀释巯基化 DNA 捕获探针(SH-5'-CCTTAGGGCAC)，得到 20 μmol/L 的探针溶液，在传感芯片的孔中加入 2 μL 的捕获探针溶液。在室温下孵育过夜后，将样品放入 pH 8.0 的 TE 缓冲液中洗涤三次，以除去未结合的 DNA 探针，并在 TE 缓冲液溶解的 1%的 BSA 溶液中进行封闭 1h。用洗涤缓冲液和 0.2% SDS 清洗样品。

灵敏性检验：将 2 μL 浓度为 10^{-5} mol/L 的检测探针(CAGGGACTACCT -3'-FAM)和 10 μL 不同浓度(10^{-6} mol/L、10^{-7} mol/L、10^{-8} mol/L、10^{-9} mol/L)的 miR-K-12-5-5p 同时加入离心管中，室温孵育 10min。取出检测探针和目标 miR-k12-5-5p 的混合溶液加入传感芯片的孔中，室温孵育 35 min。最后用洗涤缓冲液的溶液冲洗生物芯片孔，然后用去离子水清洗，用氮气吹干。然后进行拉曼信号测试。

特异性实验：采用非互补的序列 miR-4732(5'- UGUAGAGCAGGG AGCAGG AAGCU-3')作为目标分子，将 2 μL 浓度为 10^{-5} mol/L 的检测探针(CAGGGACTACCT-3'-FAM)和 10 μL 浓度为 10^{-6} mol/L 的 miR-4732(5'-UGUAGAGCAGGGAGCA GGAAGCU-3')同时加入离心管中，将 2 μL 浓度为 10^{-5} mol/L 的检测探针(CAGGGA CTACCT-3'-FAM)和 10 μL 浓度为 10^{-6} mol/L 的 miR-K-12-5-5p 同时加入离心管中，室温孵育 10 min。取出两种混合溶液加入传感芯片的孔中，室温孵育 35 min。最后用 SSCx1 的溶液冲洗生物芯片孔，然后用去离子水清洗，用氮气吹干。空白对照实验即将目标探针 miRNA 替换为 TE 缓冲液，然后进行拉曼信号测试。

4. 模拟基因样本检测

用血清代替 TE 缓冲液稀释目标 miRNA 样本。用血清稀释 miRNA 获得 10^{-6} mol/L 的 miRNA 血清溶液，模拟实际互补样本 miR-K12-5-5p 和实际非互补 miRNA(miR-4732)样本检测。孵育清洗过程同上，最后进行拉曼信号测试。

5. 拉曼光谱表征实验

将表面增强拉曼基因传感芯片放置在显微拉曼光谱仪显微镜的载物台上，选择 50 倍长焦物镜，聚焦好样品，选用 532 nm 激光器，设置合适的激光器功率(一般为 1%)，使用静态扫描模式，中心波数设置为 1200 cm^{-1}，进行拉曼测试，测试完成后保存并用 Origin 处理数据。

【实验结果】

1. 表面增强拉曼基底表征

在 15 V 处蚀刻的多孔氮化镓形貌如图 6-2-2(a)所示,表面均匀分布尺寸在 15～50 nm 的纳米孔,该结构不仅具有均匀分布利于形成拉曼增强热点的纳米孔,而且防止了纳米结构的坍塌。如图 6-2-2(b)所示,在多孔氮化镓上制备拉曼增强的 Au/Ag 纳米结构后,在纳米孔和纳米间隙中形成了大量的"热点",大大提高了拉曼增强的效率。

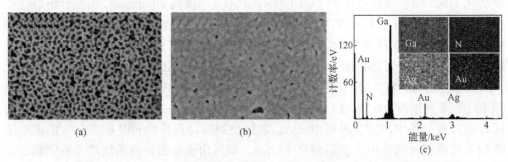

图 6-2-2　(a)15 V 刻蚀的多孔氮化镓 SEM 图；(b)表面增强拉曼基底的 SEM 图；
(c)表面增强拉曼基底的 EDS 谱图

图 6-2-2(c)的 EDS 分析表明,成功地制备了纳米结构 Au/Ag 金属与多孔氮化镓表面耦合的表面增强拉曼基底。

2. 表面增强拉曼基因传感芯片的表征

表面增强拉曼基因传感芯片的拉曼表征如图 6-2-3 所示。733 cm^{-1}, 788 cm^{-1} 和 1317 cm^{-1}(实线)所在峰为 DNA 特征峰,染料分子羧基荧光素峰的主要特征峰位于 469 cm^{-1}、643 cm^{-1} 和 1635 cm^{-1}(虚线)。从图 6-2-3 可以看出,实验过程对 FAM 标记的 miR-K12-5-5p 的 469 cm⁻¹ 峰干扰最小。因此，我们确定表面增强拉曼基因传感芯片的成功制备，实验中选择 469 cm⁻¹ 作为特征峰来确定 miR-K12-5-5p。

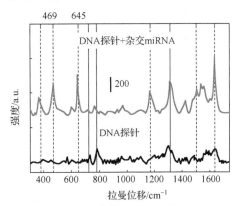

图 6-2-3　杂交 miR-K12-5-5p 的 DNA 探针和未杂交的 DNA 探针杂交的拉曼光谱

3. 表面增强拉曼基因传感芯片灵敏性的表征

对表面增强拉曼基因传感芯片灵敏度的表征，我们选取不同浓度的 miRNA 样品进行检测，将样品加入表面增强拉曼基因传感芯片上。与检测 DNA 探针杂交的靶 miRNA 将被 DNA 捕获探针捕获。然后加入带有荧光分子的检测信号 DNA 孵育后用缓冲液清洗并进行拉曼检测，获得检测 DNA 探针上荧光分子的拉曼信号，如图 6-2-4 所示。从图中可以看出，表面增强拉曼基因传感芯片具有非常好的灵敏性，通过计算，芯片检测极限可达到 8.84×10^{-10} mol/L。

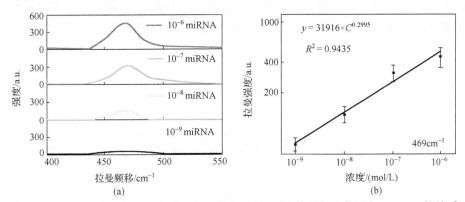

图 6-2-4　(a) 不同浓度的 miR-K12-5-5p 的拉曼谱；(b) 检测拉曼信号与 miRNA 的关系

4. 表面增强拉曼基因传感芯片特异性的表征

传感芯片的特异性是基因检测时有效识别目标基因的重要参数。表面增强拉曼基因传感芯片特异性的表征，通过对比检测目标基因 miRNA (miR-K12-5-5p) 和非目标基因 miRNA(miR-4732: 5'- UGUAGAGCAGGGAGCAGG AAGCU -3')的拉曼检测信号来确定。从图 6-2-5 的检测结果可以看出,在相同浓度下,非目标基因 miR-4732 和空白对照的拉曼峰的强度远低于目标 miR-K12-5-5p,说明表面增强拉曼基因传感芯片具有非常好的特异性,能有效快速识别样本中的目标基因。

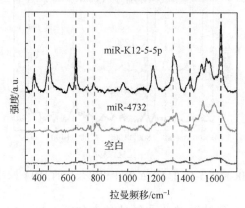

图 6-2-5　TE 缓冲液中检测到 10^{-6} mol/L miR-K12-5-5p、
10^{-6} mol/L miR-4732 和空白对照的拉曼光谱

5. 模拟基因样本的检测

应用表面增强拉曼基因传感芯片检测血清中的 miRNA 样品,模拟基因样本检测。样品在血清中的检测结果,如图 6-2-6 所示。以探针分子特征峰 613 cm^{-1} 分析可以看出,在相同条件下,目标分子 miR-K12-5-5p 的拉曼峰强度明显比非目标分子 miR-4732 强,而非目标分析 miR-4732 在 613 cm^{-1} 处的强度与空白对照样品接近。结果表明,制备的表面增强拉曼基因传感芯片能够特异性检测血清中的目标 miRNA。

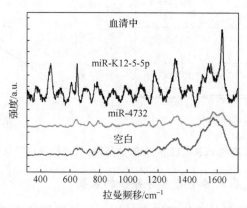

图 6-2-6　血清中 10^{-6} mol/L miR-K12-5-5p、10^{-6} mol/L miR-4732 和空白对照的拉曼光谱

【实验结论】

（1）成功地在表面增强拉曼基底上制备了基因传感芯片。

（2）制备的表面增强拉曼基因传感芯片具有非常好的灵敏性，可以特异性地检测低浓度的乳腺癌患者血清中的 miRNA。

【拓展：表面增强拉曼基因传感芯片的应用】

表面增强拉曼基因传感芯片具有一些独特的优势，如无创伤、特异性高、灵敏性高、体积小、低成本等，使得表面增强拉曼基因传感芯片在环境监测、生物检测以及癌症诊疗等方面具有广泛应用前景。接下来我将重点介绍表面增强拉曼基因传感芯片在肿瘤筛查、诊断，以及环境监测这两方面的应用情况。

1. 肿瘤筛查和诊断

与传统肿瘤筛查和诊断技术相比，基于表面增强拉曼技术的基因传感芯片具有无创伤、特异性与灵敏性高、操作简便等优势。目前，血清蛋白检测作为一种重要的手段被用于肿瘤的筛查和诊断，血清基因检测已经被验证，对肿瘤的早期筛查和诊断具有非常高的准确性，加上基因传感芯片检测的优势，基因传感芯片在肿瘤的筛查和诊断方面具有重要的应用前景。例如，韩琳等[5]在表面增强拉曼基底上构建 miRNA 传感芯片，并实现了乳腺癌 miRNA 的高灵敏特异性检测，如图 6-2-7 所示。结果表明，基于表面增强拉曼技术的基因传感芯片可以快速准确地检测出肿瘤特异性基因。

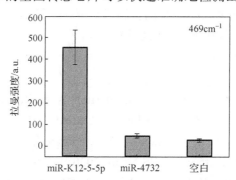

图 6-2-7　用表面增强拉曼基因传感芯片进行肿瘤筛查和诊断的结果

2. 环境污染监测

基于微纳传感技术的检测传感芯片在环境污染监测领域也受到广泛关注。通过在表面增强拉曼基底上构建不同的探针分子可以实现高灵敏的重金属离子的快速特异性检测。例如，张宇等[6]在表面增强拉曼基底上成功地制备了表面增强拉曼基因传感芯片，实现了重金属铅离子的高灵敏性检测，如图 6-2-8 所示。

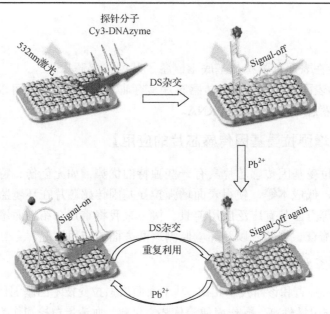

图 6-2-8　基于表面增强拉曼的重金属铅离子检测传感芯片的设计原理图

【思考题】

(1)在表面增强拉曼基因传感芯片制备过程中，需要注意哪些问题？

(2)表面增强拉曼基因传感芯片的传感原理是什么？

(3)根据表面增强拉曼技术和基因传感芯片特点，简单阐述表面增强拉曼基因传感芯片在生物医学和环境领域应用的优势。

【参考文献】

[1] Fleischmann M, Hendra P J, Mcquillan A J. Raman spectra of phyidzne adsorbed at a silver electrode. Chemical Physics Letters, 1974, 23: 163-166.

[2] Langer J, Jimenez de Aberasturi D, Aizpurua J, et al. Present and future of surface-enhanced raman scattering. ACS Nano, 2020, 14: 28-117.

[3] Wu Y, Yang M, Ueltschi T W, et al. SERS study of the mechanism of plasmon-driven hot electron transfer between gold nanoparticles and PCBM. The Journal Physics Chemistry C, 2019, 123: 29908-29915.

[4] Gao Y, Qiang L, Chu Y, et al. Microfluidic chip for multiple detection of miRNA biomarkers in breast cancer based on three-segment hybridization. AIP Advances, 2020, 10: 045022.

[5] Han Y, Qiang L, Gao Y, et al. Large-area surface-enhanced Raman spectroscopy

substrate by hybrid porous GaN with Au/Ag for breast cancer miRNA detection. Applied Surface Science, 2020, 541: 148456.

[6] He Q, Han Y, Huang Y, et al. Reusable dual-enhancement SERS sensor based on graphene and hybrid nanostructures for ultrasensitive lead(II) detection. Sensors and Actuators B Chemical, 2021, 341: 130031.

实验 3　ZnO 纳米管阵列的制备及其光电化学性能研究

半导体纳米材料在光电器件、能量收集器件、电子器件、传感器等应用中表现出巨大的潜力。在光电化学性能研究和器件开发中，ZnO 纳米材料备受关注，因为通过调控制备方法可以得到具有不同结构与形貌的 ZnO 纳米材料，使其表现出独特的性能，进而具有更广泛的应用前景。在本实验中，结合电化学沉积法与化学刻蚀法，制备 ZnO 纳米管阵列，并对 ZnO 纳米管阵列与 ZnO 纳米棒阵列进行结构与形貌、光学性能与光电化学性能的对比研究。

【实验目的】

(1) 利用电化学沉积法制备出 ZnO 纳米棒阵列；
(2) 利用化学刻蚀法将 ZnO 纳米棒阵列转化为 ZnO 纳米管阵列；
(3) 研究 ZnO 纳米棒阵列与 ZnO 纳米管阵列的光学和光电化学性能。

【实验原理】

1. ZnO 纳米材料的基本性质与应用

氧化锌(ZnO)是 II-VI 族的直接带隙、宽禁带半导体材料，相对分子质量为81.37，介电常量为 8.656，无毒、无味，不溶于水，密度为 5.6 g/cm³，属于两性氧化物，既能溶于酸性溶液，也能溶于碱性溶液，其熔点为 1975 ℃，加热至 1800 ℃升华而不分解。在自然界中 ZnO 有三种晶型，分别为立方盐型、立方闪锌矿型和六方纤锌矿型，其中，六方纤锌矿结构的 ZnO 具有六方对称性，其结构由无数紧密排列的氧原子和锌原子层沿 c 轴方向交替堆叠而成，每一个锌原子与周围的四个氧原子构成四面体结构。六方纤锌矿结构在自然条件下热稳定性最好，通过简单的实验手段就可以得到该结构的单晶，因此该结构的 ZnO 最为常见。

采用不同的制备方法可以制备出不同维度的 ZnO 纳米材料，包括零维材料(ZnO 纳米颗粒)、一维材料(ZnO 纳米棒、纳米线、纳米带、纳米管)和二维材料(ZnO 纳米薄膜)。与其他 ZnO 纳米材料相比较，一维 ZnO 纳米材料因为具有较大的比表面积，而表现出较强的光捕获能力和光生电荷转移效率，使其在光催化降解有机污染物和光催化分解水等研究领域得到广泛关注[1]。但由于 ZnO 的宽禁带使其仅在紫外线波段具有较强的光吸收能力，而限制了其对可见光的吸收，目前诸多研究致力于对 ZnO 纳米材料进行改性来提升其光学和光电化学性能。此外，ZnO 纳米材料在传感器、纳米机电系统、场发射器件和纳米激光器等领域也有着广泛的应用前景。

2. 化学刻蚀法制备 ZnO 纳米管阵列的基本原理

ZnO 纳米棒阵列恒温浸没于碱溶液中，被刻蚀成纳米管阵列的化学反应方程式如下[2]：

$$ZnO + 2OH^- \longrightarrow ZnO_2^{2-} + H_2O \tag{6-3-1}$$

ZnO 纳米棒阵列在一定温度下与碱溶液反应时，整个纳米棒结构并未全部腐蚀，而是 ZnO 纳米棒轴心部位被优先刻蚀，这是因为 ZnO 纳米棒的(0001)晶面具有较高的表面能且为亚稳态，故(0001)晶面优先参与化学刻蚀反应；此外，ZnO 纳米棒的轴心部位存在较多的缺陷，缺陷密集的部位也会优先与刻蚀液反应。

在化学刻蚀反应中，通过对反应温度、时间、刻蚀液浓度等条件进行优化，可以得到最适合的刻蚀反应条件，进而保证刻蚀后的产物表面仍然保持光滑平整的状态，中空部位均匀且光滑，界面缺陷较少。

【试剂与仪器】

1. 试剂

硝酸锌、无水乙醇、异丙醇、聚乙二醇-400、无水乙二胺，氢氧化钾、去离子水、FTO 导电玻璃等。

2. 仪器

电热恒温干燥箱、恒温磁力搅拌器、高温管式炉、电子天平、恒温水浴锅、电化学工作站、X 射线衍射仪、扫描电镜、紫外-可见分光光度计等。

【ZnO 纳米管阵列的制备】

在本实验中，主要通过两个实验步骤来制备 ZnO 纳米管阵列。第一步是通过电化学沉积法在 FTO 导电玻璃上生长 ZnO 纳米棒阵列，第二步是利用化学刻蚀法将 ZnO 纳米棒阵列浸没在一定浓度的碱溶液中，使其腐蚀为 ZnO 纳米管阵列[3]。具体实验步骤如下。

1. FTO 导电玻璃的预清洗

预清洗 FTO 导电玻璃表面，依次使用去离子水、异丙醇、无水乙醇和去离子水进行 10~15 min 的超声清洗，然后将清洗好的 FTO 导电玻璃放入恒温干燥箱中充分干燥。

2. 利用化学沉积法制备 ZnO 纳米棒阵列

配制沉积液。称取一定量的硝酸锌加入 150 mL 的去离子水中,得到 0.0125 mol/L 的硝酸锌溶液,随后依次加入 200 μL 的聚乙二醇-400、50 μL 的无水乙二胺,将上述混合溶液磁力搅拌 1 h,得到沉积液。

利用标准三电极体系,进行 ZnO 纳米棒阵列电化学沉积实验,其中参比电极为 Ag/AgCl 电极,对电极为铂丝电极,工作电极为预处理后的 FTO 导电玻璃。电化学沉积过程中,沉积反应液温度保持在 70℃,沉积电势设定为–1.1 V 的恒定电势,沉积时间为 90 min。沉积反应结束后,使用镊子取下样品,并用去离子水冲洗几次,然后将样品置于 60℃的恒温干燥箱中充分干燥。

3. 利用化学刻蚀法制备 ZnO 纳米管阵列

在利用电化学沉积法将 ZnO 纳米棒阵列沉积在 FTO 导电玻璃后,通过化学刻蚀法将 ZnO 纳米棒结构刻蚀为 ZnO 纳米管结构。配制 0.18 mol/L 的氢氧化钾溶液作为刻蚀液,将表面沉积有 ZnO 纳米棒阵列的 FTO 导电玻璃浸没在刻蚀液中,80 ℃下恒温水浴 60 min,取出后用去离子水冲洗数次,然后放置于 400℃条件下退火 30 min,最终得到 ZnO 纳米管阵列。

【TiO$_2$/ZnO 异质结构纳米线阵列的性能表征】

1. XRD 表征

图 6-3-1 是生长在 FTO 基底上的 ZnO 纳米棒阵列和 ZnO 纳米管阵列的 XRD 图谱。从图中可以看出,除了 FTO 衬底的衍射峰外,ZnO 纳米棒阵列和 ZnO 纳米管阵列的样品中都有 6 个相同的衍射峰,分别对应 ZnO 的(100)、(002)、(101)、(102)、

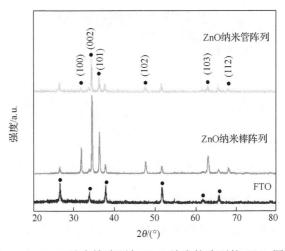

图 6-3-1　ZnO 纳米棒阵列与 ZnO 纳米管阵列的 XRD 图谱

(103)和(112)晶面，这些衍射峰表明，本实验所制备的 ZnO 纳米棒阵列和 ZnO 纳米管阵列结晶性良好，均为六方纤锌矿结构，没有其他杂相出现。另外，在 2θ 为 34.41°的位置存在一个很强的衍射峰，该衍射峰对应于六方纤锌矿结构 ZnO 的(002)晶面，表明所制备的 ZnO 纳米棒阵列和 ZnO 纳米管阵列均沿着 c 轴方向取向优先生长。

2. SEM 表征

图 6-3-2 为所制备 ZnO 纳米棒阵列和 ZnO 纳米管阵列的 SEM 图像。图 6-3-2(a)和(b)分别是 ZnO 纳米棒阵列在低倍放大和高倍放大时的 SEM 图像，从图中可以观察到，采用电化学沉积法所制备的 ZnO 纳米棒阵列为规则的六棱柱阵列，形貌统一且排列规整，长度为 1.5～2.0 μm，纳米棒的直径为 200～300 nm。图 6-2-2(c)和(d)分别是 ZnO 纳米管阵列在低倍放大和高倍放大的 SEM 图像，从图中可以看出，经过化学刻蚀后，ZnO 纳米棒阵列转变为 ZnO 纳米管阵列，其直径没有发生明显的改变，这说明 ZnO 纳米棒是沿着轴心方向刻蚀成六棱柱形状的纳米管中空结构，纳米管的管壁厚度为 50～60 nm。SEM 图像直观地说明，本实验通过电化学沉积法和化学刻蚀法成功制备了 ZnO 纳米管阵列。

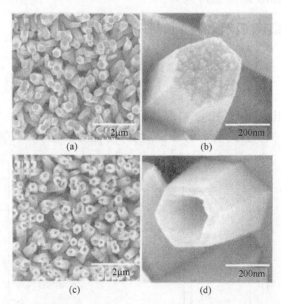

图 6-3-2　(a)，(b)ZnO 纳米棒阵列与(c)，(d)ZnO 纳米管阵列的 SEM 图像

3. 紫外-可见吸收光谱表征

图 6-3-3 为 ZnO 纳米棒阵列和 ZnO 纳米管阵列的紫外-可见吸收光谱。从图中可以观察到 ZnO 纳米棒阵列和 ZnO 纳米管阵列在紫外线波段均表现出较强的光吸

收，吸收边缘约为 395 nm，同时也可以看出它们在可见光区几乎没有光吸收。通过比较 ZnO 纳米棒阵列和 ZnO 纳米管阵列的吸收光谱可以清楚地发现，ZnO 纳米管阵列在紫外光波段的光吸收强度要高于 ZnO 纳米棒阵列，由此可见，将 ZnO 纳米棒阵列刻蚀为 ZnO 纳米管阵列后，其在紫外线波段的光吸收能力增强。

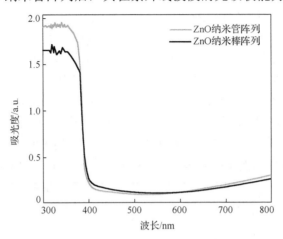

图 6-3-3　ZnO 纳米棒阵列与 ZnO 纳米管阵列的紫外-可见吸收光谱

4. 光电化学性能分析

为了探究 ZnO 纳米棒阵列和 ZnO 纳米管阵列的光响应特性、光电流密度与所施加偏压的关系，实验测试了 ZnO 纳米棒阵列和 ZnO 纳米管阵列的线性扫描伏安（LSV）特性曲线，如图 6-3-4 所示。采用模拟太阳光作为光源，电解液为 0.5 mol/L 的亚硫酸钠溶液，所施加的偏压范围是 $-0.1 \sim 0.5$ V。从图中可以看出，在模拟太阳光的照射下，ZnO 纳米棒阵列和 ZnO 纳米管阵列光电流密度均随着偏压的增加而增

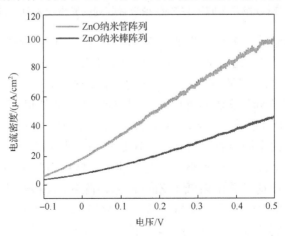

图 6-3-4　ZnO 纳米棒阵列与 ZnO 纳米管阵列的线性扫描伏安图

大，而 ZnO 纳米管阵列光电流密度的增大更为显著。这是因为，与纳米棒阵列相比较，ZnO 纳米管阵列的比表面积增加，光吸收能力增强，所以 ZnO 纳米管阵列的光电化学性能优于 ZnO 纳米棒阵列。

为了探究 ZnO 纳米棒阵列和 ZnO 纳米管阵列的光电流密度随时间的变化趋势，在实验中测试了 ZnO 纳米棒阵列和 ZnO 纳米管阵列在偏压为 0 V 时的光电流密度与时间(I-t)曲线，如图 6-3-5 所示。采用模拟太阳光作为光源，测试时间 210 s，每 30 s 的时间间隔进行开光和关光的切换。在没有光照时，ZnO 纳米棒阵列和 ZnO 纳米管阵列光电极的暗电流几乎为零，当模拟太阳光照射到样品时，各样品光电极的光电流均迅速升高至峰值，然后趋于稳定值。图中光电流曲线上出现的尖峰，是由光电极与电解液间的空穴累积所致。ZnO 纳米棒阵列的光电流密度达到 6.33 μA/cm^2，ZnO 纳米管阵列的光电流密度达到 12.43 μA/cm^2。在模拟太阳光下，ZnO 纳米管阵列的光电流密度是 ZnO 纳米棒阵列的 2 倍，光电化学性能明显提升。

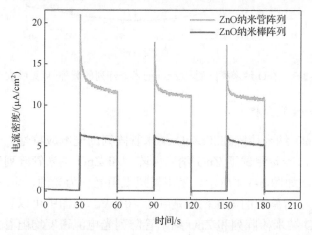

图 6-3-5　ZnO 纳米棒阵列与 ZnO 纳米管阵列的光电流密度-时间曲线图

基于以上实验结果，为进一步证实 ZnO 纳米棒阵列和 ZnO 纳米管阵列光电化学性能测试结果，本实验通过测试样品光电极的电化学交流阻抗谱(EIS)，探究 ZnO 纳米棒阵列和 ZnO 纳米管阵列中光生电荷的转移过程。图 6-3-6 所示为 ZnO 纳米棒阵列和 ZnO 纳米管阵列的交流阻抗谱图。采用模拟太阳光照射，频率测量范围为 1～100000 Hz。从图中可以看出，ZnO 纳米棒阵列光阳极的半圆弧直径明显大于 ZnO 纳米管阵列光阳极的半圆弧直径。在交流阻抗谱中，半圆弧直径直接反映了光电极的电荷转移电阻，半圆弧直径越小，其对应的电荷转移电阻越小。实验结果表明，ZnO 纳米管阵列的电荷转移电阻低于 ZnO 纳米棒阵列，有利于光电极内部光生电荷的转移，从而促进光生电荷的分离与传输。最终使得 ZnO 纳米棒阵列经过化学刻蚀后，得到的 ZnO 纳米管阵列在光电化学性能方面得到有效提升。

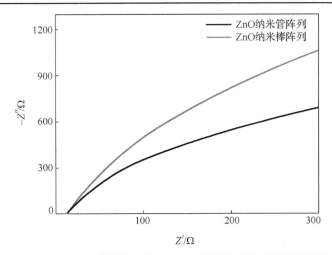

图 6-3-6　ZnO 纳米棒阵列与 ZnO 纳米管阵列的交流阻抗谱图

【实验结论】

本实验采用电化学沉积法制备了 ZnO 纳米棒阵列，并通过化学刻蚀法将 ZnO 纳米棒阵列刻蚀为 ZnO 纳米管阵列。多种表征手段表明，ZnO 纳米棒阵列与 ZnO 纳米管阵列在晶体结构上无明显差异，但经过刻蚀得到的 ZnO 纳米管阵列在紫外线波段的光吸收性能优于 ZnO 纳米棒阵列。由于 ZnO 纳米管阵列比表面积的增加，其在模拟太阳光下的光电化学性能明显优于 ZnO 纳米棒阵列。

【思考题】

(1)与其他制备方法相比较，电化学沉积法制备 ZnO 纳米棒阵列的优势有哪些？

(2)在化学刻蚀反应过程中，哪些实验条件会影响产物的形貌？

【参考文献】

[1]　Fu S Y, Chen J R, Han H S, et al. ZnO@Au@Cu$_2$O nanotube arrays as efficient visible-light-driven photoelectrod. Journal of Alloys and Compounds, 2019, 799: 183-192.

[2]　Yang J Y, Lin Y, Meng Y M, et al. A two-step route to synthesize highly oriented ZnO nanotube arrays. Ceramics International, 2012, 38: 4555-4559.

[3]　付数艺. 氧化锌基纳米管阵列异质结构的制备及其光电化学性能研究. 北京: 中央民族大学，2019.

实验4　TiO₂/ZnO 异质结构纳米线阵列的制备及其光电性能研究

　　TiO₂ 纳米材料以其无毒、稳定、制备简单等优点在光催化领域备受关注。但是，单一 TiO₂ 纳米材料因其自身光生载流子复合率高的问题，无法满足实际应用的需求。本实验采用水热法制备 TiO₂ 纳米线阵列，并通过种子层辅助水热法，在 TiO₂ 纳米线阵列表面修饰 ZnO，构筑 TiO₂/ZnO 异质结构纳米线阵列，探究利用 Type-II 型异质结构来提高光生载流子的分离效率，提升纳米线阵列的光电化学性能[1]。

【实验目的】

　　(1) 利用水热法制备 TiO₂ 纳米线阵列；
　　(2) 利用种子层辅助水热法构筑 TiO₂/ZnO 异质结构纳米线阵列；
　　(3) 研究 TiO₂/ZnO 异质结构纳米线阵列的光电性能。

【实验原理】

　　水热法制备 TiO₂ 纳米线阵列的基本原理详见本书 2.1.3 节和第 4 章实验 1。

【试剂与仪器】

　　1. 试剂

　　钛酸四丁酯(TBOT)、浓盐酸、无水硫酸钠、硝酸锌、乙酸锌、柠檬酸三钠、六亚甲基四胺、无水乙醇、异丙醇、去离子水、FTO 导电玻璃等。

　　2. 仪器

　　聚四氟乙烯高压反应釜、电热恒温干燥箱、恒温磁力搅拌器、高温管式炉、电子天平、电化学工作站、单色仪、X 射线衍射仪、扫描电镜、透射电镜、X 射线光电子能谱仪(XPS)、紫外-可见分光光度计等。

【TiO₂/ZnO 异质结构纳米线阵列的制备】

　　TiO₂/ZnO 异质结构纳米线阵列的生长过程如图 6-4-1 所示。首先通过水热法和退火两步得到生长在 FTO 导电基底上的 TiO₂ 纳米线阵列，然后采用种子层辅助水热法制备出 TiO₂/ZnO 异质结构纳米线阵列。具体合成步骤如下。

　　1. FTO 导电玻璃的清洗

　　将 FTO 切割成 1.5 cm×4.5 cm 大小，作为材料的生长基底；然后将切割好的 FTO 导电玻璃依次用去离子水、无水乙醇和异丙醇进行 20 min 的超声清洗处理，以去除

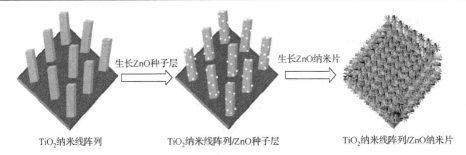

图 6-4-1　TiO$_2$/ZnO 异质结构纳米线阵列的生长过程

基底表面吸附的杂质离子；最后将清洗好的 FTO 导电玻璃保存于密封的异丙醇溶液中备用。

2. 利用水热法制备 TiO$_2$ 纳米线阵列

采用水热合成法在 FTO 导电基底上有序生长 TiO$_2$ 纳米线阵列。首先将 15 mL 的去离子水和 15 mL 的浓盐酸依次加入 100 mL 的烧杯中，混合搅拌 5 min；然后滴加 500 μL TBOT，继续搅拌 15 min；将反应溶液转移至 50 mL 聚四氟乙烯高压反应釜中，将干燥后的 FTO 导电玻璃竖直对称放入反应釜中，密封，置于 150℃的电热恒温干燥箱中反应 3.5 h，冷却至室温后取出；依次用去离子水和无水乙醇冲洗样品；将干燥后的样品放入管式炉中，在 450℃的温度下退火 30 min，最终得到 TiO$_2$ 纳米线阵列。

3. 利用种子层辅助水热法构筑 TiO$_2$/ZnO 异质结构纳米线阵列

第一步：制备 ZnO 种子层，选取配制好的 5 mmol/L 的醋酸锌乙醇溶液作为种子液。将两滴种子液滴在 TiO$_2$ 纳米线阵列表面，然后在空气中干燥 10 min，该过程重复 2 次；然后将滴有醋酸锌种子层的 TiO$_2$ 纳米线阵列置于管式炉中，在 350℃下退火 20 min，待其冷却后取出备用。

第二步：制备 TiO$_2$/ZnO 异质结构纳米线阵列。配制 0.15 mol/L（或 0.1 mol/L）硝酸锌、0.1 mol/L 六亚甲基四胺和 0.05 mol/L 柠檬酸三钠的混合溶液，混合搅拌 15 min，然后将反应溶液转移至 50 mL 聚四氟乙烯高压反应釜中，将长有 TiO$_2$ 纳米线阵列的 FTO 导电玻璃竖直对称放入反应釜中，密封，置于 95℃的电热恒温干燥箱中反应 1 h，冷却至室温后取出；依次用去离子水和无水乙醇离心清洗样品；然后在真空电热恒温干燥箱中干燥数小时，最终得到 TiO$_2$/ZnO 异质结构纳米线阵列。其中在 0.1 mol/L 和 0.15 mol/L 硝酸锌条件下制备的 TiO$_2$/ZnO 异质结构纳米线阵列样品分别记为 TiO$_2$/ZnO NWA-NS-0.1 和 TiO$_2$/ZnO NWA-NS-0.15。

【TiO$_2$/ZnO 异质结构纳米线阵列的性能表征】

1. XRD 和 XPS 表征

图 6-4-2 是生长在 FTO 基底上的 TiO$_2$ 和 TiO$_2$/ZnO 异质结构纳米线阵列的 XRD

图谱，XRD 图谱显示出所制备样品的成分和晶体结构。在 TiO₂ 纳米线阵列的 XRD 图谱中，除了 FTO 衬底的衍射峰外，位于 36.1°、41.2°、54.3°、62.8° 处的衍射峰与金红石相的 TiO₂(JPCDS #77-0440)的 (101)、(111)、(211) 和 (002) 晶面相匹配[2]，表明本实验所制备的 TiO₂ 纳米阵列结晶性良好，没有其他杂相出现。在 ZnO 修饰 TiO₂ 纳米阵列后，在 34.4° 的位置出现了一个微弱衍射峰，该特征峰来自于六方晶系纤锌矿 ZnO(JPCDS #79-0207)的 (002) 晶面。同时，可以观察到 TiO₂ 纳米线阵列 (101) 晶面的衍射峰强度明显下降。XRD 图谱表明，本实验通过多步水热法成功地构筑了 TiO₂/ZnO 异质结构纳米线阵列结构。

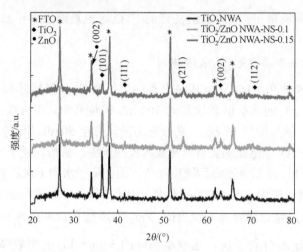

图 6-4-2　TiO₂ 与 TiO₂/ZnO 异质结构纳米线阵列的 XRD 图谱

　　通过 X 射线光电子能谱(XPS)进一步分析所制备样品的化学组分和元素化学态，图 6-4-3 所示为 TiO₂/ZnO 异质结构纳米线阵列的 XPS 图谱。图 6-4-3(a) 为 TiO₂/ZnO 异质结构纳米线阵列的 XPS 全元素扫描谱，表明样品由 Ti、Zn、O 和 C 元素组成，其中 C 元素来自于外部碳源。图 6-4-3(b)～(d) 分别为 TiO₂/ZnO 异质结构纳米线阵列的 Ti、Zn、O 元素的高分辨 XPS 图谱。在 Ti 2p 图(图 6-4-3(b))中，可以观察到结合能位于 458.4 eV 和 464.1 eV 的两个峰分别对应于 Ti 2p$_{3/2}$ 和 Ti 2p$_{1/2}$，来自于 TiO₂ 纳米线阵列中的 Ti^{4+}。在 Zn 2p 图(图 6-4-3c)中，在结合能为 1021.5 eV 和 1044.5 eV 处出现两个特征峰，分别对应于 Zn 2p$_{3/2}$ 和 Zn 2p$_{1/2}$ 峰，来源于 Zn^{2+}，证明了 Zn 元素存在于异质结构纳米线阵列中。图 6-4-3(d) 显示了结合能为 529.8 eV 和 532.3 eV 的两个特征峰，来源于 O 1s 峰，其中结合能位于 529.8 eV 的峰来源于 TiO₂ 和 ZnO 中的 O^{2-}，而结合能位于 532.3 eV 的峰来源于样品表面吸附的水和氧气。

　　2. SEM 表征

　　图 6-4-4 为所制备样品的 SEM 图像。从图 6-4-4(a) 中可以观察到，所制备的 TiO₂

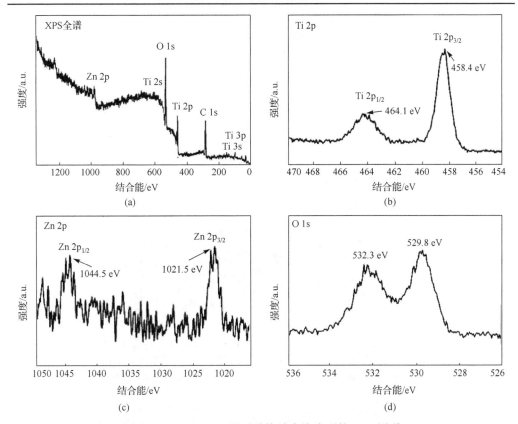

图 6-4-3 TiO₂/ZnO 异质结构纳米线阵列的 XPS 图谱

纳米线阵列为形貌均匀、表面光滑的四棱柱形貌，纳米线的直径约为 100 nm。图 6-4-4(b)为表面沉积 ZnO 种子层后的 TiO₂ 纳米线阵列，从图中可以发现，TiO₂ 纳米线表面变得粗糙，ZnO 纳米颗粒吸附在 TiO₂ 纳米线表面。图 6-4-4(c)，(d)为在 0.1 mol/L 硝酸锌条件下制备的 TiO₂/ZnO 异质结构纳米线阵列，从图中可以观察到，ZnO 纳米片生长在 TiO₂ 纳米线阵列的上方，但并未完全包覆 TiO₂ 纳米线，仍有部分 TiO₂ 纳米线暴露在 ZnO 纳米片层外面。图 6-4-4(e)，(f)为在 0.15 mol/L 硝酸锌条件下制备的 TiO₂/ZnO 异质结构纳米线阵列。在 Zn 源浓度较高的条件下，生成的 ZnO 纳米片形貌均一且完全包覆了 TiO₂ 纳米线阵列。进一步对 SEM 下的样品进行局部放大观察，如图 6-4-5(a)，(b)所示，在 0.1 mol/L 硝酸锌条件下制备的 TiO₂/ZnO 异质结构纳米线阵列中，ZnO 纳米片呈薄片状，均匀地覆盖在纳米线阵列表面，且纳米片表面十分光滑。当 Zn 源浓度增加到 0.15 mol/L 时，如图 6-4-5(c)，(d)所示，ZnO 纳米片沉积量增多，包覆在 TiO₂ 纳米线表面，呈现分层片状结构。SEM 图直观地说明，通过种子层辅助水热法将 ZnO 纳米片沉积在 TiO₂ 纳米线表面，成功地构筑了 TiO₂/ZnO 异质结构纳米线阵列。

图 6-4-4　TiO$_2$ 纳米线阵列与 TiO$_2$/ZnO 异质结构纳米线阵列的 SEM 图像：
(a) TiO$_2$ 纳米线阵列；(b) ZnO 种子层修饰 TiO$_2$ 纳米线阵列；
(c) 和 (d) TiO$_2$/ZnO NWA-NS-0.1；(e) 和 (f) TiO$_2$/ZnO NWA-NS-0.15

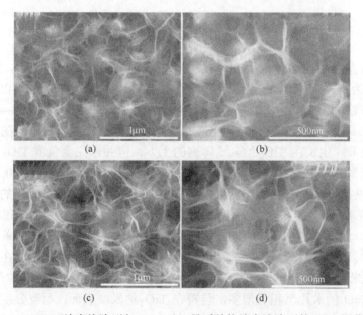

图 6-4-5　TiO$_2$ 纳米线阵列与 TiO$_2$/ZnO 异质结构纳米线阵列的 SEM 图像：
(a) 和 (b) TiO$_2$/ZnO NWA-NS-0.1；(c) 和 (d) TiO$_2$/ZnO NWA-NS-0.15

3. 紫外-可见吸收光谱表征

为了研究 TiO₂ 纳米线阵列和 TiO₂/ZnO 异质结构纳米线阵列的光学性能，我们采用紫外-可见分光光度计测试了样品的吸收光谱，如图 6-4-6 所示。从图中可以观察到 TiO₂ 纳米线阵列的光吸收范围主要在紫外区域，其吸收带边位于波长为 400 nm 处，其对应的光学带隙为 E_g=3.12 eV；纯 ZnO 的吸收带边位于 395 nm 处，对应的光学带隙 E_g=3.16 eV；样品 TiO₂/ZnO NWA-NS-NS-0.1 和 TiO₂/ZnO NWA-NS-0.15 的吸收带边分别位于波长为 405 nm 和 407 nm 处，对应的光学带隙分别为 E_g=3.06 eV 和 3.04 eV。这说明 ZnO 修饰 TiO₂ 纳米线阵列后，扩展了 TiO₂ 纳米线阵列的光吸收范围，使得 TiO₂/ZnO 异质结构纳米线阵列能够更容易地吸收更多的光子，从而提升其光电化学性能。

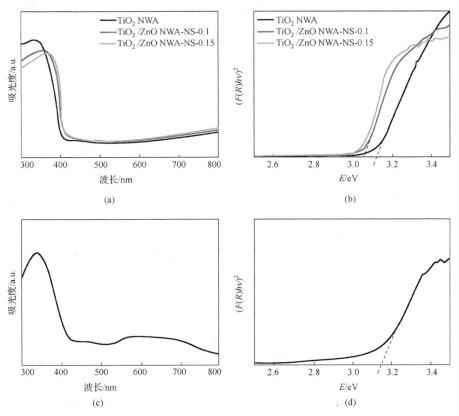

图 6-4-6　TiO₂ 与 TiO₂/ZnO 异质结构纳米线阵列的紫外-可见吸收光谱
（(a)和(c)）和禁带宽度（(b)和(d)）

4. 光电化学性能测试

利用电化学工作站进行光电化学性能测试。以模拟太阳光 AM-1.5 作为光源，调整光源位置，设置电极表面的辐照强度为 100 mW/cm²。以 TiO₂ 纳米线阵列和 TiO₂/ZnO 异质结构纳米线阵列分别作为光阳极，测试样品在 Na₂SO₄ 电解液中的光电化学性能。图 6-4-7(a)和(b)分别显示了在 0 V 和 0.8 V 的偏压条件下，TiO₂ 纳米线阵列、TiO₂/ZnO NWA-NS-0.1 和 TiO₂/ZnO NWA-NS-0.15 样品电极在模拟太阳光下的瞬时光响应和光电流密度(*I-t*)测试结果。在没有光照时，各样品电极的暗电流几乎为零；可见光开启的瞬间，各个样品电极的光电流迅速升高至峰值，并快速达到稳态。生长 ZnO 纳米片后，TiO₂/ZnO NWA-NS-0.1 和 TiO₂/ZnO NWA-NS-0.15 光阳极与 TiO₂ 纳米线阵列相比，其光电流密度显著增加；此外，在较高的硝酸锌浓度下，TiO₂/ZnO NWA-NS-0.15 样品的分层结构表面积大，光电极与电解液接触面积大，从而表现出更高的光电流密度。如图 6-4-7(b)所示，相对于 Ag/AgCl 参比电极，在 0.8 V 的偏压下，TiO₂/ZnO NWA-NS-0.15 光电极的光电流密度为 1.45 mA/cm²，大约是 TiO₂ 纳米线阵列光阳极光电流密度的 3 倍。

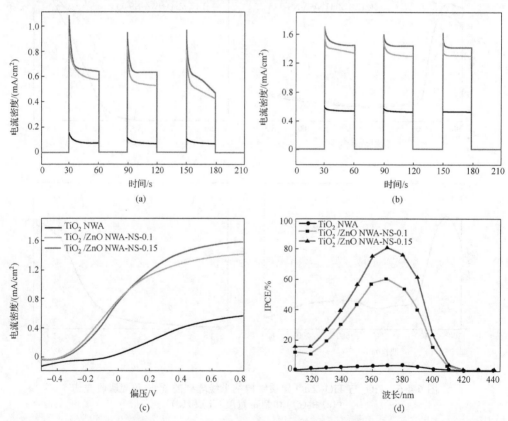

图 6-4-7　在模拟太阳光条件下，TiO₂ 与 TiO₂/ZnO 异质结构纳米线阵列的(a)无偏压时的瞬时光响应和光电流密度(*I-t*)曲线；(b)0.8 V 偏压时的瞬时光响应和光电流密度(*I-t*)曲线；(c)光电流密度与偏压(*I-V*)曲线；(d)IPCE 曲线

本实验还研究了所制备样品在模拟太阳光下光电流与所加偏压之间的关系，测试样品电极的光电流密度-偏压(I-V)曲线如图 6-4-7(c)所示。从图中可以看出，所有样品电极的光电流密度都随着偏压的增加而升高。在三个不同光电极中，TiO_2/ZnO NWA-NS-0.15 光电极的光电流密度升高较为显著。此外，ZnO 沉积量不同时，其光电流密度随所施加偏压的变化趋势也不同，其中硝酸锌浓度为 0.15 mol/L 反应制取的 TiO_2/ ZnO 异质结构纳米线阵列光电极的光电流密度升高最为显著。以上实验结果表明，在 TiO_2 纳米线阵列表面修饰 ZnO 纳米片，可以增强其光吸收能力，有效地提高其光生电子-空穴对的分离与传输效率，进而提高其光电流密度，改善其光电化学性能。

为了进一步研究样品光电极在不同波长入射光照射下的光电转换效率，对其进行了光电转化效率(IPCE)的测试。图 6-4-7(d) 为 0.1 mol/L Na_2SO_4 的电解液中，TiO_2 纳米线阵列、TiO_2/ZnO NWA-NS-0.1 和 TiO_2/ZnO NWA-NS-0.15 样品电极的 IPCE 曲线。从图中可以看出，所有样品电极在波长为 310～420 nm 的光谱范围内都具有光响应。其中，TiO_2/ZnO NWA-NS-0.15 光电极表现出最高的 IPCE 值。在波长为 370 nm 处，其 IPCE 达到了最大值 80%。IPCE 的测试结果直接说明，TiO_2/ZnO 异质结构纳米线阵列的光电化学性能优于 TiO_2 纳米线阵列。

5. 光生电荷分离与传输机理分析

基于以上分析结果，我们进一步研究了 TiO_2/ZnO 异质结构纳米线阵列中光生电荷的分离与传输过程，如图 6-4-8 所示。通过 TiO_2 纳米线阵列和 ZnO 纳米片的 XPS 价带谱和 XPS 精细扫描谱数据，可以确定 TiO_2/ZnO 异质结构纳米线阵列中 TiO_2 和 ZnO 的相对能带位置。经过计算可知，在 TiO_2/ZnO 异质结构纳米线阵列中 ZnO 和 TiO_2 之间价带偏移量(ΔE_v)和导带偏移量(ΔE_c)分别为 0.06 eV 和 0.10 eV，说明了 ZnO 的导带位置比 TiO_2 的导带位置更负，而 TiO_2 的价带位置比 ZnO 的价带位置更

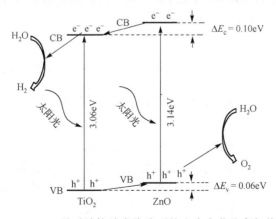

图 6-4-8　TiO_2/ZnO 异质结构纳米线阵列的光生电荷分离与传输示意图

正，ZnO 纳米片与 TiO$_2$ 纳米线阵列之间能够建立 Type-II 型能带结构。从图中可知，该 Type-II 型能级结构有利于光生电子从 ZnO 的导带向 TiO$_2$ 的导带转移，光生空穴从 ZnO 的价带向 TiO$_2$ 的价带转移，从而促进光生电荷的有效分离与传输，最终提升光阳极的光电化学性能[3]。

【实验结论】

采用水热法和种子层辅助水热法成功制备了 TiO$_2$/ZnO 异质结构纳米线阵列。通过将 ZnO 纳米片包覆在 TiO$_2$ 纳米线阵列表面，构建具有 Type-II 型能带结构的 TiO$_2$/ZnO 异质结构纳米线阵列。在 TiO$_2$/ZnO 异质结构纳米线阵列中构筑 Type-II 型能带结构有利于光生电荷的分离与传输，从而表现出更优异的光电化学性能。

【思考题】

(1)在水热法制备 TiO$_2$/ZnO 异质结构纳米线阵列的反应中，ZnO 种子层的作用是什么？

(2)在 TiO$_2$/ZnO 异质结构纳米线阵列中，光生载流子的分离与传输机理是怎样的？

【参考文献】

[1] Han H S, Wang W Z, Yao L Z, et al. Photostable 3D heterojunction photoanode of ZnO nanosheets coated onto TiO$_2$ nanowire arrays for photoelectrochemical solar hydrogen generation. Cata. Sci. Technol., 2019, 9: 1989-1997.

[2] Han C C, Yan L, Zhao W, et al. TiO$_2$/CeO$_2$ core/shell heterojunction nanoarrays for highly efficient photoelectrochemical water splitting. International Journal of Hydrogen Energy, 2017, 42: 12276-12283.

[3] 韩洪松. ZnO、ZnO/CdS 和 ZnO/PbS 修饰 TiO$_2$ 纳米线阵列的制备及光电性能研究. 北京: 中央民族大学, 2019.

实验5　TiO$_2$/Cu$_2$O 核壳结构纳米线阵列的制备及光催化分解水制氢研究

利用半导体光催化技术将太阳能转化为化学能(如氢能)是一种非常有效的太阳能转换技术，它可以高效地捕获和储存太阳能且没有含碳废物排放，可直接将太阳能转化为氢能或者用于催化降解污染物，成为当前解决全球能源短缺问题的重要策略之一。随着纳米技术的快速发展，以半导体纳米材料作为核心材料的半导体光催化技术已成为太阳能分解水制氢的重要方法。然而，TiO$_2$ 等多种宽禁带半导体光催化剂普遍存在太阳能转换效率低，以及光生电子和空穴容易复合等问题，导致其对太阳能的利用率较低，无法满足工业化应用的需求。多项研究成果表明，半导体光催化剂自身的性质直接影响其太阳能利用率和光催化分解水产氢效率。本实验主要探索一种化学性能稳定、太阳能转换效率高的半导体光催化材料的制备，以及其光催化分解水制氢的性能测试。

【实验目的】

(1) 利用水热合成方法制备出定向排列的 TiO_2 纳米线阵列；

(2) 利用化学浴沉积法将 Cu_2O 沉积在 TiO_2 纳米线的表面，构筑 TiO_2/Cu_2O 核壳结构纳米线阵列；

(3) 研究 TiO_2/Cu_2O 核壳结构纳米线阵列光阳极的光解水产氢性能。

【实验原理】

半导体光催化分解水反应过程与植物的光合作用过程相似。半导体光催化分解水反应的基本原理如图 6-5-1 所示，当能量大于或等于半导体禁带宽度(E_g)的光子照射到半导体表面并被吸收后，半导体价带(VB)中电子被激发产生电子–空穴对。其中带负电的电子从价带跃迁到导带(CB)上，形成光生电子。同时带正电的光生空穴则留在价带上。当半导体的能带位置与水分解的电势相匹配，光生电子和空穴迁移到半导体表面时，水中 H^+ 和 OH^- 分别与光生电子和空穴发生氧化还原反应，生成氢气与氧气[1,2]，其反应方程式如下：

还原反应： $$2H^+ + 2e^- \longrightarrow H_2 \qquad (6\text{-}5\text{-}1)$$

氧化反应： $$2H_2O + 4h^+ \longrightarrow 4H^+ + O_2 \qquad (6\text{-}5\text{-}2)$$

全反应： $$2H_2O \longrightarrow 2H_2 + O_2 \qquad (6\text{-}5\text{-}3)$$

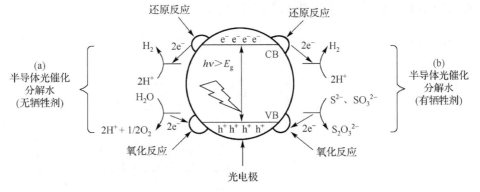

图 6-5-1 半导体光催化分解水反应基本原理图

如图 6-5-1(b)所示，当电解液体系中存在空穴牺牲剂时，光生空穴会被牺牲剂捕获，使氧化反应变成牺牲剂的氧化反应，而光生电子仍然与 H^+ 发生还原反应。在以 Na_2S 和 Na_2SO_3 为空穴牺牲剂的电解液体系中，其反应方程式如下：

还原反应：　　　　　　　　　$2H^+ + 2e^- \longrightarrow H_2$　　　　　　　　　(6-5-4)

氧化反应：　　　　　　　$S^{2-} + SO_3^{2-} + 2h^+ \longrightarrow S_2O_3^{2-}$　　　　　　(6-5-5)

全反应：　　　　　$2H^+ + S^{2-} + SO_3^{2-} \longrightarrow H_2 + S_2O_3^{2-}$　　　　　(6-5-6)

基于半导体光催化分解水的基本原理可知，只有半导体催化剂的能带结构满足如下两个方面才能用来进行光解水产氢：一是导带的能级位置应比氢气还原电势更负，才能保证光生电子的还原特性；二是价带的能级位置应比水的氧化电势更正，才能保证光生空穴的氧化特性。同时，为了驱动水的氧化还原反应顺利进行，半导体光催化剂的禁带宽度必须大于水分解所需要的能量(1.23 eV)。此外，还需要考虑到太阳光的利用率，禁带宽度过大会限制可见光的吸收。因此，理想半导体光催化剂的禁带宽度为 1.8～2.2 eV，才能保证水的光催化氧化还原反应顺利进行。

【试剂与仪器】

1. 试剂

钛酸四丁酯、浓盐酸、无水硫酸铜、硫代硫酸钠、氢氧化钠、去离子水等。

2. 仪器

聚四氟乙烯高压反应釜、电热恒温干燥箱、恒温磁力搅拌器、高温管式炉、电子天平、离心机、恒温水浴锅、电化学工作站、X 射线衍射仪、扫描电镜、透射电镜、X 射线光电子能谱仪、紫外-可见分光光度计等。

【TiO₂/Cu₂O 核壳结构纳米线阵列的制备】

TiO₂/Cu₂O 核壳结构纳米线阵列的制备过程如图 6-5-2 所示。首先采用水热反应

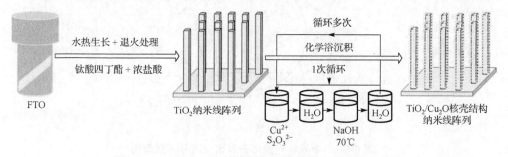

图 6-5-2　TiO₂/Cu₂O 核壳结构纳米线阵列的制备过程

法在 FTO 导电基底上生长合成 TiO_2 纳米线阵列，然后采用化学浴沉积法在 TiO_2 纳米线表面沉积 Cu_2O 纳米颗粒，成功制备出 TiO_2/Cu_2O 核壳结构纳米线阵列。

具体合成步骤如下。

1. FTO 导电玻璃的清洗

将 FTO 切割成 1.5 cm×4.5 cm 大小，作为材料的生长基底；然后将切割好的 FTO 导电玻璃用去离子水、无水乙醇和异丙醇超声清洗 20 min，以去除基底表面吸附的杂质离子；最后将清洗好的 FTO 导电玻璃保存于密封的异丙醇溶液中备用。

2. 利用水热合成方法制备 TiO_2 纳米线阵列

采用水热合成法在 FTO 导电基底上有序生长 TiO_2 纳米线阵列。首先将 15 mL 的去离子水和 15 mL 的浓盐酸依次加入 100 mL 的烧杯中，混合搅拌 5 min，然后滴加 500 μL 钛酸四丁酯(TBOT)，继续搅拌 15 min，然后将反应混合液转移至 50 mL 聚四氟乙烯高压反应釜中，将干燥后的 FTO 导电玻璃导电面向下，倾斜对称放入反应釜中，密封，置于 150℃的加热箱中反应 3.5 h，冷却至室温后取出；依次用去离子水和无水乙醇离心清洗样品；将干燥后的样品放入管式炉中，在 450℃的温度下退火 30 min，最终得到 TiO_2 纳米线阵列。

3. 利用化学浴沉积法构筑 TiO_2/Cu_2O 核壳结构纳米线阵列

采用化学浴合成法将 Cu_2O 纳米颗粒逐层沉积在 TiO_2 纳米线阵列表面。配制 1.0 mol/L 硫代硫酸钠和 1.0 mol/L 硫酸铜的混合溶液作为化学浴反应的离子溶液。配制 0.5 mol/L 氢氧化钠溶液并置于 70℃的水浴中待用。首先，将 TiO_2 纳米线阵列在配制好的离子溶液中浸泡 2 s，取出后在去离子水中清洗 20 s。然后再将 TiO_2 纳米线阵列在 70℃的氢氧化钠溶液中浸泡 2 s，取出后在去离子水中清洗 20 s。以上沉积过程作为一次化学浴反应循环。通过调节化学浴反应循环次数来控制 Cu_2O 纳米颗粒的沉积量。最后将制备的样品在真空加热箱中干燥数小时，最终得到 TiO_2/Cu_2O 核壳结构纳米线阵列。Cu_2O 纳米颗粒的化学反应过程如下：

$$2Cu^{2+} + 4S_2O_3^{2-} \longrightarrow 2(Cu(S_2O_3))^- + (S_4O_6)^{2-} \tag{6-5-7}$$

$$(Cu(S_2O_3))^- \longleftrightarrow Cu^+ + S_2O_3^{2-} \tag{6-5-8}$$

$$2Cu^+ + 2OH^- \longrightarrow Cu_2O + H_2O \tag{6-5-9}$$

【TiO_2/Cu_2O 核壳结构纳米线阵列的性能表征】

1. XRD 和 XPS 表征

为了分析制备样品的成分与晶相，对 TiO_2 和 TiO_2/Cu_2O 核壳结构纳米线阵列进行 X 射线衍射分析。图 6-5-3 为生长在 FTO 基底上的 TiO_2 和 TiO_2/Cu_2O 核壳结构纳米线阵列的 XRD 图谱，其中曲线 a 为 FTO 导电基底的 XRD 图谱。曲线 b 为 TiO_2 纳米线阵列的 XRD 图，位于 36.0°、62.6°、69.6° 处的衍射峰，与四方晶系的 TiO_2（JPCDS card 76-0318）的（101）、（002）和（112）晶面相匹配，表明本实验采用水热合成法成功合成了 TiO_2 纳米阵列，没有其他杂相出现。通过化学浴沉积法在 TiO_2 纳米阵列表面沉积 Cu_2O 后，生成了 TiO_2/Cu_2O 核壳结构纳米线阵列，从曲线 c 和 d 可以看出，当循环次数为 3 时，样品的 XRD 图谱中仍然只存在 TiO_2 的衍射峰。随着循环次数的增加，当循环次数为 5 或 10 时，样品的 XRD 图谱中可以检测出 Cu_2O 位于（200）和（311）处的微弱衍射峰。这主要是由于在 TiO_2 纳米阵列上沉积的 Cu_2O 量相对较少，需要采用其他测试分析手段来检测 Cu_2O。

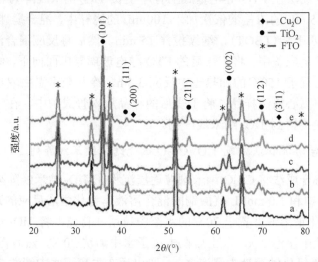

图 6-5-3　不同化学浴沉积循环次数的 TiO_2/Cu_2O 核壳结构纳米线阵列的 XRD 图谱：
a-FTO；b-0 次；c-3 次；d-5 次；e-10 次

通过 X 射线光电子能谱（XPS）进一步分析样品的化学组分和元素化学态，图 6-5-4 为生长在 FTO 导电基底上的 TiO_2/Cu_2O 核壳结构纳米线阵列的 XPS 图谱。图 6-5-4（a）为 TiO_2/Cu_2O 核壳结构纳米线阵列的 XPS 全元素扫描谱，表明样品由 Ti、Cu、O 和 C 元素组成，其中 C 元素来自于外部碳源。图 6-5-4（b）～（d）为 TiO_2/Cu_2O 核壳结构纳米线阵列的 Ti、Cu、O 元素的高分辨 XPS 图谱。从图 6-5-4（b）中 Ti 元素的高分辨 XPS 图谱可知，结合能为 458.2 eV 和 464.0 eV 的两个峰分别为 Ti $2p_{3/2}$ 和 Ti $2p_{1/2}$，来自于 TiO_2 纳米线阵列中的 Ti^{4+}。图 6-5-4（c）为 Cu 元素的高分辨 XPS 图谱，其中结合能为 932.3 eV 和 952.1 eV 的两个峰为 Cu $2p_{3/2}$ 和 Cu $2p_{1/2}$，对应于一价的 Cu^+，证明了 Cu 元素存在于核壳结构纳米线阵列中[3]。此外，在图谱中没有出现 Cu $2p_{1/2}$ 的 Cu $2p_{3/2}$ 的卫星峰，这说明了在 TiO_2 纳米线表面只生成了 Cu_2O 纳米

颗粒，不存在二价铜的化合物。图 6-5-4(d)所示为氧元素的高分辨 XPS 图谱，图中 O 1s
的 XPS 峰分为两个峰，其中结合能位于 529.6 eV 的峰来源于 TiO_2 纳米线中的 O^{2-}，
而结合能位于 530.9 eV 的峰来源于 Cu_2O 纳米颗粒的 O^{2-}。

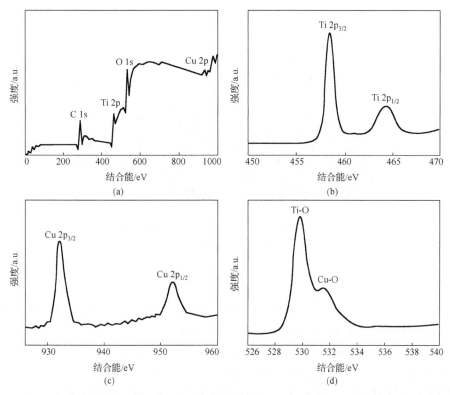

图 6-5-4　TiO_2/Cu_2O 核壳结构纳米线阵列的 XPS 图谱：(a)全谱；(b) Ti 2p；(c) Cu 2p；(d) O 1s

2. SEM 表征

在化学浴沉积反应过程中，通过调控 Cu_2O 纳米颗粒的沉积循环次数来控制 TiO_2
纳米线表面 Cu_2O 的沉积量。Cu_2O 纳米颗粒沉积之前，TiO_2 纳米线整齐有序地生长
在 FTO 导电基底上，TiO_2 纳米线均为四棱锥形貌，其横截面的直径为 160 nm，如
图 6-5-5(a)所示。循环次数分别为 3、5 和 10 的 TiO_2/Cu_2O 核壳结构纳米线阵列的
SEM 图如图 6-5-5(b)～(d)所示。从图中可以看出，在沉积 Cu_2O 纳米颗粒后，TiO_2
纳米线的形貌依然为规则的四棱柱形状，但纳米线的顶面和侧面都变得粗糙，且覆
盖了一层尺寸均匀的纳米颗粒。随着 Cu_2O 纳米颗粒沉积循环次数的增加，TiO_2 纳
米线表面的 Cu_2O 纳米颗粒的尺寸随之增加，纳米颗粒的沉积密度也随之增加。以
上结果说明，通过化学浴沉积法将 Cu_2O 纳米颗粒沉积在 TiO_2 纳米线表面，成功构
筑了 TiO_2/Cu_2O 核壳结构纳米线阵列。

图 6-5-5　不同化学浴沉积循环次数的 TiO$_2$/Cu$_2$O 核壳结构纳米线阵列的 SEM 图谱：
(a) 0 次；(b) 3 次；(c) 5 次；(d) 10 次

3. TEM 表征

图 6-5-6 (a) 为 TiO$_2$/Cu$_2$O 核壳结构纳米线阵列的 TEM 图，可以看出，TiO$_2$/Cu$_2$O
核壳结构纳米线阵列表面变得不再光滑，外层沉积了 Cu$_2$O 纳米颗粒，这与 SEM 的表
征结果相吻合。图 6-5-6 (b) ～ (d) 为 TiO$_2$/Cu$_2$O 核壳结构纳米线阵列的高分辨透射电子
显微镜 (HRTEM) 图。由图 6-5-6 (d) 所示的 TiO$_2$/Cu$_2$O 核壳结构纳米线阵列界面处选区
放大的 HRTEM 可以看出，Cu$_2$O 纳米颗粒紧密地生长在 TiO$_2$ 纳米线表面，图中所标注
的晶面间距为 0.325 nm 的晶格对应于金红石相 TiO$_2$ 的 (110) 晶面，晶面间距为 0.246 nm
的晶格对应于立方相的 Cu$_2$O 的 (101) 晶面。此外，从图中还可以清楚地分辨出 TiO$_2$ 和
Cu$_2$O 的异质界面，而且两种组分接触紧密，这有利于提高 TiO$_2$/Cu$_2$O 核壳结构纳米线
阵列光生电子-空穴对的分离与传输效率，进而获得优异的光电化学性能。

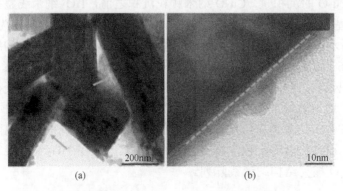

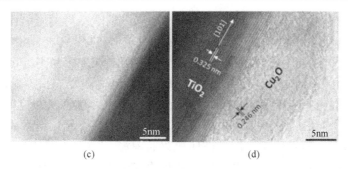

图 6-5-6　TiO$_2$/Cu$_2$O 核壳结构纳米线阵列的 TEM 和 HRTEM 图谱

4. 紫外-可见吸收光谱表征

材料的光吸收性质会影响其光电化学性能。TiO$_2$ 纳米线阵列和 TiO$_2$/Cu$_2$O 核壳结构纳米线阵列的紫外-可见吸收光谱如图 6-5-7 所示，可以看出，TiO$_2$ 纳米线阵列在波长 360 nm 处都有一个很强的吸收边，这是 TiO$_2$ 晶体的本征吸收边，而在可见光区基本无吸收。在沉积了 Cu$_2$O 纳米颗粒后，TiO$_2$/Cu$_2$O 核壳结构纳米线阵列在波长为 400~550 nm 的范围内的可见光吸收强度明显增强。核壳结构纳米线阵列在可见光区光吸收能力的提高，有助于提高其光电化学性能。此外，TiO$_2$/Cu$_2$O 核壳结构纳米线阵列在可见光波段的光吸收强度随着 Cu$_2$O 纳米颗粒沉积循环次数的增加而逐渐增强，这得益于窄禁带半导体 Cu$_2$O 在可见光区优异的光吸收性质。

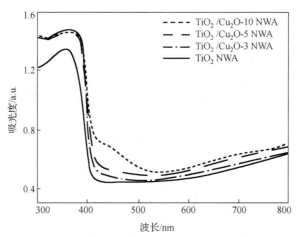

图 6-5-7　不同化学浴沉积循环次数 TiO$_2$/Cu$_2$O 核壳结构纳米线阵列的紫外-可见吸收光谱

5. PEC 性能测试

利用电化学工作站进行光电化学性能(PEC)测试。采用功率为 300 W 的氙灯作为光源，通过在光源上附加紫外截止滤光片($\lambda \geq 420$ nm)获得可见光。通过调整光源位置，设置电极表面的辐照强度为 100 mW/cm^2。入射光从待测光电极背面(玻璃侧)入射。样品电极在模拟太阳光下的瞬时可见光响应和光电流密度(I-t)曲线如图 6-5-8(a)所示。在没有光照时，各样品电极的暗电流几乎为零；可见光开启的瞬间，各个样品电极的光电流迅速升高至峰值，并快速达到稳态。所制备的 TiO$_2$ 纳米线阵列光电极的光电流密度为 1.00 mA/cm^2。在沉积 Cu$_2$O 纳米颗粒后，核壳结构纳米线阵列对可见光的吸收能力增强，使得 TiO$_2$/Cu$_2$O 核壳结构纳米线阵列光电极的光电流密度增大。随着化学浴沉积循环次数的增加，TiO$_2$/Cu$_2$O 核壳结构纳米线阵列光电极的光电流密度表现出先增加后降低的变化趋势。当循环次数为 5 时，得到最大的光电流密度为 2.5 mA/cm^2，是 TiO$_2$ 纳米线阵列光电极的 2.5 倍。

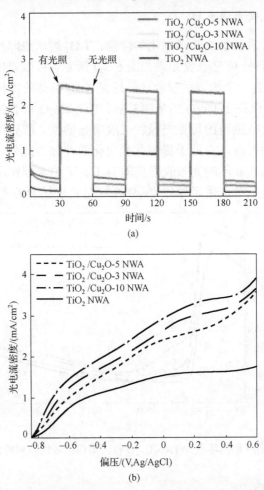

图 6-5-8　TiO$_2$ 纳米线阵列和 TiO$_2$/Cu$_2$O 核壳结构纳米线阵列的
(a)瞬时光响应和光电流密度(I-t)曲线；(b)光电流密度与偏压(I-V)曲线

图 6-5-8(b)为样品电极的光电流密度-偏压(I-V)曲线。可以看出，随着施加偏压的增加，所有样品电极的光电流密度都随着偏压的增加而升高。其中，TiO_2 纳米线阵列光电极的光电流密度随偏压升高较为缓慢，而 TiO_2/Cu_2O 核壳结构纳米线阵列光电极的光电流密度升高较为显著。此外，Cu_2O 沉积量不同时，其光电流密度随所施加偏压的变化趋势也不同，其中循环次数为 5 的 TiO_2/Cu_2O 核壳结构纳米线阵列光电极的光电流密度升高最为显著。以上实验结果表明，在 TiO_2 纳米线阵列表面沉积适量的 Cu_2O 纳米颗粒，不仅可以增强其可见光吸收能力，还能有效地提高其光生电子-空穴对的分离与传输效率，进而显著地提高其光电流密度，改善其光电化学性能。

6. 光催化分解水制氢性能测试

基于样品电极的光电化学性能测试结果，进一步研究样品电极在模拟太阳光下的光催化分解水产氢效率。在 0.35 mol/L Na_2S 和 0.25 mol/L Na_2SO_3 的混合电解液中，不施加偏压时，TiO_2 纳米线阵列和化学浴沉积循环次数为 5 的 TiO_2/Cu_2O 核壳结构纳米线阵列光电极的光催化分解水产氢性能曲线和稳定性曲线如图 6-5-9 所示。由图 6-5-9(a)可以看出，可见光开启后，两个样品电极的光催化产氢量随着光照时间呈线性增长。TiO_2 纳米线阵列的光催化产氢速率为 19 μmol/h，而 TiO_2/Cu_2O 核壳结构纳米线阵列的产氢活性明显高于 TiO_2 纳米线阵列，产氢速率为 32 μmol/h，是 TiO_2 纳米线阵列产氢活性的 1.7 倍。从测试结果可以发现，TiO_2/Cu_2O 核壳结构纳米线阵列产氢活性的提升比其光电流的增加略低，这可能是由于在光催化产氢过程中，采用排水法收集和测量氢气体积时的实验误差导致的。图 6-5-9(b)所示为在光催化分解水产氢实验测试的 TiO_2 纳米线阵列和化学浴沉积循环次数为 5 的 TiO_2/Cu_2O 核壳结构纳米线阵列光电流稳定性曲线。可以看出，在可见光照射 5 h 后，TiO_2/Cu_2O 核壳结构纳米线阵列的光电流密度依然保持在 2.3 mA/cm^2 左右，其光电化学性能明显优于 TiO_2 纳米线阵列。TiO_2/Cu_2O 核壳结构纳米线阵列在可见光下表现出优异的光电流稳定性，这是由于，核壳结构的存在有效地提高了其光生电子-空穴对分离效率。

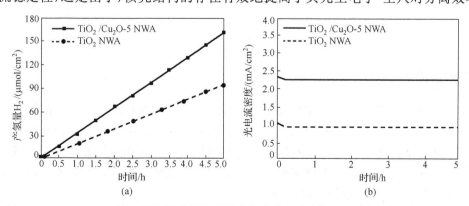

图 6-5-9　TiO_2/Cu_2O 核壳结构纳米线阵列的光催化分解水制氢效率(a)和稳定性曲线(b)

7. 光催化分解水反应机理

基于以上分析结果,进一步研究了 TiO_2/Cu_2O 核壳结构纳米线阵列中光生电子-空穴对的分离与传输过程,如图 6-5-10 所示。TiO_2 的导带和价带位置分别为-0.2 eV 和 3.0 eV,而 Cu_2O 的导带和价带位置分别为-1.4 eV 和 0.7 eV,当 P 型的 Cu_2O 纳米颗粒沉积在导带 N 型的 TiO_2 纳米线表面时,会形成 PN 异质结。由于费米能级的差异,在 TiO_2 与 Cu_2O 的界面处会形成内建电场,在 PN 结处内建电场的驱动下可以有效地提高光生电子-空穴对的分离与传输效率。在模拟太阳光的照射下,TiO_2 与 Cu_2O 都会产生光生电子-空穴对。光生电子会跃迁到导带上,而光生空穴则会留在价带中。Cu_2O 导带上的电子会转移到 TiO_2 的导带上,TiO_2 导带上的光生电子和这些转移电子同时经由 FTO 导电基底和外电路,最终传输至 Pt 对电极,用来光催化分解水产氢。与此同时,TiO_2 价带上空穴也会转移到 Cu_2O 的价带上,最终被电解液中的空穴牺牲剂 Na_2S 和 Na_2SO_3 捕获,而与其发生氧化反应。该反应过程不仅大大促进其光生载流子的分离与传输,还有效地抑制了光生电子-空穴对的复合,最终实现光电化学性能的显著提升。

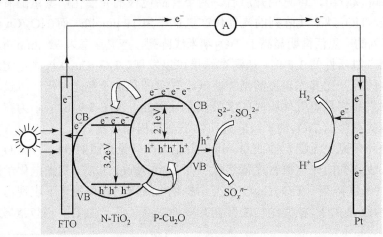

图 6-5-10　TiO_2/Cu_2O 核壳结构纳米线阵列的光生载流子分离与传输示意图

【实验结论】

本实验结合水热法和化学浴沉积法成功制备了 TiO_2/Cu_2O 核壳结构纳米线阵列;通过将 Cu_2O 纳米颗粒沉积在 TiO_2 纳米线表面,在其界面处形成内建电场,构建 TiO_2/Cu_2O 核壳结构纳米线阵列;核壳结构纳米线阵列在可见光波段的光吸收强度明显增加,表明制备的 TiO_2/Cu_2O 核壳结构纳米线阵列表现出优异的光电化学性能、光催化分解水制氢活性和稳定性。

【思考题】

(1)在水热法制备 TiO$_2$ 纳米线阵列的反应中，如何调控 TiO$_2$ 纳米线的长度？

(2)在 TiO$_2$/Cu$_2$O 核壳结构中，光生载流子的分离与传输机理是怎样的？

(3)如何搭建光催化分解水制氢体系的气体收集装置？

【参考文献】

[1] Yao L Z, Wang W Z, Wang L J, et al. Chemical bath deposition synthesis of TiO$_2$/Cu$_2$O core/shell nanowire arrays with enhanced photoelectrochemical water splitting for H$_2$ evolution and photostability. International Journal of Hydrogen Energy, 2018, 43: 15907-15917.

[2] Liu B, Aydil E S. Growth of oriented single-crystalline rutile TiO$_2$ nanorods on transparent conducting substrates for dye-sensitized solar cells. Journal of the American Chemical Society, 2009, 131(11): 3985-3990.

[3] Zou X W, Fan H Q, Tian Y M, et al. Chemical bath deposition of Cu$_2$O quantum dots onto ZnO nanorod arrays for application in photovoltaic devices. RSC Advances, 2015, 5: 23401-23409.

实验 6　稀土上转换发光纳米材料的制备及发光性能研究

在生物纳米材料的世界中，经常利用光作为一种外部刺激信号，用于实现光激活信号传导或者光诱导药物可控释放体系等领域。在已报道的发光纳米材料中，稀土掺杂的上转换发光纳米材料是近年来出现的一颗"新星"。稀土上转换发光纳米颗粒(UCNP)具有独特的反斯托克斯发光性质，即能够吸收低能量的近红外线(如980 nm 或 808 nm)，而发射高能量的紫外-可见光。相对于传统的有机染料和量子点，稀土上转换发光纳米颗粒具有很多优势，如良好的光稳定性，较高的穿透深度，对生物组织几乎无损伤且不会产生背景荧光等，非常有利于生物成像、药物载体以及光控技术平台的搭建。本实验主要制备一种化学性能稳定、发光强度较高的上转换发光纳米材料，并测试其上转换发光性能。

【实验目的】

(1)利用高温溶剂热合成方法制备出形貌均匀的稀土上转换发光纳米材料 NaYF$_4$:Yb,Tm；

(2)利用热注射方法在 NaYF$_4$:Yb,Tm 表面生长一层惰性壳层 NaYF$_4$，构筑 NaYF$_4$:Yb,Tm@NaYF$_4$ 核壳结构；

(3)利用光谱仪对 NaYF$_4$:Yb,Tm@NaYF$_4$ 核壳结构纳米材料进行上转换测试。

【实验原理】

1. 上转换发光机理

稀土上转换发光纳米材料通常由基质材料、稀土激活剂和敏化剂组成。基质材料一般有四个种类：稀土氧化物、稀土卤化物、稀土硫化物和稀土氟化物。其中，稀土氟化物由于独特的性能，例如，晶体场较弱、宽波长的光学透过性、折射率小、声子能量低，以及能降低激发态稀土离子在非辐射跃迁上的跃迁等，从而使得其能够提高上转换发光的效率。$NaYF_4$ 是目前被认为发光效率最高的基质材料[1,2]。稀土激活剂的作用主要是由稀土离子提供丰富的发光中心，常用的离子有 Ho^{3+}、Er^{3+} 和 Tm^{3+}。稀土敏化剂的主要作用是吸收能量并转移给激活剂离子，进而敏化其他稀土离子的发光，提高材料的发光性能，常用的离子有 Yb^{3+}。本实验制备一种典型的上转换发光材料 $NaYF_4$:Yb,Tm，其上转换发光过程的能级示意图如图 6-6-1 所示。由能级图可以看出，其上转换发光是一个复杂的多光子能量传递和转换过程。敏化剂 Yb^{3+} 的 $^2F_{7/2} \rightarrow {}^2F_{5/2}$ 能级跃迁与 980 nm 近红外光子能量相匹配，因此能够连续不断地吸收激发能量，进而传递给相邻的发光中心 Tm^{3+}，以布居 Tm^{3+} 的 $^3H_5$、$^3F_2(^3F_3)$ 和 $^1G_4$ 能级。Tm^{3+} 吸收 Yb^{3+} 传递过来的能量后，用于上转换发光的途径主要有以下三种：①$^3H_6$ 连续吸收 3 个光子的能量，跃迁到 $^1G_4$；②$^3H_6$ 首先连续吸收 2 个的光子能量后跃迁到 $^3F_2$ 能级，后经交叉弛豫过程 $^3F_{2,3} + {}^3H_4 \longrightarrow {}^3H_6 + {}^1D_2$，使得粒子布居在 $^1D_2$ 能级上；③布居在 $^1G_4$、$^1D_2$、$^3P_2$ 能级上的 Tm^{3+} 通过无辐射跃迁至 $^3F_{2,3,4}$、$^3H_{5,6}$ 等低能级，实现上转换发光。

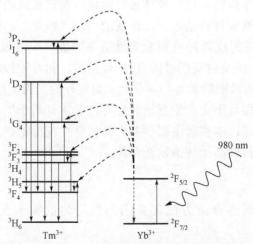

图 6-6-1　上转换发光材料 $NaYF_4$:Yb,Tm 的上转换发光过程的能级示意图。敏化离子 Yb^{3+}
吸收激发能后，直接将能量转移给激活剂离子 Tm^{3+}；点线箭头为光子激发途径；
向上实箭头为能量传递途径；向下实箭头为发射过程

2. 核壳型上转换发光纳米材料的优势

虽然上转换纳米材料具有优越的物化性能，如光稳定性、连续发射能力、锐利的多峰线发射等，在生物医学、催化等领域具有广泛应用前景。但是，纳米级别的尺寸容易诱导材料表面发生荧光猝灭效应，降低其上转换效率；此外，稀土离子之间也会发生相互作用，严重限制了上转换设计、有限的激发光收获能力和激发波长可调谐性等。因此，寻找可以有效提高稀土上转换纳米材料发光效率，并拓宽上转换性能及应用的方法尤为重要[3,4]。

通过制备"核@壳"型稀土上转换纳米材料，以上转换纳米材料为核心，在其周围构建一个小晶格失配的壳层，可以在可调控的范围内赋予核层特定功能，以此可有效解决传统上转换纳米材料的问题，改良上转换纳米粒子的光学性能，如图 6-6-2 所示。具体而言，这种"核@壳"型稀土上转换纳米材料具有如下优势：①通过壳层的外延生长，可以有效钝化稀土上转换材料的表面缺陷，降低敏化剂 Yb^{3+} 受激后的非辐射弛豫，从而把更多的能量传递给发光中心；②有效地抑制发光中心 Tm^{3+} 的激发态非辐射弛豫，降低其表面猝灭概率，使激发态能量更有效地转变成紫外-可见光上转换发光，大幅提高材料的上转换效率；③可以将不同稀土掺杂离子置于分离的壳层或核层中，使其在空间上隔离开，从而在纳米级别上实现对稀土离子之间相互作用的控制。这种可控的相互作用模式可以用于调控光子上转换的能量转移过程，实现对激发波长、发光颜色的控制。

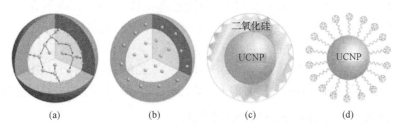

图 6-6-2　(a)惰性核壳纳米结构示意图；(b)活性核壳纳米结构示意图；
(c)无机核壳纳米结构示意图；(d)有机染料核壳纳米结构示意图

【试剂与仪器】

1. 试剂

三氟乙酸钠(98%)、1-十八碳烯(ODE，90%)、油酸(OA，90%)、油胺(OAM，70%)购自 Sigma-Aldrich 公司。氢氧化钠(96%)、氟化铵(NH_4F，96%)和三氟乙酸(TFA，99%)购自国药集团化学试剂北京有限公司。氧化钇(III)(Y_2O_3，99.99%)、氧化镱(III)(Yb_2O_3，99.99%)和氧化铥(III)(Tm_2O_3，99.99%)购自上海跃龙稀土新材料有限公司。所有化学品无须进一步纯化。

2. 仪器

电子天平(万分之一)、激光器 (MDL-H-980nm-5W)、恒温磁力搅拌器(RCT-basic S025)、智能温度控温仪(ZNHW-IV 型)、离心机(TG16K-11)、除水除氧装置一套、100 mL 三口瓶一个、冷凝管一个、磨口玻璃弯形抽气接头数个、高温搅拌子一个、橡胶管若干、干燥器一个。

【实验步骤】

本实验主要采用高温热分解法制备稀土上转换纳米晶。首先，我们制备了所需的三氟乙酸稀土盐，如三氟乙酸钇、三氟乙酸镱等，将它们添加到高沸点油酸/碳十八烯混合溶剂中。在氮气保护下升温，当温度升高到290～310℃ 时，三氟乙酸稀土盐前驱体裂解，从而生成稀土上转换发光纳米材料。此法可以得到粒径均一、可控、单分散的油溶性纳米晶材料。具体实验步骤如下所示。

1. 三氟乙酸稀土盐的合成

将烧杯洗净，向干净的烧杯中加入 50 mL 去离子水，边搅拌边滴加三氟乙酸约 6.2 mL(80 mmol)，然后将该混合溶液小心转移至 100 mL 的圆底烧瓶中，接着加入 3.94 g(10 mmol)氧化镱，接着放入转子，将圆底烧瓶固定在铁架台上，打开磁力搅拌器将氧化镱粉末均匀地分散在三氟乙酸水溶液中，装上冷凝管。然后将油浴的温度调至 110℃，继续搅拌至溶液变得澄清(此过程持续 1～5 h，视氧化物而定)，待澄清溶液的温度冷却至室温后，将其转移至烧杯中，置于加热板上将温度控制在 100 ℃ 以上将溶液蒸干，收集到的白色粉末即为三氟乙酸镱，存放于干燥器中备用。本实验中用到的三氟乙酸钇($Y(CF_3COOH)_3$)、三氟乙酸铥($Tm(CF_3COOH)_3$)分别以氧化钇(Y_2O_3)、氧化铥(Tm_2O_3)为原料，按上述步骤以相同的方法和用量制备可得。

2. 上转换纳米核($NaYF_4$:Yb,Tm)的合成

上转换纳米核($NaYF_4$:Yb,Tm)的合成实验装置如图 6-6-3 所示。

用精密天平准确称取三氟乙酸钇 0.077 g(0.29 mmol)、三氟乙酸镱 0.36 g(0.7 mmol)、三氟乙酸铥 0.005 g(0.01 mmol)、三氟乙酸钠 0.136 g(1 mmol)。将称好的粉末转移至三口圆底烧瓶中，然后加入油酸 2.82 g(10 mmol)、油胺 2.76 g(10 mmol)、1-十八碳烯 5.04 g(20 mmol)。首先室温下将该混合物在磁力搅拌器上搅拌均匀，并利用真空泵将圆度烧瓶中的空气抽掉；然后在真空环境中将该混合溶液加热至 110 ℃，这一步的目的是除去混合溶液中的氧气和低沸点的成分；随后，将该封闭体系充上氮气，将混合物迅速加热至310℃，并在 N_2 条件下维持 1 h；1 h 后，将加热罩取走，停止加热，继续搅拌至溶液自然冷却到室温。在反应完成后，向该混合物中

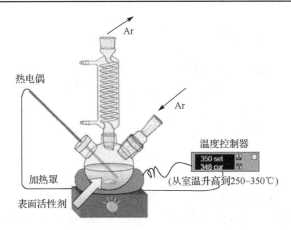

图 6-6-3　上转换纳米核(NaYF₄:Yb,Tm)的合成实验装置示意图

加入过量的乙醇，将合成的纳米粒子沉淀，然后转移至 50 mL 离心管中，8000 r/min 离心 8 min，将上清液小心地倒掉，把沉淀分散至 7～8 mL 环己烷中，超声使其充分分散在环己烷中，然后再次加入乙醇清洗，8000 r/min 离心 8 min，弃去上清，最后将沉淀分散至 10 mL 环己烷中，得到 α 相上转换颗粒。

接下来，将 α 相上转换转为 β 相，具体步骤如下：准确称取三氟乙酸钇 0.038 g (0.145 mmol)、三氟乙酸镱 0.179 g (0.35 mmol)、三氟乙酸铥 0.0025 g (0.005 mmol)、三氟乙酸钠 0.068 g (0.5 mmol) 转移至三口圆底烧瓶中，然后加入油酸 5.64 g (20 mmol)、1-十八碳烯 5.04 g (20 mmol)，接着加入 5 mL 上述合成的 α 相上转换纳米颗粒。在真空状态下将该混合溶液加热至 110℃，除去氧气及存在的低沸点物质。随后，将该混合物迅速加热至 310℃，并在 N₂ 氛围中加热搅拌 1 h。关闭加热套，溶液恢复至室温后向混合物中加入过量乙醇，然后转移至 50 mL 离心管中，8000 r/min 离心 8 min，弃去上清，将沉淀分散至 10 mL 环己烷中，超声使其充分分散在环己烷中然后加入乙醇清洗，转移至离心管中 8000 r/min 离心 8 min，弃去上清，将沉淀(NaYF₄:Yb,Tm)再分散至 10 mL 环己烷中备用。

3. 上转换核壳结构(NaYF₄:Yb,Tm@NaYF₄)的合成

将上述制备的 NaYF₄:Yb,Tm 胶体溶液 5 mL 分散在含三氟乙酸钠(1 mmol)、三氟乙酸钇(1 mmol)、油酸(20 mmol)和 1-十八碳烯(20 mmol)的混合物中。溶液在三口圆底瓶中缓慢加热至 110℃，真空搅拌 30 min，去除氧气和低沸点组分。溶液在 N₂ 氛围中加热至 310℃，加热 1 h。冷却到室温后，通过加入无水乙醇将纳米颗粒进行沉淀，然后离心除去上清，将沉淀分散至 10 mL 环己烷中，超声使其充分分散在环己烷中然后加入乙醇清洗，转移至离心管中 8000 r/min 离心 8 min，弃去上清，将沉淀(NaYF₄:Yb,Tm@NaYF₄)再分散至 10 mL 环己烷中备用。

4. 表征实验

TEM 表征：TEM 采用 JEOL2010 型透射电子显微镜测量，样品的制备过程为：取每步合成的上转换发光纳米颗粒原液 5 μL，加适量环己烷稀释（约稀释 20 倍），然后取 10 μL 滴至铜网上，待溶液自然挥干后在透射电子显微镜下观察颗粒形态是否规整（加速电压为 120 kV），分散性是否良好。

上转换发光纳米颗料的光谱采集：上转换发光光谱的测试使用 K98D08-30W 型 980 nm 激光器作为激发源，并采用光电倍增管（Hamamatsu，R955）来记录发射光谱，如图 6-6-4 所示。样品的制备过程为：取上转换发光纳米颗粒的原液 50 μL，加适量环己烷稀释，取 1 mL 该溶液置于荧光池中采集其荧光光谱。用 980 nm 激光照射（1.2 W/cm^2），采集核壳上转换纳米颗粒在 300～700 nm 范围内的荧光发射光谱。测定条件：激发波长为 980 nm，狭缝宽度为 5 nm，启动电压为 700 V，扫描范围 250～750 nm，扫描速度为 240 nm/min，收集原始数据作图。图 6-6-4 为装有 980 nm 激光器的上转换发光显微镜实验装置。

图 6-6-4   装有 980 nm 激光器的上转换发光显微镜实验装置

5. 细胞上转换成像实验

Hela 细胞用 DMEM（dulbecco's modified eagle medium）完全培养基（10%胎牛血清和 100 单位/L 青霉素-链霉素）在 37 ℃、5% CO$_2$ 培养箱中培养。当观察细胞生长数目达到培养皿的 80% 时可以传代或用于实验。上转换荧光成像的测试步骤如下：将 Hela 细胞接种在 6 孔板中，培养过夜后，加入含有上转换纳米颗粒的培养基溶液，继续培养一段时间。到达预定时间后，用 PBS 冲洗 3 次，然后用 2.5%的甲醛溶液（1 mL/孔）固定 10 min，再用 PBS 冲洗 3 次。其上转换荧光成像通过一台自组建的倒置荧光显微镜检测，激发光源是 980 nm 的激光器。

【实验表征】

1. NaYF$_4$:Yb,Tm 的 TEM 表征

通过高温溶剂法合成的 NaYF$_4$:Yb,Tm 上转换纳米晶，其表面均是疏水性的油酸

配体，不溶于水，但能溶于环己烷、氯仿等非极性有机溶剂。下面，我们对制备出来的 NaYF₄:Yb,Tm 进行表征分析。首先，使用 TEM 对纳米晶进行表征，以观察样品的形貌并统计纳米颗粒的粒径大小。图 6-6-5(a)，(b)即为 β 相 NaYF₄:Yb,Tm 在不同放大倍数下的 TEM 图，可以看出，利用高温溶剂热法制备出来的 NaYF₄:Yb,Tm 呈椭球形，均匀分布，尺寸均一；对 NaYF₄:Yb,Tm 颗粒进行粒径统计可以获知，制备出来的 NaYF₄:Yb,Tm 颗粒平均粒径为 35.4 nm。

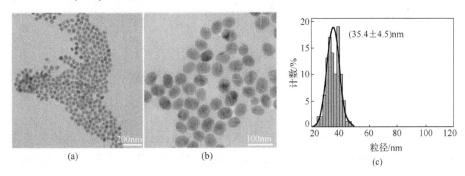

图 6-6-5　(a)，(b)β 相的 NaYF₄:Yb,Tm 的 TEM 图；(c)NaYF₄:Yb,Tm 的粒径分布统计图

2. NaYF₄:Yb,Tm@NaYF₄ 的 TEM 表征

在上转换纳米材料 NaYF₄:Yb,Tm 的表面，外延生长一层惰性核壳纳米结构 NaYF₄，以防止核表面主晶格缺陷，并隔断中心核与周围高能配体和溶剂的接触。这种惰性外延壳层造成的中心核与周围环境的隔离，可以防止表面稀土离子激发态猝灭及激发能量向周围环境的转移。图 6-6-6 是合成的 NaYF₄:Yb, Tm@NaYF₄ 纳米晶的示意图、TEM 照片以及粒径分布图。由 TEM 照片可以看出，制备的 NaYF₄:Yb,Tm@NaYF₄ 纳米晶由内核和外壳组成，且呈球状，分布较为均匀。对样品进行粒径分析，由粒子的粒径分布图可以看出，制备出的上转换发光纳米颗粒平均粒径是 100.7 nm。与 NaYF₄:Yb,Tm 核相比，纳米材料直径增加了 65.3 nm。

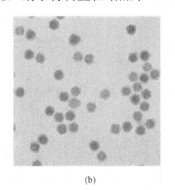

(a)　　　　　　　　　　　　　　(b)

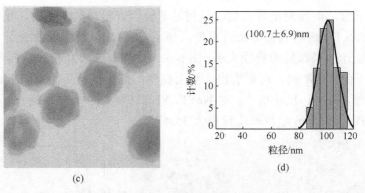

(c)　　　　　　　　　　(d)

图 6-6-6　NaYF$_4$:Yb,Tm@NaYF$_4$ 的 (a) 示意图；(b)，(c) TEM 图；(d) 粒径分布统计图

3. UCNP 的光谱采集

图 6-6-7 是制备的 NaYF$_4$:Yb,Tm 和 NaYF$_4$:Yb,Tm@NaYF$_4$ 的上转换发光图谱。可以看出，在 980 nm 近红外线激发下，NaYF$_4$:Yb,Tm 和 NaYF$_4$:Yb,Tm@NaYF$_4$ 均表现出上转换发光特征，发出了波长小于激发光波长的紫外-可见光。其中，NaYF$_4$:Yb,Tm 的上转换发光强度较低。这主要是由于，相比于块体材料，纳米材料的比表面积大，位于材料表面的原子或离子悬键、空位、位错等表面缺陷也随之增多。这些具有高活性的表面缺陷能够吸收附近的敏化剂 Yb^{3+}和发光中心 Tm^{3+}的能量，从而导致上转换发光的猝灭。

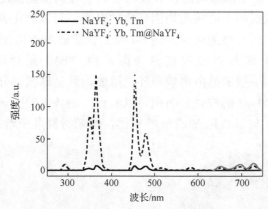

图 6-6-7　上转换纳米晶 NaYF$_4$:Yb,Tm 和 NaYF$_4$:Yb,Tm@NaYF$_4$ 的上转换发光图谱
（激发功率 1.0 W/cm^2）

相比于 NaYF$_4$:Yb,Tm 的上转换发光强度，核壳结构的 NaYF$_4$:Yb, Tm@NaYF$_4$ 上转换发光强度有大幅度提高，可达数十倍。这个结果直接证明，壳层的存在能够有效抑制表面猝灭效应，进而提高上转换发光效率。需要注意的是，由于上转换过程是非线性的，所以上转换发光强度与激发能量强度也密切相关。本实验中 980 nm

激光器的功率是 1.2 W/cm^2，也可以换用其他的激光器功率进行测试，测试的荧光数值会不相同，但是均存在 NaYF$_4$:Yb,Tm@NaYF$_4$ 的上转换发光强度大于 NaYF$_4$:Yb,Tm 的上转换发光强度，进一步证实了惰性核壳结构可以有效地抑制表面猝灭效应。

4. 细胞上转换成像

通过一台自组装的倒置荧光显微镜，可以检测上转换纳米材料在细胞中的上转换荧光成像。如图 6-6-8 所示，当纳米材料与细胞共培养 0.5 h 时，细胞内的上转换荧光信号很弱。随着培养时间的增长，上转换荧光信号逐渐增强，说明纳米材料能够逐渐被细胞吞噬。这一结果也说明，上转换纳米材料可以作为一种有效的荧光指示剂，用于细胞的上转换成像。

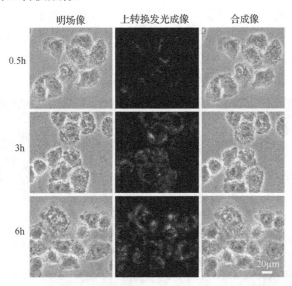

图 6-6-8　Hela 细胞与上转换纳米颗粒共培养的不同时间点的上转换倒置荧光显微镜照片

【实验结论】

上转换发光纳米材料能够通过多光子机制把长波段的光转换成短波段的光，即在近红外线（NIR）激发下，发射出可见光或紫外线。虽然上转换发光材料具有背景荧光弱、发光稳定性强、穿透深度大等优势，但其发光效率较低。如何能够有效地提高上转换发光效率，已经成为上转换发光材料得以进一步应用的关键。本实验通过制备核壳结构 NaYF$_4$:Yb,Tm@NaYF$_4$，有效降低了上转换纳米晶表面猝灭效应，以及减少了稀土离子之间的相互作用，进而提高了其上转换发光效率。

【拓展：上转换发光纳米材料的应用】

与传统荧光探针，如有机荧光染料和半导体量子点相比，上转换发光纳米材料具有一些独特的优势，如背景荧光弱、反斯托克斯位移大、吸收和发射峰窄、发光稳定性强、穿透深度大、空间分辨率高等。这些优点使得上转换发光纳米材料在太阳能电池、安全防伪、生物标记以及癌症诊疗等方面具有广泛的应用前景。接下来我们将重点介绍上转换发光材料在生物成像和肿瘤治疗这两方面的应用情况。

1. 生物成像

与传统荧光探针相比，上转换发光纳米材料的激发光源是近红外线，穿透深度较大，能够更有效地穿过生物组织。此外，上转换发光纳米材料具有锐利的多峰线发射，可以减轻生物体内的背景干扰。因此，上转换发光纳米材料常被用于深层组织的荧光成像。例如，Prasad 等[5]将 $NaYF_4$:Yb, Tm 上转换发光纳米材料尾静脉注射到小鼠体内进行活体成像（图 6-6-9）。实验结果表明，在 975 nm 的近红外线激发下，该纳米材料能够发出明亮的上转换荧光，且没有背景荧光的干扰。

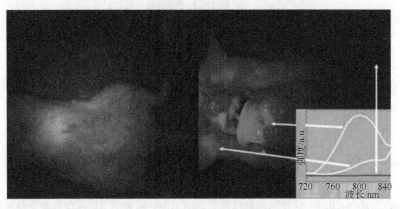

图 6-6-9　静脉注射上转换纳米材料的小鼠全身成像完整小鼠(左)，解剖后相同小鼠(右)；
向左的短箭头指向的表示来自上转换纳米颗粒的发射，向左的长箭头和
向上箭头指向的表示背景；插图给出了相应的荧光光谱

2. 肿瘤治疗

近年来，基于上转换发光纳米材料的光动力治疗(PDT)体系迅速活跃起来。通过在上转换发光纳米材料表面连接光敏分子，一方面可以实现光敏分子在肿瘤部位的富集，另一方面，在近红外线激发下，上转换发光纳米材料发出的紫外或者可见光可以激发光敏分子，产生单线态氧，从而有效杀死肿瘤细胞。例如，张鹏课题组[6]成功地将光敏分子 M-540 包裹在 $NaYF_4$:Yb, Er@SiO_2 复合物表面的硅壳层中。在 980 nm 近红外线的激发下，$NaYF_4$:Yb, Er 发出的可见光能够激发光敏分子 M-540 产生单线

态氧，从而杀死乳腺癌细胞 MCF-7/AZ，实现了上转换发光纳米颗粒在光动力治疗中的应用，如图 6-6-10 所示。

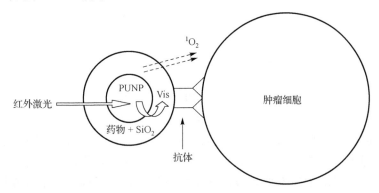

图 6-6-10　基于上转换发光纳米颗粒的肿瘤治疗体系设计原理图

【思考题】

(1) 在上转换纳米晶的合成过程中，是否需要无水无氧的环境？

(2) 核壳结构上转换纳米晶对上转换发光强度的增强原理是什么？

(3) 根据上转换发光特点，简单阐述上转换纳米材料在太阳能电池、安全防伪、生物标记等领域应用的优势。

【参考文献】

[1]　Zhang J, Zhao H, Zhang X, et al. Monochromatic near-infrared to near-infrared upconversion nanoparticles for high-contrast fluorescence imaging. J. Phys. Chem. C, 2014, 118: 2820-2825.

[2]　Boyer J, Vetrone F, Cuccia L, et al. Synthesis of colloidal upconverting NaYF$_4$ nanocrystals doped with Er^{3+}, Yb^{3+} and Tm^{3+}, Yb^{3+} via thermal decomposition of lanthanide trifluoroacetate precursors. J. Am. Chem. Soc., 2006, 128: 7444, 7445.

[3]　Mai H, Zhang Y, Sun L, et al. Highly efficient multicolor up-conversion emissions and their mechanisms of monodisperse NaYF4:Yb,Er core and core/shell-structured nanocrystals. J. Phys. Chem. C., 2007, 111: 13721-13729.

[4]　Vetrone F, Naccache R, Mahalingam V, et al. The active-core/active-shell approach: a strategy to enhance the upconversion luminescence in lanthanide-doped nanoparticles. Adv. Funct. Mater., 2009, 19: 2924-2929.

[5]　Nyk M, Kumar R, Ohulchanskyy T, et al. High contrast in vitro and in vivo photoluminescence bioimaging using near infrared to near infrared up-conversion in

Tm³⁺ and Yb³⁺ doped fluoride nanophosphors. Nano Lett., 2008, 8: 3834-3838.

[6] Zhang P, Steelant W, Kumar M, et al. Versatile photosensitizers for photodynamic therapy at infrared excitation. J. Am. Chem. Soc., 2007, 129: 4526, 4527.

实验7　基于再沉淀–包覆法制备纳米光敏剂及光动力性能的研究

光动力疗法(photodynamic therapy，PDT)是一种以光、氧、光敏剂的相互作用为基础对肿瘤等疾病进行治疗的新兴技术[1,2]。在特定波长光的辐照下，光敏剂发生光动力反应而产生以单线态氧为主的活性氧物质，进而诱导肿瘤细胞的凋亡或坏死。但在临床应用中，往往由于光敏剂分子溶解度低和易于聚集而极大地降低了光动力治疗的效果。利用纳米技术将光敏剂分子负载到纳米粒子内，以纳米光敏剂的形式来提高其水溶性和分散度(即 PDT 功效)是常用的一种解决方案。本实验主要利用简易的再沉淀–包覆法制备一种纳米光敏剂，并对其光动力性能进行测试分析。

【实验目的】

(1)掌握再沉淀–包覆法制备纳米粒子的原理和方法；

(2)了解光动力疗法的原理；

(3)了解有机分子聚集态对其光学性能的影响。

【实验原理】

1. 再沉淀–包覆法[3,4]

将一定质量比的疏水有机分子/有机硅氧烷的四氢呋喃(tetrahydrofuran，THF)混合溶液，在超声振荡条件下快速注入 pH 为 9 的水(溶有多聚赖氨酸(PLL))中，静置 2 h 后经纯水透析 24 h 即得到水溶性纳米粒子。纳米粒子形成过程如图 6-7-1 所示，注入水中的 THF 混合溶液在超声剪切作用下形成微液滴。由于 THF 与水是互溶的，微液滴中的 THF 迅速扩散到水中，留存的疏水有机分子周围的微环境则迅速由非极性转变为极性，在疏水作用下聚集形成纳米粒子；同时，纳米粒子中有机硅氧烷分子的烷氧基团在碱性环境下迅速水解和缩聚，在纳米粒子表面形成 SiO₂ 薄层，完成对纳米粒子的封装。纳米粒子由于表面硅醇基团而荷负电，进而在静电吸附作用下吸引水溶液中带正电的多聚赖氨酸分子，实现对纳米粒子的多聚赖氨酸壳层包覆。

2. 光动力疗法

光动力疗法(PDT)的组成要素主要有三个：激发光、光敏剂及分子氧，其具体作用机理如图 6-7-2 所示。在特定波长(通常对应于光敏剂的最大吸收波长)的光辐照下，处于基态的光敏剂分子吸收光子能量而跃迁到激发单重态。处于激发单重态

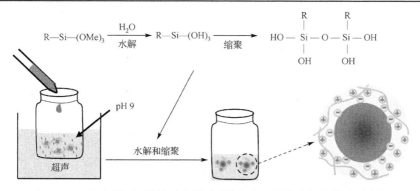

图 6-7-1　再沉淀-包覆法示意图(插图为硅氧烷的水解与缩聚过程)

的光敏剂, 一部分以非辐射跃迁的方式回到基态; 一部分通过辐射跃迁的方式回到基态, 发射荧光; 还有一部分通过系间窜越(ISC)方式到达激发三重态。处于激发三重态的光敏剂分子可以与周围的底物发生电子或能量转移, 产生具有高活性的自由基(如 O_2^-、·OH、H_2O_2 等), 也可以能量传递的方式将处于基态的氧分子转变成高氧化性的单线态氧。前者被称为 I 型光动力反应, 后者被称为 II 型光动力反应。这些自由基和 $^1O_2$ 等含氧且性质活泼的物质被统称为活性氧物质(ROS)。PDT 反应中产生的 ROS(主要以 $^1O_2$ 为主), 可以对生物蛋白、DNA 等大分子造成氧化损伤, 破坏肿瘤细胞器, 引起细胞功能紊乱、血管闭塞等, 从而直接或间接地引起肿瘤细胞的死亡或凋亡, 达到治疗肿瘤的目的。

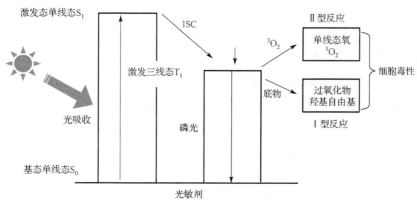

图 6-7-2　光动力疗法组成要素与典型光动力反应的示意图

【试剂与仪器】

1. 试剂

钛菁锌(ZnPc)、聚苯乙烯(PS)、正十二烷基三甲氧基硅氧烷(DTS)、1,3-二苯基异苯并呋喃(DPBF)、四氢呋喃、多聚赖氨酸(PLL)。所有化学试剂无须进一步纯化。

2. 仪器

电子天平(万分之一)、超声仪、微量移液器、激光器(633 nm)、紫外-可见分光光度计、纳米粒度仪(2S90，激发波长 633 nm)。

【实验步骤】

本实验主要采用再沉淀-包覆法制备负载 ZnPc 的纳米粒子，对其形貌和大小进行分析，通过吸收光谱研究纳米光敏剂中 ZnPc 的聚集情况，利用单线态氧探针评估纳米光敏剂的光动力性能。以下为具体实验步骤。

1. PLL 包覆纳米光敏剂(PLL-NP)的制备

通过再沉淀-共沉淀包覆法制备 PLL 包覆的杂化纳米光敏剂(PLL-NP)，以下为具体步骤。

(1)分别配制 PS、DTS、ZnPc 的四氢呋喃(THF)溶液，浓度分别为 2000 ppm (10^{-6})、2000 ppm 和 200 ppm。

(2)保持 PS 的量(50%)不变，通过增加 ZnPc(1%~10%)的量和减少 DTS(49%~40%)的量来配制不同质量比的混合溶液备用。

(3)使用浓氨水将高纯度去离子水的 pH 调节为 9，并取 7.68 mL 放入 20 mL 的玻璃瓶中，然后加入 0.32 mL 浓度为 1 mg/mL 的 PLL 水溶液。在超声振荡的条件下，取 500 μL 的混合溶液快速注入玻璃瓶中，30 s 后停止超声，将其取出并避光静置 2 h。

(4)将所得纳米颗粒悬浮液取出置入透析袋(分子量为 8000~14000)中，使用去离子水透析 24 h，每隔 3~4 h 换一次水，即得到 PLL-NP。最后将其取出放入 10 mL 离心管，在 4℃条件下避光保存，以备后续实验使用。

2. 纳米光敏剂的形貌和大小表征

取适量的 PLL-NP 分散液，滴到铝箔片上，待溶液挥发完全后进行喷金，然后使用扫描电子显微镜对其大小和表面形貌进行观察。纳米粒子的水动力学大小由纳米粒度仪 ZS90 测量，其配有 633 nm 激光器，检测角度为 90°，可检测粒径范围为 0.3 nm~5 μm。

3. 纳米光敏剂的光谱特性表征

吸收光谱测量：取 2 mL PLL-NP 水溶液置于比色皿中，吸收光谱仪的扫描速度为中速，波长扫描范围 400~800 nm。

ZnPc 分子在基质中易聚集成聚集体，从而影响其光动力疗效。ZnPc 在纳米颗粒中的聚集度可以根据其吸收光谱进行评估。如图 6-7-3 所示，在单分散状态(二甲基亚砜溶液)时，ZnPc 的 Q 吸收带由 609 nm(Q_x)和 684 nm(Q_y)两个窄峰构成；在纳米粒子内，Q 吸收带宽化红移，并且 Q_x 和 Q_y 的吸收强度发生变化。定义聚集度

(degree of aggregation，DOA)为两个吸收带峰值的比值，即 $DOA = Q_x/Q_y$，其中 Q_x 为 Q 带在高能量端(609 nm)的吸收峰值，Q_y 为 Q 带在低能量端(684 nm)的吸收峰值。DOA 值越大，则说明 ZnPc 在纳米颗粒中的聚集程度越严重。

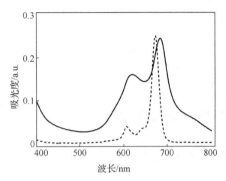

图 6-7-3　ZnPc 在 DMSO 溶液(虚线)和纳米粒子(实线)中的吸收光谱

4. 纳米光敏剂的光敏特性表征

取 20 mL DPBF 的 DMSO 溶液(1000 ppm)滴加到 2 mL 的 PLL-NP 水溶液中，而后在暗处用 633 nm 激光器辐照 2 min 并测量其吸收光谱(300～800 nm)，重复 10 次。单线态氧探针分子 DPBF 在 410 nm 处有特征吸收峰，当单线态氧存在时，DPBF 被消耗，410 nm 处的吸收值下降。PLL-NP 的单线态氧的产率通过测量在不同辐照时间的 DPBF 在 410 nm 处的吸收强度来确定。

【实验表征】

1. 纳米光敏剂的 SEM 和 DLS 表征

利用再沉淀-包覆法将 ZnPc 分子负载到以聚合物为基质的杂化纳米颗粒中。在疏水性物质缩聚形成纳米粒子的过程中，ZnPc 分子被高分子聚合物 PS 和 DTS "C—H" 链所捕获并随机地分布于颗粒核心内，形成负载 ZnPc 的纳米光敏剂。PLL 壳层的存在不仅有效地防止了 ZnPc 分子的泄漏，还进一步提高了纳米颗粒的生物相容性。由图 6-7-4 可以观察到，纳米粒子为球状形貌，并且具有良好的分散性。通过统计计算得出，纳米颗粒粒径大约为 90 nm，与通过动态光散射测得的粒径结果(约 100 nm)比较吻合。

2. 纳米光敏剂的光谱性能表征

制备 ZnPc 负载浓度由 1%(质量分数)到 10%(质量分数)的 PLL-NP，其吸收光谱如图 6-7-5(a)所示，可以看到，随着 ZnPc 负载浓度的提高，Q 带逐渐宽化，并且 Q_x 和 Q_y 的吸收强度变化不同，这是由聚集体的产生情况不同导致的。随后，利用之前定义的 DOA 来评估纳米粒子中 ZnPc 的聚集度。

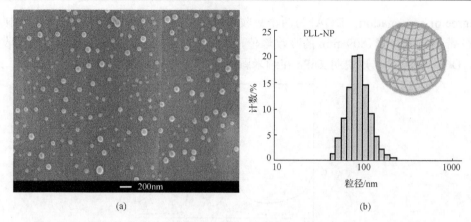

(a)　　　　　　　　　　　　(b)

图 6-7-4　共沉淀-包覆法制备的 PLL-NP 的(a)SEM 图片和(b)粒径分布统计图

　　ZnPc 在浓度为 1 ppm 的 DMSO 溶液中分散性非常好，近似为单体存在，基于其吸收光谱计算得到 DOA 的数值为 0.16。计算不同 ZnPc 负载浓度的 PLL-NP 的 DOA 值，以 0.16 作为参照值，可以得到相对 DOA 值，如图 6-7-5(b)所示，可以看出，在 1%～4%(质量分数，本页余同)的 ZnPc 负载浓度范围内(图中虚框所示)，PLL-NP 的相对 DOA 值在 2.5 附近略有波动，然后随着负载浓度的增加(4%～10%)，相对 DOA 值一直上升到 4.5 左右。也就是说，在较低的负载浓度下(< 4%)，ZnPc 分子的聚集较弱，并且较为稳定；但随着负载浓度的进一步增加(>4%)，ZnPc 分子的聚集开始加剧。从相对 DOA 值的角度来说，聚集度加剧的分界浓度大约在 4%，最优的负载浓度可能在 4%左右。

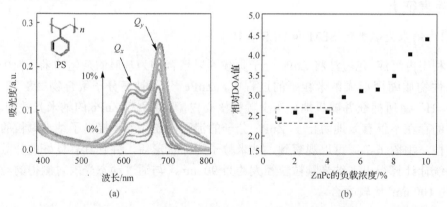

(a)　　　　　　　　　　　　(b)

图 6-7-5　不同 ZnPc 负载浓度 PLL-NP 的(a)吸收光谱和(b)相对聚集度值。ZnPc 负载浓度变化范围为 1%～10%，Q_x 和 Q_y 分别表示 Q 带在高能量端和低能量端的吸收峰值

3. 纳米光敏剂的光敏性能表征

　　我们使用 DPBF 作为单线态氧探针来检测 PLL-NP 纳米光敏剂的单线态氧

产率，即光动力功效。由图 6-7-6 可见，在光照条件下，DPBF 在 410 nm 处的吸收峰强度随着辐照时间而显著降低，表明单线态氧在逐渐产生。计算经过不同辐照时间的 DPBF 在 410 nm 处的吸收值，并进行归一化处理，可以看到其降低基本遵从线性规律。该部分实验结果表明了该杂化基质的纳米颗粒具有良好的透气性：氧气可向内扩散，在光照条件下，被光敏剂转化为单线态氧并能够向外扩散。

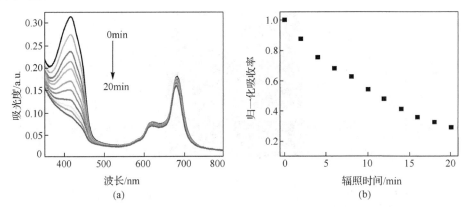

图 6-7-6　(a) PLL-NP(4%) 与 DPBF(10 ppm) 的混合溶液在 633 nm 激光辐照，2 min、4 min、6 min、8 min、10 min、12 min、14 min、16 min、18 min、20 min 后的吸收光谱；(b) DPBF 在 410 nm 处的归一化吸收率随辐照时间的变化图

【实验结论】

本实验利用再沉淀–包覆法制备了负载 ZnPc 的纳米光敏剂，对其光谱性质及光动力性能进行了分析和研究；利用纳米粒子阳离子聚合物 PLL 与纳米粒子表面荷负电硅醇基团的静电吸附作用，实现了对纳米粒子的表面包覆，不仅可有效地阻止 ZnPc 的泄漏，还可提高纳米颗粒的水溶性、稳定性和生物相容性；所制备的纳米粒子粒径分布均匀(约 100 nm)，在 4%(质量分数)负载浓度条件下具有较低的聚集度、最优的单线态氧量子产率和光动力疗效。

【拓展：纳米光敏剂在细胞成像中的应用】

激光共聚焦成像显微镜在细胞生物医学分析中占有重要的地位，不仅可以固定观测细胞形态、组织切片等，还可以提供实时动态的荧光检测和分析等。我们可以利用激光共聚焦系统对吞噬了纳米光敏剂的细胞进行荧光成像，观察其在细胞内的分布情况。首先将约 1×10^5 个 HepG2 细胞接种到 35 mm 共聚焦培养皿中并培养 24 h，然后清除培养基，加入含有纳米光敏剂(PLL-NP)的新鲜培养基，再培养 24 h。使用 PBS 将细胞清洗 3 次后，再使用激光共聚焦荧光显微镜对其成像，结果如图 6-7-7 所示。成像使用的激发光波长为 635 nm，红色荧光来自 ZnPc，发射波长的收集范围为 660～700 nm。由图中可以看到，负载 ZnPc 的纳米光敏剂具有良好的生物相容性，可以有效地被细胞吞噬，这主要得益于纳米光敏剂具有生物亲和性好的 PLL 壳层。吞噬过程主要依赖于细胞的内吞作用，纳米颗粒主要分布于细胞质及一些细胞器中，如线粒体、内质网和高尔基体等，但是不会进入细胞核中。

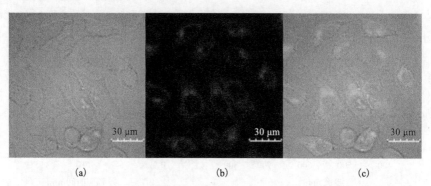

图 6-7-7　与 ZnPc-NP 共培养的 HepG2 细胞的明场成像(a)、共聚焦荧光成像(b)和两者叠加后的图像(c)。亮色荧光来自 ZnPc，收集范围为 660～700 nm，激发波长为 635 nm，标尺为 30 μm

【思考题】

(1)纳米粒子形成过程中疏水相互作用的原理是什么？

(2)光动力过程中单线态氧产生的原理是什么？

(3)酞菁类分子的可能聚集方式有哪几种？

【参考文献】

[1]　Shen Y Z, Shuhendler A J, Ye D J, et al, Two-photon excitation nanoparticles for photodynamic therapy. Chemical Society Reviews, 2016, 45(24): 6725-6741.

[2]　Ping J T, Peng H S, Duan W B, et al. Synthesis and optimization of ZnPc-loaded biocompatible nanoparticles for efficient photodynamic therapy. Journal of Materials Chemistry B, 2016, 4: 4482-4489.

[3]　Tai S, Hayashi N. Strong aggregation properties of novel naphthalocyanines. Journal of the Chemical Society, 1991, 8: 1275-1279.

[4]　Peng H S, Chiu D T. Soft fluorescent nanomaterials for biological and biomedical imaging. Chemical Society Reviews, 2015, 44: 4699-4722.

实验 8　硅 PN 结光电探测器的制备及光电性能测试

半导体光电探测器是一种半导体器件，可将光信号转换为电信号，在射线测量、光度计量、光通信、光纤传感、激光测距、导弹制导、红外热成像、红外遥感、工业自动控制等领域有重要应用，在激光唱片、商品条码读出、游戏枪等娱乐生活中也常见光电探测器的身影。本实验将利用半导体微纳加工工艺，制备一种最简单的硅 PN 结光电探测器，并测试其光电性能。

【实验目的】

(1) 熟悉半导体微纳加工技术，掌握一种简单半导体器件的制备工艺流程及技术；

(2) 熟悉半导体光电探测器工作原理，制备一种硅基 PN 结光电探测器；

(3) 利用实验室的测试条件，测试制备光电探测器的光电特性。

【实验原理】

1. 光电探测器的工作原理[1,2]

光电探测器是一种将光信号转换为电信号的半导体器件。

光子被探测器吸收后，器件内部原子或者分子的电子状态发生改变，这种效应称为光电效应。光电效应包括外光电效应和内光电效应，其中外光电效应是发生在物质表面上的光电转化现象，主要包括光阴极直接向外部发射电子的现象，典型的例子是物质表面的光电发射。而发生在物质内部的，比如内部载流子的光电转化，则是内光电效应。与外光电效应原理不同，内光电效应是指在光照条件下，价带电子吸收光子能量而跃迁至导带，引起材料内载流子浓度增加，电导率也随之变化的效应，如图 6-8-1 所示。基于内光电效应制备的光电探测器，其性能与它的吸收材料禁带宽度的大小、器件结构等有关。其光响应存在波长极限，只有波长小于该极限波长的光照在材料上，才能产生光电流并实现光信号的探测。

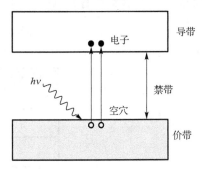

图 6-8-1　光生电子-空穴对

常见的半导体光电器件，包括光伏电池、光敏电阻、光电二极管、光电三极管、雪崩光电二极管等，都是应用内光电效应的器件。内光电效应和外光电效应二者的相同点在于，光电流的产生依赖于入射光的波长和频率。但是内光电效应中，入射光子是将材料内部电子从低能态激发到高能态，从而产生电子-空穴对，提高材料的电导率,即通过改变导电性能来检测光信号的变化。目前使用较为广泛的光电二极管就是一种基于内光电效应的半导体器件。

光电二极管由半导体材料制作而成,其主要结构为 PN 结。当入射光照射到 PN 结上时,发生跃迁产生电子-空穴对。在 PN 结内建电场及外加偏压作用下,光生电子-空穴对分别向结的两边漂移运动,从而产生光电流或光电压。PN 结光电探测器通常在反偏条件下工作,反向偏压用于增加内建电场、减小二极管的结电容,有利于提高光电二极管的响应速度和灵敏度,其工作原理图如图 6-8-2 所示。

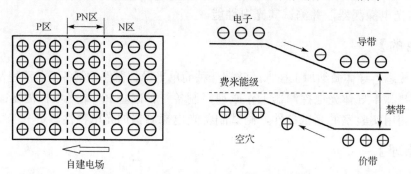

图 6-8-2　PN 结光电探测器原理示意图

为了改善其性能,通常会在 P 区和 N 区形成一个本征区,即 PIN 光电二极管。本征区的引入,使得耗尽层增宽,相对于 P 区和 N 区,本征层具有更高的电阻,所以反向偏压在这里降落更多,从而形成高电场区,使得光电转换的有效工作区域得到了增加,降低了暗电流,灵敏度也随之得到了提高。同时,由于本征层很厚,在反偏压下可承受更高的电压。如图 6-8-3 所示。

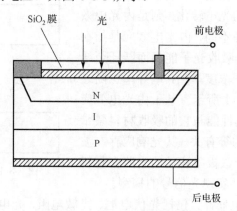

图 6-8-3　PIN 管的结构示意图

根据响应波长的不同,光电二极管有 Si、GaAs、InSb 等许多种。表 6-8-1 概括了部分半导体光电器件的特性参数与应用。

表 6-8-1　常见半导体光电器件特性参数与应用

光电器件	光谱响应/nm		灵敏度 /(A/W)	输出电流 /mA	光电响应 线性	频率响应 /MHz	暗电流 及噪声	应用
	范围	峰值						
CdS 光敏电阻	400～900	640	1A/lm	10～100	非线性	0.001	较低	集成或分离 式光电开关
CdSe 光敏电阻	300～1220	750	1A/lm	10～100	非线性	0.001	较低	
pn 结光电 二极管	400～1100	750	0.3～0.6	≤1.0	好	≤10	最低	光电检测
硅光电池	400～1100	750	0.3～0.8	1～30	好	0.03～1	较低	—
PIN 光电二极管	400～1100	750	0.3～0.6	≤2.0	好	≤100	最低	高速光电检测
GaAs 光电二 极管	300～950	850	0.3～0.6	≤1.0	好	≤100	最低	高速光电检测
HgCdTe 光电 二极管	1000～12000	与 Cd 组 分有关	—		好	≤10	较低	红外探测
光电三极管 3DU	400～1100	880	0.1～2	1～8	线性差	≤0.2	低	光电探测与 开关

2. 半导体工艺介绍[3]

1) 光刻

在半导体器件制备过程中，光刻是一项十分重要的基本工艺环节，其本质是将设计的掩模版上的图形转移到涂有光刻胶的硅片上，是一种包含众多复杂步骤、精度要求非常高的图形转移技术。光刻工艺的具体流程基本固定：首先，设计电路结构图形，并将其制作在光刻板(或掩模版)上；其次，利用光刻板，在紫外线条件下(包括紫外线(UV)、深紫外线(DUV)、极紫外线(EUV)等)，改变受光位置或遮光位置处光刻胶的性质，进而通过显影后将掩模版图形复制或翻转；复制的图形和原始图形是一模一样或者完全相反的，但比例不局限于 1∶1。由于光刻板图形制作精度要求高、光刻设备分辨率要求高等因素，光刻整个过程的成本相当高，但却是半导体器件及集成电路芯片制造中最关键的步骤之一。

光刻胶是一种聚合物，可以溶解于有机溶剂，光刻开始前均匀地涂在衬底上，是成功实现图形复制过程的光敏感类材料。在接受光照射之后，光刻胶性质发生变化，显影后复制需要的结构图形。光刻胶是其他后续工艺中掩护光刻胶下方区域的材料，防止被刻蚀或注入杂质等。光刻胶分为两种：正性光刻胶(正胶)和负性光刻胶(负胶)。其主要区别在于光刻胶在被光照之后性质如何变化。其中正性光刻胶主要由长链聚合物构成，在光照作用下会导致其长链断链，即发生软化，从而在显影剂中溶解度提高，可被溶剂溶解去除。使用正性光刻胶进行显影后，所得图像与原先的掩模版图形是一致的，如图 6-8-4 所示。与此相反的是负性光刻胶，在接受曝光作用后，聚合物间产生交联，发生一定程度的硬化，因此被曝光过的负性光刻胶部分在显影剂中溶解的难度提高，而未曝光的光刻胶则溶解难度相对降低，从而被去除的为未曝光部分。使用负性光刻胶显影后，图像与原来掩模版上设计的图形正好相反。

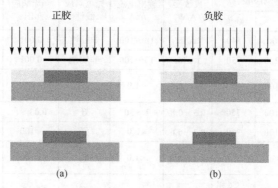

图 6-8-4　(a)正胶光刻显影和(b)负胶光刻显影

2)微纳工艺制备流程

微纳工艺制备流程如图 6-8-5 所示。

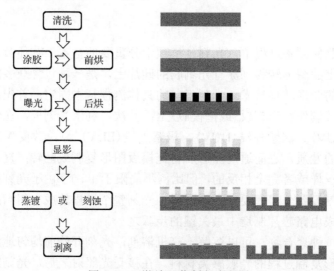

图 6-8-5　微纳工艺制备流程图

(1)底膜处理。

首先对外延片进行清洗使其洁净，然后进行脱水烘焙。在烘焙过程完成之后，使用六甲基二硅胺烷(HMDS)进行处理，以增加外延片与光刻胶之间的黏附性。

(2)涂胶。

在甩胶机上进行涂胶。根据具体实验要求，选择合适的正性光刻胶或者负性光刻胶。根据胶厚要求，设置合适的涂胶转速及时间，将光刻胶涂在样品片上。

(3) 前烘。

前烘也被称为软烘，软烘的主要作用是利用烘烤蒸发的作用，将光刻胶中的残余溶剂去除，从而减少对后续工艺过程的影响。烘焙的时间和温度，应该根据胶的类型和工艺条件的不同设置适当参数。进行适当软烘可以进一步提高光刻胶的黏附性。不可忽视的是，溶剂能使涂覆的光刻胶变得更薄，但烘烤导致的热量吸收会影响光刻胶的黏附性大小。如果过度烘烤，则会使光刻胶聚合在一起，从而降低光刻胶的感光灵敏度；但是如果烘烤不够，同样将会影响光刻胶的黏附性以及曝光效果。

(4) 对准和曝光。

对准过程和曝光过程是光刻过程中起重要作用的，也是十分复杂和有难度的步骤，其作用是实现图形从掩模版到衬底的复制转移。对准方法一般分为两步，第一步为预对准；第二步是通过位于切割槽上的对准标志，进行套刻，以此来保证掩模版上的图形与硅片上前几步已经光刻形成的图形之间的对准。在将掩模版和已均匀涂抹光刻胶的外延片精确对准之后，即可进行曝光处理。此时光刻胶的光敏成分经过照射后性质发生变化，从而达到掩模版上的图形转移到光刻胶膜上的效果。与曝光有关的参数包括样品与光刻板接触模式选择(接触式、接近式、投影式三种)、曝光时间、曝光能量等。

(5) 显影。

显影，顾名思义，是指显示出光刻图形的工艺。在曝光后将包含光刻胶的衬底泡在化学显影剂中，对正性光刻胶而言，光刻胶上经过曝光之后的区域与显影剂发生化学反应，该部分光刻胶软化并溶解，光刻胶其他部分不受影响，这样就完成把掩模版上设计的图形转移到光刻胶上的过程。显影液浓度和显影时间将决定显影的效果，它们根据不同的光刻胶材质而有所不同。

(6) 后烘。

显影后进行坚膜处理，即热烘稳固光刻胶，使光刻胶里面残余的溶剂完全挥发掉，进一步提高光刻胶在离子注入或刻蚀过程中对下表面的保护能力。热烘温度一般高于软烘的温度，但温度不要太高，因为高温会接近光刻胶熔点，导致光刻胶液化流动，破坏已经成形的图案。

(7) 显影后检查。

在完成显影之后，必要的一步是进行图形检测，即对图形特征尺寸、表面缺陷以及光刻图案样貌等进行检查，确保其符合要求，能满足后续的刻蚀或离子注入等工艺要求。如果确认光刻图形有缺陷，则需要去除光刻胶，重新进行光刻。

3) 刻蚀

刻蚀是将光刻得到的胶膜图形转移到衬底片薄膜上，光刻胶膜的覆盖起到保护膜下覆盖部分的作用，用化学反应或物理作用的方式去除没有光刻胶覆盖保护的薄膜，达到图形转移的效果。有光刻胶保护的区域在刻蚀中未被明显地侵蚀，而与此相对应的是，无光刻胶保护的区域则被显著地侵蚀。未溶解掉的光刻胶掩蔽膜用来在刻蚀中保护样品上的特殊区域而选择性地刻蚀掉未被光刻胶保护的区域，实现特定图形的生成。可见，刻蚀即是指用化学方法或物理方法有选择性地从样品表面人为可控地去除不需要的材料部分的过程。刻蚀的主要目的就是在涂胶的样品上正确地复制掩模版图形。掩模可以采用光刻胶或其他介质。

在常规半导体工艺过程中，常见的刻蚀分为干法刻蚀和湿法刻蚀。干法刻蚀是指把样品表面暴露于等离子体中，将等离子体加速通过光刻胶中开出的窗口中，与窗口内样品发生物理或化学反应，进行刻蚀。湿法刻蚀则是在液体中进行刻蚀，无胶保护的地方被腐蚀。湿法刻蚀常用于样品尺寸较大的情况下。湿法刻蚀也可用来刻蚀样品上的某些特定材料层，或者是用来去除干法刻蚀后的样品表面的残留物。

4) 掺杂（离子注入或扩散掺杂）

掺杂是指通过离子注入、扩散等方式，在半导体材料的晶体结构中引入一定量的杂质，以改变半导体材料电学性能。一般常用的掺杂方法有两种，分别是离子注入和扩散。

离子注入过程一般是利用杂质离子轰击样品，使杂质离子进入样品。杂质原子先被电离，再经高压电场加速获得极大动能，轰击到晶圆片表面实现离子的注入。离子注入是物理过程，一般无化学反应，在高真空下进行。高能杂质离子轰击基片会引起晶体结构的严重损伤，可能引入较多的缺陷。注入离子能量越高，离子质量越大，对材料的损伤也越大，所以一般离子注入主要用于轻原子的浅掺杂。晶体损伤可采用高温退火进行修复。

扩散是物质的一个基本运动，原子、分子和离子都有从浓度高的地方向浓度低的地方运动的趋势。扩散掺杂是半导体掺杂的重要手段之一，扩散工艺过程有固态源扩散、液态源扩散和气态源扩散三种。

5) 钝化

器件表面钝化技术可以将金属与腐蚀介质完全隔离开来，从而减少器件氧化层中的各种电荷，阻挡可能存在的离子沾污，使器件表面的电特性不受影响，并且有效地保护器件内部的电学互连。除此之外，器件表面钝化技术还可以防止器件在转移过程中的机械损伤以及后续工艺中的化学损伤。器件表面钝化一般是金属与氧化物作用，在样品表面生成非常薄、致密性大、覆盖性良好、牢固吸附在金属表面的钝化膜。器件表面钝化层使用较多的材料有 SiO_3、Si_3N_4 等，一般采用沉积、溅射等方法来进行钝化。钝化可以减小表面复合，降低探测器的暗电流。

6) 金属电极沉积及欧姆接触

在需要的地方沉积金属形成电极。当半导体与金属紧密接触时，形成欧姆接触或肖特基接触。欧姆接触是指两者之间的接触电阻值在远小于半导体本身电阻时的接触，起到互联的作用，在金属/半导体界面压降很小，不影响器件之间的性质。一般情况下，要形成良好的欧姆接触，一是需要金属与半导体间满足功函数匹配；二是在半导体内掺入高浓度的杂质，降低半导体耗尽区的宽度，这样载流子可以穿过势垒，增加隧穿概率，降低接触电阻的阻值。欧姆接触材料使用较多的是铝薄膜，与 SiO_2 等介质膜黏附好、电导率高、制备工艺简便、易于键合，可以满足绝大多数固体器件的要求。

退火可以改善金属与半导体的接触，减小接触电阻，提升器件性能。

【实验步骤】

为了制备半导体光电探测器，我们选取硅材料作为衬底，通过微纳加工工艺，制备出半导体光电探测器。具体实验流程如下：

(1) 取 (100) N 型硅衬底，电导率为 $0.001\ \Omega \cdot cm$，将样品切成 $2\ cm \times 2\ cm$ 大小，采用丙酮、乙醇煮沸清洗，大量去离子水冲洗，烘干；

(2) 在硅衬底上采用等离子体增强化学气相沉积 (PECVD) 方法沉积 200 nm SiO_2，沉积温度为 350℃；

(3) 在烘箱内或热板上烘干：涂六甲基二硅胺烷 (HMDS) 烘干，涂光刻胶烘干，期间清洗光刻板并烘干；

(4) 开光刻机，将样品固定于光刻机样品台，调整样品与掩模版间的角度，对准，压紧，曝光；

(5) 显影；

(6) 离子注入，形成 PN 结；

(7) 丙酮中煮沸，去光刻胶；

(8) 高温退火，修复离子注入造成的晶格损伤，激活掺杂离子，形成替位结构；

(9) 清洗样品，烘干，涂六甲基二硅胺烷烘干，涂光刻胶烘干；

(10) 进行二次光刻，形成上电极窗口并预留入光孔；

(11) HF 缓冲溶液中去除电极图形中的 SiO_2；

(12) 金属蒸镀金属铝；

(13) 将样品置于丙酮中浸泡煮沸，进行带胶剥离 (lift-off)，形成上电极；

(14) 清洗样品，在样品背面蒸镀金属铝形成背电极；

(15) 在含 10%氢气的氮气氛围中进行 450℃退火，形成欧姆接触；

(16) 完成 PN 结探测器的制备。

【光电性能表征】[4,5]

(1) IV 特性。

利用探针台，探针接触 PN 结探测器的上下电极，并连接安捷伦 (Agilent) B1500A

半导体参数分析仪，将光纤耦合至探测器的入光窗口，测试黑暗条件下及光照条件下的电流。

(2)响应度。

实际的光电探测器中，用实验测量法来表征量子效率。作用到探测器后所产生的光电流的大小与入射光功率的比值，定义为响应度（$R_0 = I / P$），单位为 A/W。

(3)暗电流。

将不加光时，反向偏置条件下对应的电流称为器件的暗电流。暗电流是衡量器件性能指标的重要参数。

(4)量子效率。

当入射到探测器光敏面上的光子能量大于等于吸收层材料的禁带宽度时，就能通过本征激发产生光生载流子，耗尽区内产生的电子空穴对在电场作用下分别被电极收集，进而产生电流。量子效率就是用来描述这种光电转换能力的物理量，它是半导体光电探测器设计时需要考虑的重要指标之一。忽略光在表面重掺杂区的吸收，则外量子效率可以定义为单位入射光子经半导体内部后被收集到的电子空穴对数目：

$$\eta_0 = (1 / q) / (P / hv) \tag{6-8-1}$$

【实验仪器与测试过程】

1. 实验仪器

设备包括探针台、安捷伦 B1500A 半导体器件分析仪和光纤输出台式光源。

1)探针台

探针台如图 6-8-6 所示。探针台的探针在光学显微镜辅助下可以与半导体器件的上下金属电极接触，通过同轴电缆与半导体参数分析仪连接，用于测试器件的电学特性。器件测试示意图见图 6-8-7。

2)安捷伦 B1500A 半导体器件分析仪

安捷伦 B1500A 半导体器件分析仪是一款用于器件表征的综合解决方案。它支持 IV、CV、脉冲 IV 及快速 IV 测量，可对器件、材料、半导体、有源/无源元件以及任意电气器件进行各种电气表征和评测。模块化结构有利于根据测试需求随时把仪器升级到 10 插槽配置。嵌入式 Windows 7 和 Easy EXPERT 软件借助图形用户界面（GUI），可执行高效、数据可恢复的器件表征。安捷伦 B1500A 是唯一一款能够适应多种测量需要的器件分析仪，具备极高的测量可靠性和易于使用的测试环境，可实现高效、数据可恢复的器件表征。安捷伦 Easy EXPERT 是一款基于图形用户界面软件，在安捷伦 B1500A 嵌入式 Windows 7 中运行。它支持基本的 IV、CV 扫描，

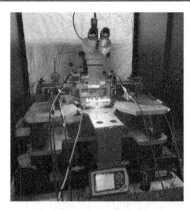

图 6-8-6　探针台

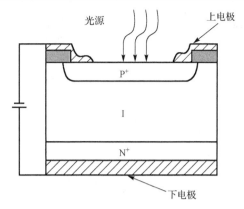

图 6-8-7　硅 PN 结光电探测器及测试示意图

超快速 IV 和脉冲 IV 测量等。Easy EXPERT 软件提供测试环境，支持在器件表征时采取直观的操作、分析与探测。该半导体器件分析仪可以对半导体光电二极管进行 IV 扫描，获得其 IV 特性曲线。

3)光纤输出台式光源

光纤输出光源是基于微处理器控制的半导体激光光源。该产品能够支持分布式布拉格反射镜(DFB)、法布里-珀罗谐振腔(FP)、泵浦激光器(PUMP)、超辐射二极管(SLED)多种类型的激光器，并且支持高达 500 mW 的光功率输出。该系列产品可用于器件测试、光功率计校准等。

该光纤输出台式光源可以输出 600 nm、850 nm、1310 nm 以及 1550 nm 等四个波段的光，将光耦合在半导体光电二极管上，可以得到光电流。

2．测试过程以及测试环境

1)连接实验仪器

将连接探针的电缆与半导体器件分析仪连接，连接测试光源的电源，将测试光源耦合至光纤，通过探针台将光纤与器件入光窗口耦合，将探针台探针连接半导体光电探测器的上下电极(图 6-8-7)。

2)暗电流测试

关闭室内光源，放下探针台遮光罩，控制半导体器件分析仪输出步长为 0.1 V 的电压信号，得到器件的 IV 特性，进而可以得到器件的暗电流信号、开启电压、击穿电压等信息，并记录相关实验数据。

3)光电流测试

光纤输出台式光源输出光功率为 1.0 mW，硅探测器的探测光源可以选择 650 nm、750 nm、850 nm 等波长的激光光源。将光源电源开关打开，采用半导体参数分析仪提供步长为 0.1 V 的电压信号，并测得光电流信号，记录相关实验数据。器件暗电流及光电流谱如图 6-8-8 所示。

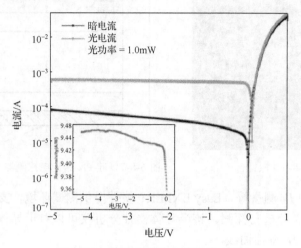

图 6-8-8　探测器的暗电流及光电流

4)测试环境

温度为 300 K，暗电流测试时保持无信号光与自然光。

【实验结论】

本实验通过微纳加工工艺，制备了一种最简单的硅 PN 结光电探测器；利用半导体光电测试平台，测试其 IV 特性，硅 PN 结光电探测器对 650 nm、750 nm、850 nm 等波长的光有很好的光响应。

【思考题】

(1)如果要实现 1550 nm 光的探测器，我们该如何做？

(2)为什么入射光波长变化后探测器的光响应会发生变化？

(3)如何测试探测器的光电流谱？

【参考文献】

[1] Neamen D A. 半导体物理与器件. 赵毅强, 姚素英, 史再峰, 等译. 北京: 电子工业出版社, 2018.

[2] 刘恩科, 朱秉升, 罗晋生. 半导体物理学. 4 版. 北京: 国防工业出版社, 1994.

[3] 张渊. 半导体制造工艺. 2 版. 北京: 机械工业出版社, 2017.

[4]　余金中. 半导体光子学. 北京: 科学出版社, 2015.

[5]　Cheng B W, Li C B, Yao F, et al. Si membrane resonant-cavity-enhanced photodetector. Appl. Phys. Lett., 87(6): 061111, 2005.

实验 9　锂离子电池的制备与电学性能测试

锂离子电池是指用两种能够可逆地嵌入与脱嵌锂离子的化合物分别作为正负极的二次电池，该类电池通过锂离子在正负极之间来回运动来完成充放电，它具有开路电压高、能量密度大、循环寿命长、安全性能好、自放电率低、工作温度范围宽、无记忆效应、环境友好等优点，但也具有成本较高、需配备保护电路等缺点。本实验将引导学生自主设计与制作生活中常见的扣式锂离子电池，并对其进行电学性能测试。

【实验目的】

(1) 理解锂离子电池的工作原理；
(2) 理解和掌握锂离子电池负极材料的制备技术；
(3) 学习并掌握锂离子扣式电池的制备工艺与组装技能；
(4) 学习并了解锂离子电池的电学性能的测试方法。

【实验背景与原理】

1.　锂离子电池工作原理及其优点[1-4]

传统的锂离子电池的正极材料一般采用锂过渡金属含氧酸化物 Li_xCoO_2、Li_xNiO_2 或 $Li_xMn_2O_4$；负极材料采用锂-碳层间化合物 Li_xC_6；电解质为溶有锂盐 $LiPF_6$、$LiAsF_6$、$LiClO_4$ 等的有机溶液；多孔薄膜作为隔膜。如图 6-9-1 所示，当对电池进行充电时，正极的含锂化合物有锂离子脱出，锂离子经过电解液运动到负极。负极的碳材料呈层状结构，有很多微孔，到达负极的锂离子嵌入碳层的微孔中，嵌入的锂离子越多，充电容量越高。当对电池进行放电时(即我们使用电池的过程)，嵌在负极碳层中的锂离子脱出，又运动回正极。回正极的锂离子越多，放电容量越高。通常所说的电池容量指的就是放电容量。在锂离子电池的充放电过程中，锂离子处于从正极→负极→正极的运动状态。

锂离子电池的充电过程分为两个阶段：恒流充电阶段和恒压电流递减充电阶段。锂离子电池过度充放电会对正负极造成永久性损坏。过度放电导致负极碳片层结构出现塌陷，而塌陷会造成充电过程中锂离子无法插入；过度充电使过多的锂离子嵌入负极碳结构，而造成其中部分锂离子再也无法释放出来。

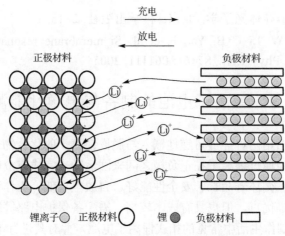

图 6-9-1　锂离子电池充放电示意图

锂离子电池的优点包括：①高能量密度。锂离子电池的质量是相同容量的镍镉电池或镍氢电池的一半，体积是镍镉电池的 20%～30%，镍氢电池的 35%～50%。②高电压。一个锂离子电池单体的工作电压为 3.7 V(平均值)，相当于三个串联的镍镉或镍氢电池。③无污染。锂离子电池不含有诸如镉、铅、汞之类的有害金属物质。锂离子电池不含金属锂，因而不受航空运输关于禁止携带锂电池等规定的限制。④循环寿命高。在正常条件下，锂离子电池的充放电周期可超过 500 次，磷酸铁锂则可以达到 2000 次。⑤无记忆效应。记忆效应是指镍镉电池在充放电循环过程中，电池的容量减少的现象。锂离子电池不存在这种效应。⑥快速充电。使用额定电压为 4.2 V 的恒流恒压充电器，可以使锂离子电池在 1.5～2.5 h 内就充满电；而新开发的磷酸铁锂离子电池，已经可以在 35 min 内充满电。

2. 电池的主要组件

以纽扣半电池为例进行介绍。图 6-9-2(a)为常用纽扣半电池正负极示意图。这类电池外壳型号开头的两个英文字母代表电池的适用体系。CR 和 BR 开头的型号中，若首字母为 C，代表电池是以锂金属为负极、二氧化锰为正极的体系；若首字母为 B，代表电池是氟化碳聚合物锂电池(poly-carbonmonofluoride lithium coin batteries)体系。第二个字母都是 R，代表该类电池的外形为圆形(相应地，此处字母如果为 F，代表电池为方形)。两者都可用于锂离子模拟电池组装，实验室一般采用 CR 系列的扣式电池壳，其性能更加稳定且密封性良好，适用温度为−20～70℃。如 CR2032，代表以锂金属为负极，MnO_2 为正极的体系，外形为圆形(R)，电池直径为 20 mm(20)，电池厚度为 3.2 mm(32)。其内部结构主要包括正极片、负极片、电解液、隔膜、集电器、支撑片以及扣式电池壳等，如图 6-9-2(b)所示。

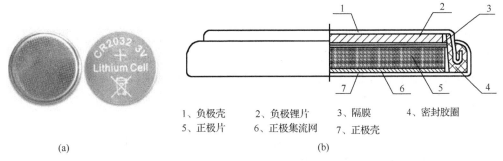

1、负极壳　　2、负极锂片　　3、隔膜　　4、密封胶圈
5、正极片　　6、正极集流网　　7、正极壳

(a)　　　　　　　　　　　　　　　　　　(b)

图 6-9-2　纽扣半电池的(a)正负极示意图和(b)结构示意图

下面将对扣式半电池的各部分组件进行逐一介绍。

(1)正极片。

电极是电池的核心部分，由活性物质和导电骨架组成，其中活性物质是电极中参加成流反应的物质，决定着电池的基本性能。锂离子电池的正极活性物质采用含锂的层间化合物，为了获得较高的单体电池电压，应选择高电势的嵌锂化合物。可以采用涂布后压片的方法制备正极电极片，正极片一般有油性和水性两个体系。油性体系中，可将磷酸铁锂正极材料与 N-甲基吡咯烷酮(NMP)搅拌得到混合悬浊液，均匀涂布在铝箔上，烘干后裁剪压片；也可采用刮刀均匀涂布材料于铝箔上，再进行烘干裁剪。水性体系中，可将磷酸铁锂正极材料混合聚四氟乙烯(PTFE)乳胶、导电炭黑，采用对辊机压制，得到均匀薄片，再进行烘干裁剪。

(2)负极片。

负极片应具有尽可能低的工作电压、足够多的锂离子嵌入量和良好的锂离子嵌脱可逆性，从而使锂离子电池的电压高、容量大、循环寿命长。模拟电池中通常采用金属锂片作为负极。

(3)电解液。

电解液是指电池中传导锂离子的锂盐有机溶液。电解液不能传导电子，但可作为锂离子的传导介质，使锂离子在正负极之间来回转移。在电池的发展中，一种溶剂或混合溶剂的选择恰当与否，会直接影响到电池的性能和寿命。在锂离子电池中所采用的溶剂应是疏质子，且对锂具有热力学稳定性。它不仅在很宽的温度范围内有良好的稳定性、高介电常量、对锂盐的溶解能力强，而且还要有很宽的电化学窗口。电解液主要是采用锂盐和混合有机溶剂所组成的材料。

实际工业生产中，不仅有液态电解液，还有胶态和固态的聚合物锂离子传导介质。三者可被统称为锂离子传导电解质。锂盐是锂离子传导的主要作用成分，液态电解液中，一般将锂盐溶于两种或多种的液态有机混合溶剂中。常用锂盐主要有 $LiPF_6$、$LiClO_4$等。常用的电解液有机溶剂主要是碳酸丙烯酯(PC)、碳酸乙烯酯(EC)、碳酸二甲酯(DMC)、碳酸二乙酯(DEC)、甲乙基碳酸酯(MEC)等组成的二元或者三元的混合溶剂。

(4)隔膜。

电池中隔膜的作用是防止正负极活性物质的直接接触，从而避免了电池内部的短路以及活性物质的脱落。隔膜应具有良好的化学稳定性、离子导电性和电子绝缘性等特点，并具有一定的机械强度。锂离子电池中常用的隔膜为聚烯烃薄膜，如聚氯乙烯(PVC)、聚偏二氯乙烯(PVDC)、低密度聚乙烯(LDPE)等。

(5)集电器。

圆形铝片，半径比电池壳略小。如在 2032 电池中，铝片直径为 15.8 mm。有多种常用的厚度，实验室中推荐使用厚度为 1 mm 的铝片。铝片可与电池壳配套购买使用。

(6)支撑片。

一般为弹簧片或泡沫镍，可起到支撑电池内部结构的作用。在其支撑下，电池内部部件的接触紧密平坦，从而导电性良好。弹簧片和泡沫镍的支撑效果都可以满足模拟电池结构的稳定。二者各有所长，使用弹簧片，可以省去裁剪泡沫镍的时间和工序；使用泡沫镍，可以省去铝片集电器，使组装电池的工艺更简单。

(7)扣式电池壳。

CR-型扣式电池壳具有价格便宜、组装简易、性能稳定的特点。在锂离子电池材料的电化学性能表征中，常以此为外壳组装模拟电池。其稳定性、密封性良好，适用温度为–20～70℃。工业上使用其作为商业化扣式锂离子电池的外壳。

【设计思路与参考方案】[5]

研究锂离子电池的关键技术是选用能在充放电过程中嵌入和脱出锂离子的正负极材料以及选用合适的电解质材料。

1. 模拟电池部件的制备

(1)制备正极片。

这里采用油性体系制备正极片，以氧化镍：聚偏氟乙烯：炭黑(NiO：PVDF：C=8：1：1)的质量比配备，并用 NMP 溶剂调制为均匀浆状，将浆状物均匀地涂布于铜箔表面，烘干后压片。(一般正极材料的质量比不应低于 75%，因为正极材料比重太低则没有实际意义；炭黑和聚偏氟乙烯(PVDF)都不能低于 5%，因为炭黑比重太低无法保证正极的电导率，黏结剂比重太低无法保证复合材料黏结性能。调整质量比需要大量的经验积累，应该在保持导电性和材料强度的前提下，尽量提高正极材料的质量比。)

(2)裁剪电极片。

利用机械裁片机裁剪。

（3）计算正极材料含量。

使用机械制备出的铝箔，批次稳定。直接对空白铝箔裁片称重，然后将实验中得到的正极片质量与该质量取差值，则得到正极材料的质量。

（4）裁剪隔膜。

要求：隔膜应该可以恰好装入电池壳，整体平整、形如满月、边缘圆滑，恰好可以和电池壳的内壁紧密贴合。

2. 模拟电池的组装

模拟电池的组装一般分两步：手套箱内组装和手套箱内压制。组装必须在手套箱内完成，原因在于锂离子电池中所用的电解液中的锂盐化学活性高，在空气中容易与氧气和水蒸气发生反应，进而失效。手套箱是将高纯惰性气体充满箱内，通过惰性气体不间断的循环，以及化学触媒持续过滤的方法，除去箱内的氧气、水蒸气等各种活性物质。

组装顺序：正极壳→正极片→2 滴电解液→隔膜→2 滴电解液→负极锂片→集电器→弹簧片→负极壳。

压制：在真空手套箱内操作，利用压片机压制得到扣式电池：用镊子夹起完成的电池（注意：镊子应夹紧，保证此时不发生漏液、内部滑移等现象），置入压片机前，采用纸巾擦净电池表面。将电池用镊子夹紧，正极朝上置入压片槽。采用 1500 N/cm^2 的压强压制电池。压制 5 s 即可松开压片机油阀，取出成品电池。

3. 电池性能的测试

（1）电池容量性能测试。

单位：mA·h/g，表示以 1mA 电流持续 1 h 过程中流过的电量。

（2）电池倍率性能测试。

5c 倍率放电，指一小时循环充放电 5 次。

（3）电池循环性能测试。

循环次数、首次放电容量、保留容量、循环效率 η（η=（首次放电量/保留容量）×100%）。

（4）电池其他性能测试。

一般用于工业，包括电池的低温放电性能、高温放电性能、长时间过充测试、针刺测试、挤压测试、高压充电测试等。

【实验过程】

1. 实验仪器与试剂

实验仪器：电子天平、管式炉、打孔器、真空干燥箱、直流快速热压烧结机（压片）、真空手套箱。

实验试剂：六水合氯化镍（NiCl$_2$·6H$_2$O）、聚偏氟乙烯（PVDF）、N-甲基吡咯烷酮（NMP）、炭黑、铜箔、锂片。

2. 实验步骤

(1)制备正极片。

(a)称取 2.0000 g NiCl$_2$·6H$_2$O，在管式炉中 350℃条件下烧结 120 min 后在 500℃下烧结 120 min。

(b)烧结后得到粉末状 NiO，除去杂质后称其质量。

(c)从制得的 NiO 粉末中取出部分进行实验，分两组进行，每组取 0.1600 g 左右。

(d)称量 PVDF 和炭黑各 0.0200 g。

(e)在研磨钵中研磨，放入 PVDF 并滴加 4 滴 NMP 后加入 NiO 和炭黑粉末，再滴加 6～8 滴 NMP，研磨约 1 h 使其蒸发直至得到均匀黏稠的浆状物。

(f)利用玻璃棒将其涂布于铜箔条上，涂布次数最好不要超过 3 或 4。

(g)真空干燥箱抽真空后，以 80℃的温度干燥正极片约 24 h。

(2)将正极片裁剪为圆形片。

(3)压片，使正极材料与铜箔更好地粘合接触。

(4)称量正极片质量。

(5)隔膜裁片。

(6)组装电池。

(a)正极壳朝上平放于玻璃板。

(b)将正极片置入正极壳，正极片位于正中：用镊子小心夹取正极片，将涂布层向上，放于正极壳的正中间(注意：确保镊子夹取的力度合适，不会损伤正极片，严防弯折或者扭曲正极片，保持平整地放在正极壳中)。

(c)用胶头滴管吸取电解液，滴 2 滴于正极片上，浸润其表面：用极细的玻璃滴管取电解液，此过程以完整均匀地润湿电极片表面为目标(注意：在润湿的过程中，玻璃滴管和电极片一定不能碰触)。

(d)夹取隔膜，覆盖正极片：用镊子夹取隔膜，由于裁剪的隔膜和电池壳内部直径一致，恰好可以装进电池正极壳中(注意：不要使隔膜提前接触到电解液，应该将隔膜先对准电池壳边缘，缓缓退出镊子，均匀覆盖而下)。

(e)用胶头滴管吸取电解液，滴 2 滴于正极片上，浸润其表面：由于隔膜是惰性且洁净的物质，这时可以使用滴管前端轻轻碰触隔膜，使之更加平整、均匀，边缘与电池壳接触更为严密(注意：尽量避免隔膜的褶皱)。

(f)将锂片小心放入电池中：锂片的半径为 15.8 mm，应当恰好放于电池壳中间(注意：务必一次成功，否则锂片和电解液、隔膜会产生黏附)。

(g)放入集电器后，将弹簧片凸面朝上放入电池中央。

(h)将负极壳紧密覆盖于其上(注意:所有步骤都尽量用镊子操作,如不慎放偏,这一步也可以进行微调)。

(7)电池压制:关闭压片机阀门,以 1500 N/cm² 压制电池 5 s 后即可松开油阀。

(8)电池保存:室温下保存,防止太阳直射,以备后期性能测试。

(9)性能测试:用 CT2001A 型蓝电电池测试系统测试电池各项电化学性能。

3. 实验过程中的注意事项

(1)材料与导电剂和黏结剂的混合要充分;

(2)浆料的黏度和稀稠度与涂膜性质相关,需要控制好,才能涂膜均匀;

(3)电极组装之前需要烘干。

【电池性能测试】

采用 CT2001A 型蓝电电池测试系统测试电池各项电化学性能,如图 6-9-3 所示。

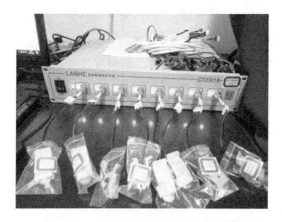

图 6-9-3　电池制作样品展示及测试图

1. 初始电压测试

500 mA/g 的电流密度下,初始电压为:1.8276 V(正极片 $m=0.0190$ g)。

2. 比容量测试

NiO 纳米材料涂布于铜箔上,活性物质质量为 2.664 mg。在 500 mA/g 的电流密度下,前两次充放电循环中,电池充电比容量增加至 1745 mA·h/g 左右;放电比容量由 1.8 mA·h/g 升至 515 mA·h/g。在之后的循环过程中,充放电比容量变化曲线近似重合,但却缓慢下降至 46 mA·h/g,且下降的速率随着次数的增加而变慢,在 500 次循环后电池比容量趋于 46 mA·h/g,如图 6-9-4 所示。

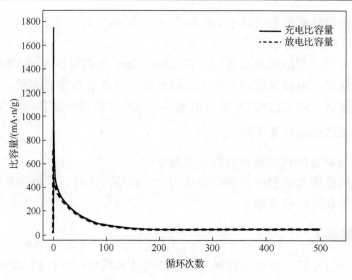

图 6-9-4　电池比容量测试图

本实验所制备的锂离子电池的比容量不高，电化学性能也不够稳定，可能的原因有：

（1）将 NiO 纳米材料涂布于铜箔上时，涂覆厚度不均匀；

（2）电池保存不当导致电池内部反应变性。

3．效率测试

如图 6-9-5 所示，电池循环效率在 100%上下浮动，显示出电池良好的电化学性能及稳定性。

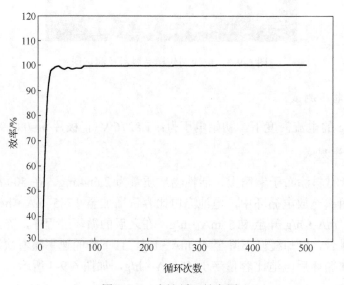

图 6-9-5　电池循环效率图

【拓展：锂离子电池的应用前景】

由于空间科学和军用的需要，以及电子技术的迅速发展，对体积小、质量轻、比容量高、使用寿命长的电池要求日益迫切，对上述各项性能的要求越来越高。锂离子二次电池正是在这一形势下发展起来的一种新型电源。与传统的铅酸和镉镍等电池相比，锂离子电池具有比容量高、使用寿命长、污染小和工作电压高等优点。因此锂离子电池应用十分广泛，市场潜力巨大，是近年来倍受关注的研究热点之一。

锂离子二次电池作为一种新型的高级电源，其发展正呈现出强劲的势头，该种电池储备的能量为铅酸电池的 3 倍，为各类镍型电池的 2 倍，特别是固态聚合物电解质锂离子电池的开发与研制，使得锂离子二次电池倍受电动汽车行业的青睐，同时，电动汽车的需求又极大地推动了锂离子电池的发展。

这里简单介绍一下不同类型锂离子电池在新能源汽车领域的应用情况。

(1)磷酸铁锂电池，作为国产品牌比亚迪车型主打的高压电池之一，特别适用于需要经常充放电的插电式混合动力汽车，缺点是能量密度一般，但目前比亚迪公司研发的"刀片电池"已解决了此项问题。

(2)钴酸锂电池，作为锂电池的鼻祖，最早应用在特斯拉 Roadster 上，但由于其循环寿命和安全性都较低，事实证明其并不适合作为动力电池。为了弥补这个缺点，特斯拉公司运用了号称世界最强的电池管理系统，从而保证电池的稳定性。

(3)三元锂电池，是指正极材料使用镍钴锰酸或者镍钴铝酸锂的三元正极材料的锂电池，能量密度较高，对要求续航能力较高的纯电动汽车而言，前景很广，但其安全性较差。典型车型：特斯拉 Model3 采用的 21700 型三元锂电池(直径 21 mm、长度 70 mm)，相比之前的 18650 型三元锂电池，其在能量密度、成本、轻量化方面都有所改进。

(4)锰酸锂电池，AESC 公司、东芝公司、LEJ 公司、日立公司与 LG 公司等日韩电池企业将锰酸锂电池广泛应用于日、韩、欧美等多款主流品牌的新能源汽车上。尤其是"日产"LEAF，截止到 2016 年底累计销售 35 万辆。但锰酸锂电池能量密度较低、安全性也一般。

(5)钛酸锂电池，钛酸锂作为新型锂离子电池的负极材料由于其多项优异的性能而受到重视，开始于 20 世纪 90 年代后期。由于此电池能量密度较低，因此比较适合于城市公交车中使用。

【参考文献】

[1] Zhang W J. A review of the electrochemical performance of alloy anodes for lithium-ion batteries. Journal of Power Sources, 2011, 196(1): 13-24.

[2] Xu W, Wang J, Ding F, et al. Lithium metal anodes for rechargeable batteries.

Energy & Environmental Science, 2014, 7: 513-537.

[3] Wu F, Tan G, Lu J, et al. Stable nanostructured cathode with polycrystalline Li-deficient $Li_{0.28}Co_{0.29}Ni_{0.30}Mn_{0.20}O_2$ for lithium-ion batteries. Nano lett., 2014, 14(3): 1281-1287.

[4] Michan A L, Parimalam B S, Leskes M, et al. Fluoroethylene carbonate and vinylene carbonate reduction: understanding lithium-ion battery electrolyte additives and solid electrolyte interphase formation. Chemistry of Materials, 2016, 28: 8149-8159.

[5] 王琦. 锂离子模拟电池. 锂电咨询, 2010, 31(增刊): 1-16.

实验 10　染料敏化太阳能电池的制备与性能测试

太阳能既清洁，又使用不尽，而且不受地理等条件因素的限制；为了解决太阳能的储备问题，太阳能电池成为解决当前能源危机最可行的办法之一。其中，硅基太阳能电池具有转换效率高、稳定性好等优点，成为目前光伏市场上的主流产品，但其高昂的成本限制了其进一步的市场应用前景。染料敏化太阳能电池 (dye-sensitized solar cell, DSSC) 问世于 1991 年，其材料成本不到传统硅基太阳能电池的 1/5；该电池的材料范围选择宽泛，且制造工艺流程相对简单，光电转换效率提升空间大，等等。另外，染料敏化太阳能电池的工作原理和器件结构是有机太阳能电池、钙钛矿太阳能电池等新兴太阳能电池的基础[1,2]。本创新设计实验将引导学生自主设计与制作染料敏化太阳能电池，并对其进行光伏性能测试，供材料和能源专业学生参考。

【实验目的】

(1) 理解染料敏化太阳能电池的工作原理；

(2) 掌握电极材料的基本制备方法；

(3) 学习染料敏化太阳能电池的封装；

(4) 理解和掌握电池的基础测试方法。

【实验背景与原理】

染料敏化太阳能电池的发展在太阳能电池的发展史中写下了浓墨重彩的一笔，它不但提出了一种光生电荷的新思路，而且还促进了柔性太阳能电池的发展[3-5]。染料敏化太阳能电池的基本结构如图 6-10-1 所示，主要包括光阳极、纳米 TiO_2 致密层、发电层和对电极。其中发电层由纳米 TiO_2 材料、染料和空穴传输材料(I^-/I^{3-} 电解液)组成。

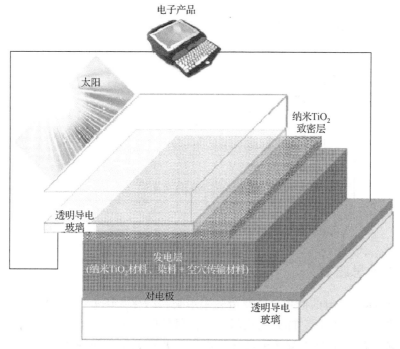

图 6-10-1　染料敏化太阳能电池的基本结构示意图

工作原理：染料敏化太阳能电池中的 TiO_2 禁带宽度为 3.2 eV，只能吸收紫外区域的太阳光，可见光不能将它激发。于是在 TiO_2 膜表面覆盖一层染料光敏剂来吸收更宽的可见光，当太阳光照射在染料上时，染料分子中的电子受激发跃迁至激发态，由于激发态不稳定，并且染料与 TiO_2 薄膜接触，于是电子注入 TiO_2 导带中，此时染料分子自身变为氧化态，注入 TiO_2 导带中的电子进入导带底，最终通过外电路流向对电极，形成光电流。处于氧化态的染料分子在阳极被电解质溶液中的 I^- 还原为基态，电解质中的 I_3^- 被从阴极进入的电子还原成 I^-，这样就完成一个光电化学反应循环。但是反应过程中，若电解质溶液中的 I^- 在光阳极上被 TiO_2 导带中的电子还原，则外电路中的电子将减少，类似硅电池中的"暗电流"。

为了更清楚起见，我们从电子转移的角度讲述一下染料敏化太阳能电池的工作原理，如图 6-10-2 所示：染料分子吸收太阳光后从基态跃迁到激发态(过程 1)，激发态染料的电子迅速注入纳米半导体的导带中(过程 2)，随后扩散至导电基底(过程 3)，经外回路转移至电极，处于氧化态的染料被还原态的电解质还原再生(过程 4)，氧化态的电解质在对电极接受电子被还原，从而完成了电子输运的一个循环过程。在这些过程中，注入 TiO_2 中的电子会因为与 I_3^- 复合(过程 6)，以及与氧化态染料复合(过程 5)而损失掉，从而影响光电转换效率。如何提高激发态染料电子向半导体薄膜的注入，是当前染料敏化太阳能电池研究工作的一个重点。

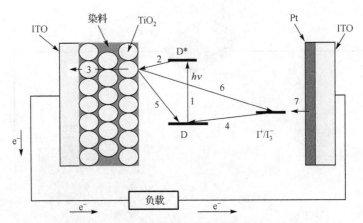

图 6-10-2　染料敏化太阳能电池的电子转移示意图

【电池的设计思路】

高性能 TiO_2 薄膜的制备，是获得高效率染料敏化太阳能电池的关键，也是本实验的重要内容；一方面，TiO_2 为染料分子提供依附；另一方面，它能隔离电解液与外电极接触，从而避免电解液消耗光生电子。要想获得高效率的染料敏化太阳能电池，TiO_2 薄膜需要满足如下条件：①具有高比表面积和强吸附能力，能够充分储存和固定染料分子；②有着适当的厚度，使其与光生电子迁移长度相匹配，厚度一般为 10 μm；③有适当的孔隙率，从而让电解液充分渗透进 TiO_2 材料内，为染料补充电子。纳米 TiO_2 的结构多种多样，如 TiO_2 纳米颗粒、纳米线、纳米管、纳米棒、纳米片、纳米球、三维有序结构等。不同结构的 TiO_2 在电池中表现出不同性能，比如，纳米线传输电子能力强，纳米球对光的散射较强等。

鉴于上述分析，本实验采用三层不同结构的 TiO_2 薄膜，如图 6-10-3 所示。在透明导电玻璃上(ITO)先涂一层致密的 TiO_2 层，阻止电解液与外电极的接触而引起的光生电子损耗；之后在其上制备 10 μm 左右的染料敏化 TiO_2 层，光生电子和空穴在该层产生，该层有一定的孔隙率，便于染料分子对 TiO_2 的充分敏化作用，同时有利于电解液的渗透。该 TiO_2 层的厚度不能大于光生电子的迁移距离，也不能大于电解液离子扩散长度，以便有效地传输电子和空穴；另外，该层厚度过薄会使得染料分子储存量太少，而降低光电转化效率。在敏化 TiO_2 层上面涂一层亚微米 TiO_2 球作为光散射层，其作用是增加光的传输途径，以提高工作层对光的吸收能力。

在本实验中，染料的选择比较灵活，可以采用自己提取的叶绿素、花青素等有机染料，也可以购买。为了制备高效率染料敏化太阳能电池，我们采用购置的 N917 染料。TiO_2 对这种染料的吸附能力很强而且稳定。电解液选择渗透性强的含 I^-/I_3^- 电解液，溶剂是有机溶剂，尽量避免水分子的引入影响 TiO_2 对染料的吸附作用。对电极采用铂薄膜，与其他材料相比，铂稳定性强、电导性好，而且对电解液还原反应起到催化作用。

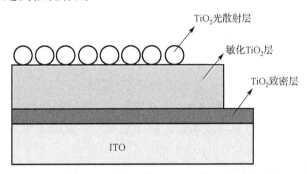

图 6-10-3 染料敏化太阳能电池的 TiO₂ 电极结构示意图

基于上述电池的设计思路，适合于学生自行创新设计的部分是染料敏化 TiO₂ 层。可以通过相对简易的制备过程，获得形状各异的 TiO₂ 纳米结构。例如，利用水热合成方法，在不同实验环境下制备出一维纳米柱、纳米球和纳米花等结构；根据溶胶-凝胶方法可以制备出比表面积高的纳米粒子；根据沉淀法可以获得产量高的纳米粒子等；这为学生提供了充分的设计空间和实验平台。

【染料敏化太阳电池制备的参考方案】

化学试剂：TiO₂ 浆料之一(其中 TiO₂ 尺寸 20 nm，含量 18%)、TiO₂ 浆料之二(其中 TiO₂ 尺寸 200 nm，含量 18%)、铂靶材、铂浆料、N719 染料、F:SnO₂ 导电玻璃(FTO，透射率 80%)、3M 胶带、热封膜、含 I⁻/I₃⁻ 电解液、丁叔醇、乙腈、酒精、其他添加剂。

以下为具体流程。

1)清洗 FTO 导电玻璃，对其进行预处理

在电池制备过程中，由于铁质容器和仪器的使用，会在电池中引入铁离子。由于铁离子杂质的能级位于 TiO₂ 带隙中，会捕获自由载流子，引起光电流的减少。实验中利用四氯化钛(TiCl₄)处理 FTO 玻璃片，以便除去铁杂质。

(1)清洗 FTO 玻璃：丙酮超声 30 min，乙醇超声 30 min，去离子水超声 30 min，将 FTO 玻璃片吹干，并且放于干燥箱中备用，干燥箱温度设置为 70℃。注意：清洗过程中避免玻璃片相互划摩。

(2)配制 0.2 mol/L 的 TiCl₄ 溶液。用一个 100 mL 量杯，加满冰块，加入去离子水 100 mL。

(3)利用带有刻度的吸管吸取 1 mL TiCl₄ 溶液，缓慢滴入冰水混合物中，搅拌 30 min。

(4)将清洗好的 FTO 玻璃片吹干，浸入 0.2 mol/L 的 TiCl₄ 溶液中，70℃下保持 30 min。该过程中 TiCl₄ 为透明溶液，如果出现浑浊，会在 FTO 玻璃上形成大颗粒 TiO₂。

(5)把处理好的 FTO 玻璃片移到马弗炉中煅烧。煅烧温度为 500℃，保持 30 min，并自然冷却。

2)在处理过的 FTO 上制备一层致密的 TiO₂ 薄膜

该过程采用磁控溅射方法或者溶胶-凝胶方法。磁控溅射制备的薄膜致密，质量高；溶胶-凝胶方法制备的薄膜成本低，操作简单。在此给出溶胶-凝胶的实验参考步骤。

(1)首先，将 34 mL 酞酸丁酯与 136 mL 无水乙醇混合，搅拌形成溶液 A。

(2)之后取 34 mL 去离子水和 34 mL 无水乙醇混合，并滴加约 6.8 mL 硝酸；注意利用 pH 试纸测定，使 pH 保持在 3～4，形成溶液 B。

(3)然后，在室温下将溶液 A 逐滴(速率在 2 滴/s 左右，不能太快)加入所制备的溶液 B 中。同时利用恒温磁力搅拌器进行剧烈搅拌，使其中的酞酸丁酯水解。连续搅拌约 3 h，就可制成淡黄色透明的溶胶。

(4)最后，在 80℃下将所得溶胶在干燥烘箱中干燥 24 h，最终形成凝胶。

3)制备敏化的 TiO₂ 薄膜

(1)利用刮涂方法在上述处理过的 FTO 玻璃上涂一层所制备的 TiO₂ 薄膜，为了保证薄膜的厚度，需要涂两层膜。涂完薄膜后，将不均匀的地方刮掉。

(2)把样品放至马弗炉中煅烧。煅烧温度 500℃，保持 2 h，升温速率为 5℃/min。

(3)配制 N719 染料，浓度为 0.3～0.5 mol/L。

(4)把样品用乙醇清洗，空气吹干，然后将其放入染料中，黑暗环境中染色 24 h。

(5)将敏化后的 TiO₂ 薄膜用酒精漂洗 10 min，以便去掉多余的染料。

4)制备电池的对电极薄膜

(1)清洗 FTO 玻璃。首先用去离子水清洗，然后用 0.1 mol/L 盐酸和乙醇溶液清洗，随后在丙酮中超声处理 10 min，之后在空气中，400℃加热 15 min 以便除去有机物。

(2)在其上滴 H₂PtO₆，刮涂，然后在空气中 400℃加热 15 min，从而获得铂电极。铂电极也可以采用磁控溅射方法制备。

5)染料敏化太阳能电池的封装

在电池封装过程中需要注意的事项包括：避免上下电极短路，防止电解液泄漏。为此我们选择热封膜进行封装。

(1)首先在涂有铂薄膜的玻璃上打孔，所打的两个孔位于玻璃片的两个对角位置。

（2）在光阳极的边缘铺上热封膜，并把打过孔的铂电极覆盖在上面。光电极和对电极交错放置，用于引出正负电极。

（3）利用热压机，将光电极和对电极粘合在一起，随后将电解液通过孔灌入电池中，并用载玻片和热封膜封住孔。

我们采用这种方法封装的太阳能电池，其寿命长达一年。

【太阳能电池的测试】

对制备的太阳能电池进行电流-电压曲线测试和量子效率测试，所用的仪器包括模拟太阳光测试仪器和量子效率测试仪器。

1. 电流-电压曲线测试

表征太阳能电池效率的重要参数包括光电转化效率、填充因子、短路电流、开路电压等，它们能够根据电池的电流-电压测量曲线而得出。以图 6-10-4 所示的标准硅电池的电流-电压曲线为例，短路电流 I_{SC} 是太阳能电池处于短接状态下的电流，为最高的光电流，在实验中通常用短路光电流密度 J_{SC} 代替 I_{SC}，即 I_{SC}/S，其中 S 为太阳能电池有效面积；开路电压 V_{OC} 是太阳能电池处于开路状态下的电压，为最大光电压。电流曲线与电压轴围成的面积代表太阳能电池的电输出功率。通过简单计算，可在曲线上找到最大工作电流 I_{max} 和最大工作电压 V_{max}，光电转化效率 η 表示为 $\eta = I_{max}V_{max}/P_{light}$，$P_{light}$ 是所用模拟太阳光的光照功率，其值通过光功率计测量得到。还有一个重要参量是填充因子，表达为 $FF = \dfrac{I_{max}V_{max}}{I_{SC}V_{OC}}$；其物理意义在于，电流-电压曲线围成的面积与短路电流-开路电压围成的面积的比值越大，填充因子越大，此时电池有更大的电功率输出效率。

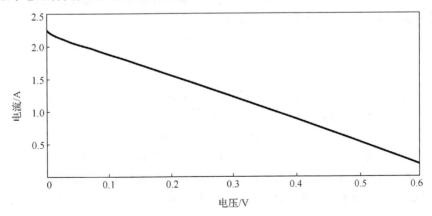

图 6-10-4　实验制备的染料敏化太阳能电池的 IV 测试曲线

2. 量子效率测试

太阳能电池的量子效率(quantum efficiency，QE)是指太阳能电池的光生载流子数目与入射光子数的比率。因此，太阳能电池的量子效率和光电转换效率与光照波长有关系，也就是与光子能量有关系。对于能量大于材料带隙的光子，会完全被太阳能电池吸收，并产生载流子，此时量子效率为1，而对于能量低于能带隙的光子，不能产生载流子，此时量子效率为零。因此太阳能电池的量子效率可以被看作是太阳能电池对单一波长的光的吸收能力。

量子效率可以通过测量单位时间内外电路中的电子数 n_e 与入射单色光子数 n_p 来计算其大小，其数学表达式为

$$\Phi = n_e / n_p \tag{6-10-1}$$

根据电子数和电流的关系，量子效率公式改写成如下形式：

$$\Phi = \frac{1240}{\lambda} \frac{I_{SC}(\lambda)}{\varphi(\lambda)} \tag{6-10-2}$$

其中，$I_{SC}(\lambda)$、λ 和 $\varphi(\lambda)$ 分别为短路电流、光照波长和光照功率。量子效率可分为外量子效率(external quantum efficiency，EQE)和内量子效率(internal quantum efficiency，IQE)。外量子效率是指太阳能电池的光生载流子数目与外部入射到太阳能电池表面的一定能量的光子数目之比。内量子效率是指太阳能电池的光生载流子数目与外部入射到太阳能电池表面的没有被太阳能电池反射回去的，没有透射过太阳能电池的一定能量的光子数目之比。通常，太阳能电池的量子效率是指外量子效率，也就是不考虑太阳能电池表面光子反射损失和透射损失的情况。

为了理解量子效率的测试过程，还需要了解"光谱响应"概念。光谱响应 $R(\lambda)$ 是器件对某一波长光的电响应，其表达式为

$$R(\lambda) = \frac{I_{SC}(\lambda)}{\varphi(\lambda)} \tag{6-10-3}$$

其中，$\varphi(\lambda)$ 是光照功率；$I_{SC}(\lambda)$ 是光伏器件对波长 λ 响应的短路电流。

利用量子效率仪器进行测量时，首先测量标准探测器的短路光电流 $I_{SC}(\lambda)$，而其光谱响应 $R(\lambda)$ 是仪器出场时就已被标定好的数据，因此通过公式(6-10-3)可以得到单波长的光辐射功率 $\varphi(\lambda)$。在相同条件下，入射到标准探测器上的光辐射功率与入射到样品上的光辐射功率相等。之后，对样品进行测量得到短路电流，并通过公式(6-10-2)，结合从标准探测器中得到的 $\varphi(\lambda)$，计算出样品的量子效率。图 6-10-5 是实验测量的太阳能电池样品的量子效率。

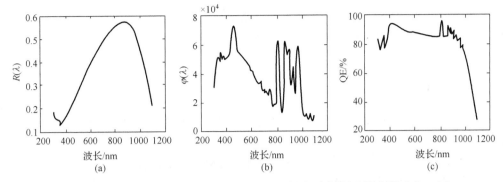

图 6-10-5　硅太阳电池量子效率的测量数据：(a)标准探测器的光谱响应 $R(\lambda)$；
(b)基于标准探测器得到的光照功率 $\varphi(\lambda)$；(c)硅光伏电池的量子效率 QE

【拓展：太阳能电池的发展】

　　太阳能电池是一种直接将太阳光转化成电能的器件，在解决石化能源危机和保护环境领域占有重要地位。太阳能电池的发展经历了三个阶段，第一个阶段是硅基太阳能电池，包括单晶硅、多晶硅和非晶硅太阳能电池。1954 年美国贝尔实验室做出了光电转化效率为 4.5% 的单晶硅太阳能电池，经过之后几年的研发，其效率迅速提高到 10%，主要用于航天领域。然而单晶硅太阳能电池的造价昂贵。为了降低成本，人们发展了多晶硅太阳能电池，然而其制备成本和工艺耗能依然高居不下。继而发展了非晶硅太阳能电池，非晶硅材料对制备条件的要求大幅度降低，可以以玻璃为衬底生长非晶硅薄膜，从而大幅度降低了成本，1995 年以后，非晶硅太阳能电池在大力研发下，价格大幅度降低为 2 美元/W，当前非晶硅太阳能电池的效率为 12%～17%。

　　第二阶段的太阳能电池包括Ⅲ-Ⅴ族、Ⅱ-Ⅵ族化合物异质结薄膜太阳能电池、染料敏化太阳能电池和有机太阳能电池，其主要特点是选材灵活、薄膜结构、轻质、牢固、便于携带和安装。与非晶硅太阳能电池相比，Ⅲ-Ⅴ族和Ⅱ-Ⅵ族化合物可以通过材料中组分比例的调节而灵活地调节带隙，从而实现全太阳光谱的吸收；因此，该类化合物异质结薄膜太阳能电池具有更高的光电转化效率；还可以做成多结串联结构，进而大幅度提高光电转化效率。例如，多结的砷化镓太阳能电池的效率可到达 38%。然而，这些电池原材料的地球储存量低，属于稀有元素，其广泛应用受到自然资源的限制。除此之外，硫化镉、砷化镓等原材料有一定毒性，若大规模使用，极易造成对生物和环境的破坏，尚不能成为硅基太阳能电池的最佳替代品。这为染料敏化太阳能电池和有机太阳能电池的发展提供了空间。染料敏化太阳能电池制备简单、取材灵活、对衬底要求低，可以有机材料为衬底，这开创了柔性太阳能电池的应用。

第三阶段太阳能电池包括量子点太阳能电池、钙钛矿太阳能电池等新兴太阳能电池，还处于实验室研究阶段，由于技术不成熟、工作稳定性欠佳等，其还未达到实用要求。

【参考文献】

[1] 王东，杨冠东，刘富德. 光伏电池原理及应用. 北京：化学工业出版社，2014.

[2] Markvart T, Castaner L. 太阳能电池：材料、制备工艺及检测. 梁骏吾，等译. 北京：机械工业出版社，2009.

[3] Nelson J. 太阳能电池物理. 高杨，译. 上海：上海交通大学出版社，2011.

[4] 熊绍珍，朱美芳. 太阳能电池基础与应用. 北京：科学出版社，2009.

[5] 施钰川. 太阳能原理与技术. 西安：西安交通大学出版社，2009.

[6] 滨川圭弘. 太阳能光伏电池及其应用. 张红梅，崔晓华，译. 北京：科学出版社，2008.

附录　常用仪器的使用方法及注意事项

1.1　超声波清洗器

1. 工作原理

超声波清洗器是利用超声波发生器所发出的高频振荡信号，通过换能器转换成高频机械振荡而传播到介质——清洗溶液中，超声波在清洗液中疏密相间地向前辐射，使液体流动而产生数以万计的微小气泡，这些气泡在超声波纵向传播成的负压区形成、生长，而在正压区迅速弥合，在这种被称之为"空化"效应的过程中气泡闭合可形成超过 1000 个标准大气压($1\ atm = 101325\ Pa$)的瞬间高压，连续不断产生的高压就像一连串小"爆炸"不断地冲击物件表面，使物件表面及缝隙中的污垢迅速剥落，从而达到物件表面净化的目的。

2. 使用方法

(1)将清洗槽内注入适量的清洗液，液位在 60～80 mm，同时还应将需加入的物品的空间考虑在内。

(2)将需要清洗的物品放入清洗网架中，把清洗网架放入清洗槽内，绝对不能将物件直接放入清洗槽内，以免影响清洗效果，同时会损坏仪器。

(3)将超声波清洗器接入 220 V/50 Hz 电源(注意接地)。按下 ON 电源开关，绿色指示灯亮，说明电源正常，可以使用。

(4)根据产品的清洗要求，用温度控制器调节好需要的温度，一般工件清洗要求在 60℃左右。一旦选定后，用温度控制器设定需要的温度，加热红色指示灯会亮，表示开始加热；当温度达到设定的温度时，温度指示灯会熄灭，温度加热器会停止工作；当温度降到低于设定的温度时会自动加热，温度指示灯会亮。

(5)当加热温度达到设定的温度时，按一下清洗 ON 电源开关，绿色电源指示灯亮，轴流风机转动，表示可以工作。根据产品清洗要求设置清洗时间和功率，一般清洗在 10～20 min，根据污垢程度，可适当延长清洗时间及增加清洗功率。

(6)清洗完毕后，从清洗槽内取出网架，并用温水喷洗或者在另一只无溶剂的温水清洗槽中漂洗。

(7)清洗槽内的溶液可重复使用，使用期限根据物品的污垢程度来决定，必要时把污液排出。清洗槽内污液需排出时，应关闭电源。

3. 注意事项

(1)使用本仪器时，必须有接地装置，避免发生意外。

(2)物品必须放入网架中清洗，切勿将物品直接放入清洗槽内，否则会损坏仪器。

(3)离心管、滴管等一定要先放入盛水的烧杯里，不能直接放入清洗槽。

(4)水温低于20℃时，清洗器会发出蜂鸣声，需先加热提高水温，再清洗。

(5)使用的清洗化学试剂，必须与不锈钢制造的超声清洗槽相适。不得使用强酸、强碱等化学试剂，否则会损坏仪器。

(6)应避免水溶液或其他各种有腐蚀性液体侵入清洗器内部。

(7)在清洗槽内无水溶液的情况下，不应开机工作，以免烧坏清洗器。

(8)开启加热水位不得小于80mm，以免加热片干烧而损坏。

1.2 电 子 天 平

1. 工作原理

电子天平是根据电磁力平衡原理，直接称量，全量程不需要砝码；放上被测物质后，在几秒钟内达到平衡，直接显示读数，具有称量速度快、精度高的特点。电子天平的支撑点采用弹簧片代替机械天平的玛瑙刀口，用差动变压器取代升降枢装置，用数字显示代替指针刻度，因此其具有体积小、使用寿命长、性能稳定、操作简便和灵敏度高的特点。此外，电子天平还具有自动校正、自动去皮、超载显示、故障报警等功能；以及具有质量电信号输出功能，且可与打印机、计算机联用，进一步扩展其功能，例如，统计称量的最大值、最小值、平均值和标准偏差等。

2. 使用方法

1)称量前的检查

取下天平罩，叠好，放于天平后。

检查天平盘内是否干净，必要的话予以清扫。

检查天平是否水平，若不水平，调节底座螺丝，使气泡位于水平仪中心。

2)开机

关好天平门，轻按"ON"键，LTD指示灯全亮，松开手，天平先显示型号，稍后显示"0.0000g"，即可开始使用。

3) 基本的样品称量方法

(1) 直接称量法。

用于称量洁净干燥、不易潮解或升华的固体试样的质量。以称量某小烧杯的质量为例，关好天平门，按"TAR"键清零；打开天平左门，将小烧杯放入托盘中央，关闭天平门，待稳定后读数；记录后打开左门，取出烧杯，关好天平门。

(2) 固定质量称量法。

又称增量法，用于称量某一固定质量的试剂或试样。这种称量操作的速度很慢，适用于称量不易吸潮，在空气中能稳定存在的粉末或小颗粒(最小颗粒应小于 0.1mg)样品，以便精确地调节其质量。

本操作可以在天平中进行，用左手手指轻击右手腕部，将牛角匙中样品慢慢震落于容器内，当达到所需质量时停止加样，关上天平门，显示平衡后即可记录所称取试样的质量。记录后打开左门，取出容器，关好天平门。

固定质量称量法要求称量精度在 0.1 mg 以内。如称取 0.5000 g 石英砂，则允许质量的范围是 0.4999~0.5001 g，超出这个范围的样品均不合格。若加入量超出，则需重称试样，已用试样必须弃去，不能放回试剂瓶中。操作中不能将试剂撒落到容器以外的地方。称好的试剂必须定量地转入接收器中，不能有遗漏。

(3) 递减称量法。

又称减量法。用于称量一定范围内的样品和试剂。主要针对易挥发、易吸水、易氧化和易与二氧化碳反应的物质。

用滤纸条从干燥器中取出称量瓶，用纸片夹住瓶盖柄打开瓶盖，用牛角匙加入适量试样(多于所需总量，但不超过称量瓶容积的三分之二)，盖上瓶盖，置入天平中，显示稳定后，按"TAR"键清零。用滤纸条取出称量瓶，在接收器的上方倾斜瓶身，用瓶盖轻击瓶口使试样缓缓落入接收器中。当估计试样接近所需量(0.3 g 或约三分之一)时，继续用瓶盖轻击瓶口，同时将瓶身缓缓竖直，用瓶盖敲击瓶口上部，使黏于瓶口的试样落入瓶中，盖好瓶盖。将称量瓶放入天平，显示的质量减少量即为试样质量。

若敲出质量多于所需质量时，则需重称，已取出试样不能收回，须弃去。

4) 称量结束后的工作

称量结束后，按"OFF"键关闭天平，将天平还原。在天平的使用记录本上记下称量操作的时间和天平状态，并签名。整理好台面之后方可离开。

3. 注意事项

(1) 在开关门、放取称量物时，动作必须轻缓，切不可用力过猛或过快，以免造成天平损坏。

(2) 对于过热或过冷的称量物，应使其回到室温后方可称量。

（3）称量物的总质量不能超过天平的称量范围，在固定质量称量时要特别注意。

（4）所有称量物都必须置于一定的洁净干燥容器（如烧杯、表面皿、称量瓶等）中进行称量，以免沾染腐蚀天平。

（5）为避免手上的油脂汗液污染，不能用手直接拿取容器。称取易挥发或易与空气作用的物质时，必须使用称量瓶，以确保在称量的过程中物质质量不发生变化。

1.3　电热高温鼓风干燥箱

1. 工作原理

工作室内的空气经过电加热器加热后，通过自然对流循环，在工作区和被加热物品上进行均匀的热量交换，以达到对物品进行烘烤或干燥的目的。

2. 结构特点

电热高温鼓风干燥箱的外壳由钢板制成，表面覆漆，工作室由不锈钢板制成，夹层之间充填硅酸铝纤维作保温层，箱门口镶嵌耐高温胶条，密封性好，防止热量流失。电热高温鼓风干燥箱采用电阻加热器，各有一个开关控制电路通断，以利于减少温差。并在工作室上侧装有鼓风机，工作过程中可以随时将被加热器释放的潮气排出箱外。采用 K 型热电偶的指针式温度调节仪进行测温和自动控温，灵敏可靠，操作简易。

3. 使用方法

（1）打开箱门，把所需加热物品放入箱内的搁板上，关好箱门；

（2）接通与本设备要求一致的电源，并将所使用的供电电源插座的接地端可靠接地；

（3）打开电源开关，电源指示灯亮、温控仪表开始显示工作室的温度；

（4）加热开关设有两个，如需较低温度开启"加热 1"，需较高温度时再开启"加热 2"，同时加热；

（5）根据被加热物品的温度需要，设定所需温度，转动温控仪上的温度设定旋钮；

（6）工作完毕后，将加热开关 1、加热开关 2 及电源总开关关闭。

4. 注意事项

（1）不得将易燃、易爆、腐蚀性物品或加热后易燃、易爆、腐蚀性物品放入箱内进行加热；

（2）被加热物品的相对湿度不得大于 85%；

（3）所需干燥物品不得大于搁板面积的 70%，以便于物品通风干燥。

1.4　磁力搅拌器

1. 使用方法

(1)按带灯开关,灯亮,电源接通;"定时"旋钮置于"on"。

(2)按"搅拌开关"灯亮。调节"调速"旋钮。使容器内的搅拌子由慢到快,直至所需要的速度。

(3)需要加热搅拌时,只需要把附件"J型插头"插入仪器后面板的"温控"插口,温控指示灯亮。调节加温旋钮,即可调节加热的速度。

(4)需要自动恒温搅拌时,将"电接点式水银温度表"(自购件)的两根导线与本机配备的附件"J型插头"连接,然后插入本机后面板的"温控"插口,调节到所需要的温度,把温度表插入搅拌液体上部,即可自动恒温搅拌。

(5)本机具有定时功能和双向搅拌功能,调节"定时"旋钮和双向开关,就可同时控制加温、搅拌时间和双向搅拌。

2. 注意事项

(1)加热时严禁干烧,以免烧坏加热盘。严禁不搅拌时打开加热器,以免造成磁铁退磁。

(2)加热搅拌时,严禁用手接触加热盘部分以防烫伤。

(3)禁止使用吸磁材料的容器。

(4)调速必须由慢到快,避免搅拌时搅拌子无规则跳动。

(5)使用中切勿使液体流入机芯,以免损坏器件。用后应擦干,放在干燥无腐蚀气体之处。

1.5　台式离心机

1. 工作原理

台式离心机采用高强度工程塑料制成,运用变频技术,具有体积小、轻便灵活、噪声低、温升小、使用效率高、安全可靠等优点,适用于样品量少、分离步骤多的实验分析工作。本机可在环境温度为 5~40℃,相对湿度不超过 80%,周围无导电尘埃、爆炸性气体和腐蚀气体的条件下安全地使用。附图 1-1 为离心机工作原理图。

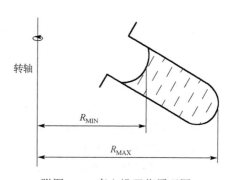

附图 1-1　离心机工作原理图

将装有等量试液的离心容器(离心瓶、离

心管)对称放置在转头四周的离心杯内,电动机带动转头高速旋转所产生的相对离心力(RCF)使试液分离,相对离心力的大小取决于试样所处的位置至轴心的水平距离(即旋转半径 R)和转速 n。

2. 使用方法

(1)附图 1-2 为离心机控制面板的示意图。

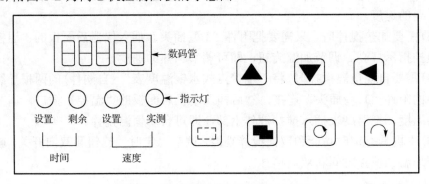

附图 1-2　离心机控制面板的示意图

附图 1-2 中各部分的含义如下表所示。

序号	名称	说明
1	⊞⊞⊞⊞ 数码管	显示数据或状态
2	○指示灯	数码管显示参数值时,该参数对应的指示灯亮
3	▭	功能键,该键可使 4 个指示灯切换点亮,同时数码管显示相应的参数值
4	◀	左移键,使数码管闪烁位左移一位
5	▼ ▲	减键,加键,使闪烁位数字减一或加一
6	◣	记忆键,保存用户设置的数据
7	⟳	运行键,启动离心机
8	⌒	停止键,停止离心机运转

(2)操作步骤。

(a)将样品等量放置在离心管或离心瓶内,并将其对称放入转头。

(b)拧紧盖形螺母,盖好盖门。将仪器接上电源,按仪器背面总电源开关,此时数码管显示闪烁的"00000";同时,表示仪器已接通电源。

(c)如需调整仪器的运行参数(运行时间和运行速度),可按功能键一次,使相应的指示灯亮,数码管即显示该参数值;此时可以用加减键和左移键相结合调整该参数至需要的值，并按记忆键确认储存。

（d）按运行键，仪器运行过程中数码管显示转速，当需要查看其他参数时，可按功能键，使该参数对应的指示灯点亮，数码管即显示该参数值。当仪器运行"结束"或中途停机，数码管闪烁显示转速，属正常现象。

3. 注意事项

（1）为确保安全和离心效果，仪器必须放置在坚固水平的台面上，塑料盖门上不得放置任何物品；样品必须对称放置，并在开机前确保已拧紧螺母。

（2）使用前应检查转头及使用的离心管是否有裂纹、老化现象，发现疑问应停止使用，试验完毕后，将转头和仪器擦干净，以防试液沾污而产生腐蚀。

（3）离心瓶/管必须等量灌注，切不可在转子不平衡状态下运转。

（4）不能在机器运转过程中或转子未停稳的情况下打开盖门，以免发生事故。

（5）除运转速度和运转时间外，请不要随意更改机器的工作参数，以免影响机器的性能。

（6）转速设定不得超过最高转速，以确保仪器正常运转。

（7）使用中如出现"00000"或其他数字，机器不运转；应关机断电，10 s 后重新开机，待显示设定转速后，再按运转键，将照常运转。

（8）离心机一次运行最好不要超过 60 min。

（9）离心机必须可靠接地；机器不使用时请拔掉电源插头。

1.6　高温管式炉

1. 工作原理

管式炉是为金属、非金属及其他化合物材料在气氛或真空状态下进行烧结、融化、分析而研制的专用设备。真空管式高温烧结炉集控制系统与炉膛为一体。炉衬使用真空成型的高纯氧化铝纤维聚轻板材料，采用硅钼棒、硅碳棒或电阻丝为加热元件。炉膛采用刚玉管或石英管，炉管两端用不锈钢法兰密封，工件试样在管中加热，加热元件与炉管平行，均匀地分布在炉管外，有效地保证了温场的均匀性。测温采用性能稳定、长寿命的"B"型或"S"型热电偶，以提高控温的精准性。真空管式炉能够快速开启、快速升降温，方便对特殊材料的装载、烧制和观察。炉体的控制面板配有智能温度调节仪，控制电源开关、主加热工作/停止按钮，配有电源和保险指示灯，电压、电流指示，以便随时观察本系统的工作状态。

2. 设备启动操作

（1）接通电源，绿色"Power"指示灯亮。

(2)打开控制电源开关"Lock"(仪表点亮)。

(3)输入控温程序曲线。运行曲线结束时一定要设置结束语"txx-121"(控温程序设定参见下面控温程序的设定)。

控温程序的设定是用户对自身烧结材料工艺条件的选择,正确地设定控温程序是成功烧结材料的前提。

控温程序设定步骤如下。

(a)在基本状态下按"向左"键1 s,仪表就进入控温程序设置状态,仪表首先显示的是当前运行段起始给定值,可按"向左""向上""向下"三键修改数据。

(b)按"回复"键将依次显示下一个要设置的程序值(当前段运行时间),每段控温按Ct的方式依次排列,即该段的起始温度→该段运行时间→目标值,该段目标值是下一段的起始温度(按"向左""向下""向上"键,修改数据)。

(c)按"向左"键约2 s,可返回设置上一数据。

(d)先按"向左"键再按"返回"键可退出控温程序设置状态。如果没有任何按键操作,约30 s后仪表会自动退出参数设置状态。

(e)按下绿色"Turn-on"键,听见"嘭"的一声,主继电器吸合。

(f)按住"向下"键,显示"Run",仪表开始自动控制状态。

3. 注意事项

(1)每次实验前后,必须用纱布蘸酒精擦拭管壁。

(2)控温程序要有连续性。

(3)升降温速率不超过10℃/min,不能升温过快。

(4)尽量不要在运行过程中修改控温程序,如需更改,可先停止程序运行再修改。

(5)管式炉升温过程中,需留人看守。

1.7 马弗炉

1. 工作原理

马弗炉主要用于退火、淬火等热处理实验,以及其他需要高温加热的实验。马弗炉的保温材料主要采用陶瓷纤维,质量轻、绝热性能好、升温快、能耗较低、热污染小。炉体由陶瓷纤维保温材料、炉壳(金属面板)、炉丝等部分组成;炉胆固定在炉体前后与底座构成的U形金属壳中。炉体左右两侧和顶部的金属面板均可卸下,便于更换炉丝和传感器。炉体顶部可安装不锈钢抽风烟筒,以促进灰化。

2. 使用说明

(1)接通电源后,电源指示灯亮起。

(2)接通电源开关，仪表盘亮起。

(3)设置控温程序。控温程序设置步骤如下所述。

(a)在基本状态下，按"向左"键 1 s，仪表就进入控温程序设置状态，仪表首先显示的是当前运行段起始给定值，可按"向左""向上""向下"三键修改数据。

(b)按"回复"键将依次显示下一个要设置的程序值(当前段运行时间)，每段控温按 Ct 的方式依次排列，即该段的起始温度→该段运行时间→目标值，该段目标值是下一段的起始温度(按"向左""向下""向上"键，修改数据)。

(c)按"向左"键约 2 s，可返回设置上一数据。运行曲线结束时设置结束语"txx-121"。

(d)先按"向左"键再按"返回"键可退出控温程序设置状态。

(e)按住"向下"键，显示"Run"，仪表开始运行程序。

3. 注意事项

(1)每次实验完毕，使用软质毛刷轻轻清扫炉膛内的残留物，使用干净的抹布清洁炉体表面的灰尘。

(2)马弗炉使用时，不得超过额定温度，升降温速率不超过 10℃/min，以免损坏加热元件。

(3)为了保证安全操作，高温实验结束后，不得打开炉门冷却。

(4)马弗炉升温过程中，需留人看守。